计算机系列教材

姜薇　张艳　主编
孙晋非　聂茹　徐月美　刘世蕾　赵颖　副主编

大学计算机基础
实验教程（第3版）

清华大学出版社
北京

内 容 简 介

本书是针对当前高校非计算机专业计算机基础教育的特点,参照教育部《大学计算机基础课程教学基本要求》以及计算机等级考试对计算机基本应用技能的要求,为高校非计算机专业学生的第一门计算机课程"大学计算机基础"编写的实验教材。本书主要内容包括计算机的组装和软件的安装、Windows 7、Word 2010、Excel 2010、PowerPoint 2010、Access 2010、多媒体应用、网络应用、常用工具软件、Visio 2010。

《大学计算机基础实验教程(第 3 版)》在《大学计算机基础实验教程(第 2 版)》(2013 年出版)基础上进行了修订,以适应近年来计算机技术的发展和高校新生计算机水平起点的提高。本书主要对《大学计算机基础实验教程(第 2 版)》中计算机的组装和软件安装、Windows、Word、Excel、PowerPoint、Access、网络应用等章节内容进行了更新,此外增加了图形绘制软件 Visio。本书是《大学计算机基础(第 3 版)》的配套实验教材。

本书主要介绍计算机操作知识及常用软件的使用,强调计算机实际应用技能的培养,内容注重由浅入深、详略得当、图文并茂、示例精练。通过本书的学习,可使学生熟练地操作使用计算机,并能加强学生对计算机基础理论知识的理解。

本书可作为高等学校非计算机专业计算机基础课程的实验教材,也可作为计算机应用培训班实验教材和计算机初学者的自学实验用书。

图书在版编目(CIP)数据

大学计算机基础实验教程/姜薇,张艳主编. —3 版. —北京:清华大学出版社,2016(2023.7重印)

计算机系列教材

ISBN 978-7-302-44793-1

Ⅰ.①大… Ⅱ.①姜… ②张… Ⅲ.①电子计算机—高等学校—教材 Ⅳ.①TP3

中国版本图书馆 CIP 数据核字(2016)第 189720 号

责任编辑:刘向威
封面设计:常雪影
责任校对:白 蕾
责任印制:刘海龙

出版发行:清华大学出版社

  网   址:http://www.tup.com.cn, http://www.wqbook.com

  地   址:北京清华大学学研大厦 A 座   邮   编:100084

  社 总 机:010-83470000   邮   购:010-62786544

  投稿与读者服务:010-62776969,c-service@tup.tsinghua.edu.cn

  质量反馈:010-62772015,zhiliang@tup.tsinghua.edu.cn

  课件下载:http://www.tup.com.cn,010-62795954

印 装 者:三河市龙大印装有限公司

经 销:全国新华书店

开 本:185mm×260mm 印 张:19.25   字 数:470 千字

版 次:2010 年 9 月第 1 版 2016 年 9 月第 3 版 印 次:2023 年 7 月第 8 次印刷

印 数:17901～18400

定 价:49.00 元

产品编号:070362-02

前　言

　　大学计算机基础是高校非计算机专业学生计算机基础教育的第一门课程,在培养学生的计算机应用能力与素质方面具有基础性和先导性的重要作用。该课程旨在使学生对计算机学科有一个整体的认识,掌握计算机软硬件的基础知识,以及操作系统、数据库、多媒体、计算机网络、信息安全、程序设计和软件工程的基本原理与相关技术,具有一定的计算思维能力和信息素养,熟悉典型的计算机操作环境及工作平台,具备使用常用软件工具处理日常事务的能力。

　　针对大学计算机基础课程的教学要求和高校计算机基础教育的特点,我们在总结多年计算机基础课程教学经验和教学改革实践的基础上,参照教育部高等学校大学计算机课程教学指导委员会提出的《大学计算机基础课程教学基本要求》,以及计算机等级考试大纲,编写了大学计算机基础课程教材,包括《大学计算机基础》和《大学计算机基础实验教程》。该套教材以面向实际应用为目标,将计算机基础知识和应用能力培养相结合,为培养学生运用计算机知识和技术解决各专业领域实际问题的能力奠定扎实的基础。

　　为了适应近年来计算机技术的发展和高校新生计算机水平起点的提高,我们对《大学计算机基础实验教程(第 2 版)》(2013 年出版)进行了修订。《大学计算机基础实验教程(第 3 版)》主要对《大学计算机基础实验教程(第 2 版)》教材中计算机的组装和软件安装、Windows、Word、Excel、PowerPoint、Access、网络应用等章节内容进行了更新,此外增加了图形绘制软件 Visio。本书是《大学计算机基础(第 3 版)》的配套实验教材。

　　本书主要介绍计算机的操作知识和常用软件的使用,目的是培养学生计算机的基本应用能力。全书共分为 10 章,分别为:第 1 章 计算机的组装和软件安装、第 2 章 Windows 7、第 3 章 Word 2010、第 4 章 Excel 2010、第 5 章 PowerPoint 2010、第 6 章 Access 2010、第 7 章 多媒体应用、第 8 章 网络应用、第 9 章 常用工具软件、第 10 章 Visio 2010。

　　本书在编写中力求概念准确、原理易懂、层次清晰、突出应用、详略得当、图文并茂。为了便于学生系统学习和教师组织教学,本书每一章都提供上机实践知识的学习指导,并配有若干个实验,每个实验还配有适量的实验作业题目。为了满足不同基础学生的教学要求,本书每章的若干个实验由浅入深进行介绍,部分实验可作为基础较高同学的选学内容。

　　本书的编写大纲是由姜薇、张艳、孙晋非、聂茹、徐月美、刘世蕾、赵颖共同讨论制定的。由姜薇、张艳任主编,孙晋非、聂茹、徐月美、刘世蕾、赵颖任副主编。第 1 章、第 6 章和第 7 章由孙晋非编写,第 2 章由张艳编写,第 3 章由刘世蕾、赵颖共同编写,第 4 章和第 5 章由姜薇编写,第 8 章由聂茹编写,第 9 章由刘世蕾编写,第 10 章由徐月美编写。全书由姜薇、张艳统稿。

　　本书在编写和出版过程中,得到了中国矿业大学计算机科学与技术学院夏士雄院长和周勇副院长,以及计算机科学与技术学院计算机基础课程任课教师和实验中心教师的关心和大力支持。作者在此一并表示衷心的感谢!

由于教学急需,时间仓促,作者水平有限,书中难免有不足之处,恳请专家和读者批评指正。

作者

2016 年 7 月

目　录

V

VI

第1章 计算机的组装和软件安装

随着计算机的日益普及，拥有一台计算机已经不再是人们的梦想，人们希望能够掌握一定的计算机软件和硬件基础知识来处理一些常见的计算机硬件或软件故障，有些人甚至希望自己能够动手组装一台计算机，并能够为计算机安装操作系统和一些常用软件。本章将提供一个基本的硬件和软件安装指导。

学 习 指 导

一、计算机的主要硬件设备

一台计算机最基本的配件有中央处理器（CPU）、内存、主板、显卡、存储设备（硬盘、光盘、软盘等）、电源、键盘和鼠标、显示器等。

1. 中央处理器（CPU）

CPU 是计算机的核心部分，它不仅决定着计算机系统整体性能的高低，而且是计算机必不可少的核心元件，计算机没有它就不能开展工作。

2. 内存

现在比较常见的内存可以分为 SDRAM 和 RDRAM 两大类，根据技术细节及性能的不同，SDRAM 又可以分为 SDRAM 和 DDR SDRAM 两种。内存结构包括以下部分：PCB 板、金手指、内存芯片、内存芯片空位、内存固定卡缺口、内存脚缺口、SPD 芯片。

3. 主板

主板即计算机的主机板，担负着操控和调度 CPU、内存、显卡、硬盘等各个周边子系统并使它们协同工作的重要任务。主板主要包括以下几个组成部分：CPU 插槽、控制芯片组、总线、总线插槽、内存插槽、驱动器接口、基本外设接口、USB 总线接口、1394 接口、BIOS（基本输入输出系统）等。

为了降低系统成本，一些主板制造商将原来一些板卡的功能集成到主板上，如显卡、声卡等，而有的服务器用主板则集成了网卡和 SCSI 卡。

4. 显卡

显卡又称显示适配器或图形卡，是连接主机与显示器的接口卡，其作用是将主机的输出信息转换成字符、图形和颜色等信息，传送到显示器上显示，使用户能够直观地了解计算机的工作状态和处理结果。现在的显卡都是 3D 图形加速卡，插在主板的 AGP 插槽或 PCI Express 插槽中。每一块显卡基本上都由显示主芯片、显示内存、显卡 BIOS、数字/模拟转换器（RAMDAC）、显卡接口、卡上的电容和电阻等组成。

5. 硬盘

硬盘是计算机中必不可少的、用来存储数据信息的外存储设备,如果一台计算机少了硬盘,无论是操作系统还是用户的文件都将无处保存。

6. 光驱

光盘驱动器简称光驱,是利用激光的原理写入或读取光盘信息的驱动设备。目前,光驱可分为 CD-ROM 驱动器、DVD 光驱(DVD-ROM)、康宝(COMBO)和刻录机等。

7. 机箱

机箱一般包括外壳、支架、面板上的各种开关、指示灯等。机箱结构是指机箱在设计和制造时所遵循的主板结构规范标准,它与主板结构是相互对应的关系。每种结构的机箱只能安装该结构规范所允许的主板类型。机箱结构一般可分为 AT、Baby-AT、ATX、Micro ATX、LPX、NLX、Flex ATX、EATX、WATX 以及 BTX 等结构。ATX 是目前市场上最常见的机箱结构;Micro ATX 又称 Mini ATX,是 ATX 结构的简化版,就是常说的"迷你机箱",多用于品牌机;BTX 则是下一代的机箱结构。

8. 电源

电源的工作原理是:220V 交流电进入电源后经整流和滤波转为高压直流电,又通过开关电路和高频开关变压器转为高频率低压脉冲,再经过整流和滤波,最终输出低电压的直流电。

电源可分为两类:AT 电源和 ATX 电源。AT 电源在市场上已基本消失。ATX 电源是 Intel 公司 1997 年 2 月推出的电源结构,和以前的 AT 电源相比,在外形规格和尺寸方面并没有发生什么变化,但在内部结构方面却做了相当大的改动。最明显的就是增加了 ±3.3V 及 +5V StandBy 两路输出和一个 PS-ON 信号,并将电源输出线改为一个 20 芯的电源线为主板供电,可以实现软件开关机、键盘开机、网络唤醒等功能。Micro ATX 电源是 Intel 公司在 ATX 电源基础上改进的标准电源,与 ATX 电源相比,其最显著的变化就是体积减小、功率降低。目前,国内市场上流行的是 ATX 2.03 和 ATX12V 两个标准。

9. 键盘和鼠标

键盘和鼠标是计算机最基本的输入设备。通过键盘,可以向计算机输入中西文字符和数据,以及向计算机发出指令。鼠标则是一种移动光标和实现选择操作的输入设备。

10. 显示器

显示器是用来实现计算机与用户交互的一种常用输出设备。

二、计算机的组装

1. 装机前的准备工作

组装计算机是一项细致而严谨的工作,要求用户不仅要具备扎实的基础知识,还要有极强的动手能力。除此之外,在进行计算机组装之前,还需要做好充足的准备工作。

(1) 准备工作台

为了方便进行安装,应该有一个高度适中的工作台,可以使用专用的电脑桌或者普通的桌子,只要能够满足使用需求即可。

(2) 准备配件

将配件、产品说明书和驱动程序分别取出,摆放在铺垫了一层硬纸板、报纸或是纯棉布等的桌子上,不要摆放在化纤布或塑料布上,防止产生静电损坏配件。硬件产品中附赠的零配件都是安装计算机系统所必备的,注意不要遗失。

(3) 清除身上静电

开始装机之前,要通过用手触摸地线、墙壁或自来水管的方法来释放身上的静电,因为即使是少量的静电也会释放数千伏特的电压而严重危害电子产品。

(4) 准备好工具和导热硅胶

组装计算机建议采用带有磁性的十字螺丝刀、尖嘴钳子和导热硅胶。计算机上的大部分配件都是用十字螺丝刀固定的,选用带磁性的螺丝刀是为了吸住螺丝以方便安装,另外也便于取出落入狭小空间的螺丝或其他类似小零件。尖嘴钳子可以用来折断机箱后面的一些材质较硬的挡板,还可以用来夹一些细小的螺丝、螺帽、跳线帽等小零件。在安装 CPU 的时候,导热硅胶是必不可少的用品,用它可以填充散热器与 CPU 表面的空隙,帮助 CPU 更好地散热。

装机所用工具如图 1-1 所示。

2. 计算机组装步骤

(1) 安装 CPU;

(2) 安装 CPU 风扇;

(3) 安装内存;

(4) 安装电源;

(5) 安装主板;

(6) 连接机箱连线;

(7) 安装显卡;

(8) 安装硬盘;

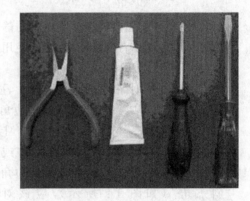

图 1-1　装机工具

(9) 安装光驱和软驱;

(10) 整理内部连线,盖上机箱盖;

(11) 连接显示器、键盘、鼠标等外部设备。

三、计算机软件的安装

计算机软件是计算机系统中的程序、运行程序所需的数据以及与程序有关的文档资料的总称。软件是用户与硬件之间的接口界面,用户主要通过软件与计算机进行交流。计算机软件可以分为两类:系统软件和应用软件。系统软件负责对整个计算机系统资源的管理、调度、监视和服务。应用软件是指各个不同领域的用户为满足各自需要而开发的各种应用程序。

1. 软件安装前的准备工作

在进行软件安装之前,需要准备好软件的安装程序。如果是安装操作系统,需要准备好安装光盘。如果是安装应用软件,也需要准备好安装光盘或者从网络上查找并下载应用程序。另外需要注意的是,软件程序的安装和运行对计算机的硬件有一定的要求。

2. 软件安装的方法

获取了软件的安装程序后,便可将其安装到微机中使用。软件安装的一般方法是运行安装程序,打开安装向导,按照安装向导的提示进行操作。

实　　验

实验 1-1　计算机的组装

一、实验目的

1. 了解计算机主要部件的外观。
2. 掌握 CPU、内存条、电源、主板、显卡等部件的安装方法。
3. 掌握硬盘、光驱和软驱、显示器、鼠标和键盘的安装方法。

二、实验内容和步骤

计算机硬件组装时应该找一个防静电袋置于主板的下方,同时将主板放在较为柔软的物品上,以免刮伤背部的线路,建议使用防静电包装袋以及泡沫袋。

(1) 安装 CPU

安装 CPU 时,首先要找对方向。注意观察主板上的 CPU 插槽,其中有些边角处并没有针孔,这一位置应该对应 CPU 上缺针的位置。以 AMD 的 AthlonXP 或者 Duron 处理器为例,其针脚有两个边角呈"斜三角"(如图 1-2 所示),应该对准 SocketA 插槽上的"斜三角"(如图 1-3 所示)。

图 1-2　AMD 处理器的"斜三角"

如果方向反了,那么 CPU 是无法顺利嵌入 CPU 插槽的。至于 Intel 的 Pentium 4 或者 Celeron 4 处理器,只有一个边角呈现缺口(如图 1-4 所示),安装时对准 CPU 插槽的缺口即可。

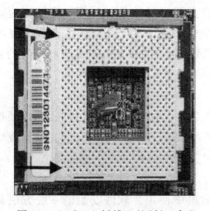

图 1-3　SocketA 插槽上的"斜三角"

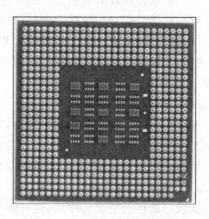

图 1-4　Intel 处理器的"缺口"

安装 CPU 时应该先轻轻地将 CPU 插槽固定杆拉起 90°（如图 1-5 所示），垂直将 CPU 与主板插座上的两个缺角相对应地插入（如图 1-6 所示），如果安装正确 CPU 会自动滑入 CPU 插槽。确认针脚全部滑入插槽后，用力下压 CPU 拉杆，以固定 CPU。

图 1-5　拉起固定杆　　　　　　　　　　图 1-6　插入 CPU

整个过程应该相当轻松，如果遇到很大的阻力，应该立即停止，因为这很可能是 CPU 插入方向错误所引起的。

（2）安装 CPU 风扇

相对而言，安装 CPU 风扇是整个装机过程中最危险的一步，因为用力不当就很容易压坏 CPU 的核心。首先，在 CPU 的表面均匀地涂上一层导热硅胶，在涂抹时应注意不要在 CPU 上放太多的导热硅胶，只需在 CPU 中央部分挤少量硅胶，然后用刮片向四周涂抹直到涂满整个 CPU 为止。做这一步的目的是确保 CPU 与散热片之间紧密接触，赶走空气，如图 1-7 所示。

(a) 将导热硅胶挤到 CPU 上　　　　　　(b) 将导热硅胶涂抹均匀

图 1-7　涂抹导热硅胶

接下来安装 CPU 风扇。首先，将风扇按照正确的方向放到 CPU 上面；然后把扣具两端的搭扣套入 CPU 插槽两边相应的卡位上；最后，拨动风扇一侧的拉动杆，扣具会自动紧缩从而将风扇固定在主板上面，如图 1-8 所示。

将 CPU 风扇的电源插头插在 CPU 插槽附近的 3 针电源插座上即可，如图 1-9 所示。这种 3 针电源接口有一个导向小槽，因此不用担心插反。

（3）安装内存

首先将需要安装内存的对应的内存插槽两侧的塑胶夹脚往外侧扳动，使内存条能够插入；然后将内存条引脚上的缺口对准内存插槽内的凸起位置，或按照内存条的金手指边上标示的编号 1 的位置对准内存插槽中标示编号 1 的位置；最后稍微用点力，垂直地将内存

计算机的组装和软件安装

(a) 把扣具套入卡位　　　　　　　　　　(b) 扣紧扣具

图 1-8　安装 CPU 风扇

条插入内存插槽并压紧,直到内存插槽两头的保险栓自动卡住内存条两侧的缺口,再检查内存条的金手指是否全部插入。安装内存时同样需要注意方向,如图 1-10 所示。

图 1-9　为 CPU 风扇连接电源　　　　　　　图 1-10　安装内存条

（4）安装电源

安装电源很简单,先将电源放进机箱上的电源位,并将电源上的螺丝固定孔与机箱上的固定孔对正。然后先拧上 1 颗螺钉（固定住电源即可）,再将最后 3 颗螺钉孔对正位置,拧上剩下的螺钉即可。

需要注意的是,在安装电源时,首先要做的就是将电源放入机箱内,在这个过程中要注意电源放入的方向,有些电源有两个风扇,或者有一个排风口,则其中一个风扇或排风口应面对着主板,放入后稍稍调整,让电源上的 4 颗螺钉和机箱上的固定孔分别对齐。

（5）安装主板

主板的安装主要是将其固定在机箱内部,安装主板的步骤如下。

步骤 1：将机箱或主板附带的固定主板用的螺丝柱和塑料钉旋入主板和机箱的对应位置,如图 1-11 所示。

步骤 2：将机箱上的 I/O 接口的密封片撬掉。提示：可根据主板接口情况,将机箱后相应位置的挡板去掉,这些挡板与机箱是直接连接在一起的,需要先用螺丝刀将其顶开,然后用尖嘴钳将其扳下。外加插卡位置的挡板可根据需要决定,而不要将所有的挡板都取下。

步骤 3：将主板对准 I/O 接口放入机箱。

步骤 4：将主板固定孔对准螺丝柱和塑料钉,然后用螺丝将主板固定好,如图 1-12 所示。

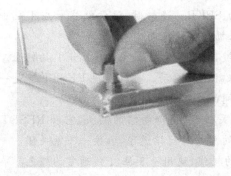
图 1-11　安装螺丝柱

图 1-12　固定主板

步骤 5：将电源插头插入主板上的相应插口中。现在的主板一般兼容 24 针和 20 针的电源接口，以满足现在仍在使用老电源的用户。安装时只要注意主板上的接口和电源接口对准就可以了，因为这些接口一般都带有防呆技术。不过在安装 20 针的电源时，一定要注意空出主板最左面的 4 针位，如图 1-13 所示。

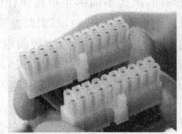
(a) 20针和24针电源插头

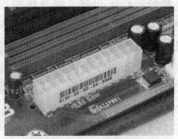
(b) 主板上的24针电源接口

(c) 将电源插头插入主板电源接口

(d) 电源连接后的效果

图 1-13　连接主板电源

（6）连接机箱接线

在机箱中，需要进行连线的线缆主要分为以下几种类型。

数据线：光驱和硬盘与主板进行数据传输时的串口线缆或并口扁平线缆。

电源线：从电源处引出，为主板、光驱和硬盘提供电力的电源线。

信号线：主机与机箱上的指示灯、机箱喇叭和开关进行连接时的线缆，以及前置 USB 接口线缆与前置音频接口线缆等。

注意：在连接之前，首先在主板的说明书上找到各种信号线的详细说明。

① PC 喇叭的 4 芯插头，实际上只有 1、4 两根线，1 线通常为红色，它接在主板

计算机的组装和软件安装

SPEAKER 插针上,这在主板上有标记,通常为 SPKR。连接时,注意红线对应 1 或+的位置(有的主板将正极标为"1",有的标为"+",根据具体情况而定)。

② RESET SW 接头连着机箱的 RESET 键,它要接到主板上的 RESET 插针上。主板上 RESET 针的作用是:当它们短路时,计算机就重新启动。也就是说 RESET 键是一个开关,按下它时产生短路,松开时又恢复开路,瞬间的短路就使计算机重新启动。

③ ATX 结构的机箱上有一个总电源的开关接线,是个两芯的插头,它和 RESET 接头一样,按下时短路,松开时开路,按一下计算机的总电源就接通了,再按一下就关闭。

④ POWER LED 3 芯插头是电源指示灯的接线,使用 1、3 位,1 线通常为绿色。在主板上,这样的插针通常标记为 PWR,连接时注意绿色线对应第 1 针(+)。当它连接好后,计算机一打开,电源灯就一直亮着,指示电源已经打开了。

⑤ 硬盘指示灯的两芯接头,1 线为红色。在主板上,这样的插针通常标有 IDE LED 或 HDD LED 的字样,连接时红线要对应 1。当它连接好后,计算机在读写硬盘时,机箱上的硬盘指示灯会亮。需要说明的是,这个指示灯只能指示 IDE 硬盘,对 SCSI 硬盘是不可用的。

接下来还需将机箱上的电源、硬盘、喇叭、复位等控制连接端子线插入主板上的相应插针上。连接这些指示灯线和开关线是比较烦琐的,因为不同的主板在插针的定义上是不同的,究竟哪几根是用来插接指示灯的,哪几根是用来插接开关的,都需要查阅主板说明书,所以建议用户最好在将主板放入机箱前就将这些线连接好。另外,主板的电源开关、RESET(复位开关)这几种设备是不分方向的,只要弄清插针就可以插好;而 HDD LED(硬盘灯)、POWER LED(电源指示灯)等由于使用的是发光二极管,所以插反是不能闪亮的,一定要仔细核对说明书上对该插针正负极的定义。

图 1-14 所示为 SPEAKER、RESET SW、POWER LED、HDD LED 等信号线及主板上对应的插针。图 1-15 所示为 1394 接口、USB 接口及 AUDIO 音频接口的信号线及主板上对应的插针。

图 1-14　开机按键和 LED 插针

图 1-15　1394、USB 2.0 与前置音频扩展接口

（7）安装显卡

安装显卡的步骤如下（如图 1-16 所示）。

(a) AGP 插槽

(b) 安装显卡

图 1-16　安装显卡

步骤 1：从机箱后壳上移除对应 AGP 插槽上的扩充挡板及螺丝。

步骤 2：将显卡很小心地对准 AGP 插槽并且很准确地插入 AGP 插槽中。

注意：务必确认显卡上金手指的金属触点准确地与 AGP 插槽接触在一起。

步骤 3：用螺丝刀将螺丝锁上使显卡固定在机箱壳上。

（8）安装硬盘(以 SATA 接口硬盘为例)

安装硬盘的步骤如下（如图 1-17 所示）。

(a) 将硬盘安装在硬盘托架上

(b) 将电源线和数据线连接到硬盘

(c) 将数据线连接到主板

图 1-17　安装硬盘并连接数据线和电源线

步骤 1：卸下硬盘托架,将硬盘用螺丝固定在硬盘托架上。

注意：千万不要用力过大,否则硬盘会脱扣。另外,有些机箱没有硬盘托架,安装硬盘就从步骤 2 开始。

步骤 2：单手捏住硬盘(注意:手指不要接触硬盘底部的电路板,以防身上的静电损坏硬盘),对准安装插槽后,轻轻地将硬盘往里推,直到硬盘的 4 个螺丝孔与机箱上的螺丝孔对

计算机的组装和软件安装

齐为止。

步骤3：硬盘到位后,用螺丝刀将螺丝锁上。

注意：硬盘在工作时其内部的磁头会高速旋转,因此必须保证硬盘安装到位,固定不动。

硬盘的两边各有两个螺丝孔,因此最好能拧上4颗螺丝,并且在拧螺丝时4颗螺丝的进度要均衡,切勿一次性拧好一边的两颗螺丝,然后再去拧另一边的两颗。如果一次就将某颗螺丝或某一边的螺丝拧得过紧的话,硬盘受力可能就会不对称,影响数据的安全。

步骤4：连接硬盘数据线和电源线。将硬盘数据线一端连接到硬盘,另一端连接到主板,并将从电源引出的硬盘电源线连接到硬盘。

(9) 安装光驱和软驱

安装光驱的步骤如下。

步骤1：光驱的跳线。光驱的跳线非常重要,特别是当光驱与硬盘共用一条数据线时,如果设置不正确就会无法识别光驱。一般安装一个光驱的时候只需要将它设置为主盘即可。

步骤2：将光驱装入机箱。先拆掉机箱前方的一个5英寸固定架面板,然后把光驱滑入,这时要注意光驱的方向。

步骤3：固定光驱。正确的方法是把4颗螺丝都旋入固定位置后调整一下,然后再拧紧螺钉。

步骤4：安装连接线。依次安装好IDE排线和电源线。

软驱的安装和光驱类似,只不过不需要跳线。

(10) 整理内部连线,合上机箱盖

(11) 连接外部设备

图1-18所示为主板的主要外接端口。

图 1-18　主板的主要外接端口

① 安装显示器。安装显示器的步骤如下。

步骤1：从显示器的附袋里取出电源连接线,将电源连接线的另外一端连接到电源插座上。

步骤2：把显示器后部的信号线与机箱后面的显卡输出端相连接,显卡的输出端是一个15孔的3排插座,只要将显示器信号线的插头插到上面就行了。插的时候要注意方向,厂商在设计插头的时候为了防止插反,将插头的外框设计为梯形,如图1-19所示。因此,一般情况下是不容易插反的。如果使用的显卡是主板集成的,那么一般情况下显卡的输出插孔位置是在串口 1 的下方；如果不能确定，要按照说明书上的说明进行安装。

　　② 安装鼠标、键盘。键盘和鼠标的安装很简单，现在最常见的是 PS/2 接口的键盘和 USB 接口的鼠标，安装时将键盘的 PS/2 接口插到主板上对应颜色的端口，鼠标的 USB 接口插到主板的任意一个 USB 接口上。如果鼠标也是 PS/2 接口，则只需把它插到主板上对应颜色的端口上即可，如图 1-20 所示。

图 1-19　显示器信号线

图 1-20　键盘和鼠标接口

　　至此，一台计算机就组装完成了。打开显示器开关，按下机箱电源开关，如果一切正常，机箱里的 PC 喇叭就会发出"嘀"的一声，并且显示器出现启动信息，说明计算机硬件组装完全成功，接下来的工作就是安装操作系统和驱动程序了。

三、实验作业

1. 观看计算机组装视频。
2. 根据实验内容，练习组装一台计算机。

第 2 章　　Windows 7

Windows 7 是 Microsoft 公司 2009 年发布的 Windows 操作系统产品。它是基于图形界面的多用户、多任务操作系统,用户通过图形界面管理、控制和使用计算机的各种资源,操作简单易学。Windows 7 在易用性、用户个性化、视听娱乐的优化、安全性、网络性能等多方面进行了改进,使之具有更易用、更快速、更简单、更安全、更低的成本、更好的连接等特点。Windows 7 有多个版本,其中 Windows 7 家庭高级版、Windows 7 专业版和 Windows 7 旗舰版是主流版本。

学 习 指 导

一、Windows 7 概述

1. Windows 7 的桌面

用户按下主机箱上的电源按钮,等待系统自动启动 Windows 7,可选择账户并输入密码进入系统;若未设定密码,可直接进入系统。

Windows 7 启动后,屏幕上的整个区域就是桌面,其布局如图 2-1 所示。

桌面上排列的一些小图案被称做"图标",分别代表一个个对象。双击桌面图标可以快速打开存储在计算机中的对应文件或应用程序。桌面图标中,有系统图标、用户自己添加的程序或文件(文件夹)图标,以及快捷方式图标。系统图标是 Windows 7 自带的具有特殊用途的图标,常见的有"回收站"、"计算机"、"网络"等。快捷方式图标比一般图标左下角多一个小箭头。快捷方式提供了对常用程序和文档等项目的访问捷径,只要双击快捷方式图标即可启动程序或打开文档,快捷方式不改变程序或文档的存储位置,只是在程序或文档之间建立了一个链接,因而删除快捷方式时,程序或文档文件的内容不会被删除。

桌面的底部是 Windows 7 的任务栏,任务栏区域由"开始"按钮、快速启动区、活动任务区和通知区组成。用鼠标左键或右键单击"开始"按钮,将分别弹出开始菜单和快捷菜单,Windows 7 的许多操作都是从该按钮开始的。快速启动区中可放置一些用户经常访问的应用程序快捷方式图标,以便快速启动这些程序。活动任务区显示所有正在运行的应用程序图标,单击这些图标可进行应用程序间的快速切换。通知区主要包括语言输入法栏、音量控制、当前系统日期和时间等图标,通过这些图标可以进行输入法切换、设置日期和时间,以及调节音量等。单击最右边的"显示桌面"按钮,可快速切换到桌面。

Windows 7 中,任务栏增加了预览功能,当鼠标移动到任务栏上相应图标时,用户可预

图标 —

桌面背景 —

"显示桌面"按钮

"开始"按钮   快速启动区   活动任务区   通知区

图 2-1 Windows 7 桌面

览这个程序打开的所有窗口。

2. 窗口

窗口是 Windows 7 中各种应用程序工作的区域。双击应用程序或文档图标，就可以打开一个应用程序或文档窗口；若同时运行多个应用程序或打开多个文档，桌面上就会有多个窗口。图 2-2 显示的是"计算机"窗口。

窗口一般由标题栏、控制按钮、"前进/后退"按钮、地址栏、搜索栏、菜单栏、工具栏、导航窗格、资源管理窗格（工作区）、预览窗格、细节窗格（状态栏）等组成。

① 标题栏：用于显示窗口对应的应用程序、文件夹或文档的名称；用鼠标按住标题栏拖动可以移动窗口；双击标题栏可以使窗口最大化（或复原）。

② 控制按钮：窗口顶部最右侧的最小化、最大化（复原）和关闭按钮，用于控制窗口的形态。

③ 搜索栏：在搜索栏中输入文件或文件夹的路径，可以打开相应的文件或文件夹。

④ 地址栏：在地址栏中输入文件夹的路径，则打开该文件夹窗口；对于已联网的计算机，若在地址栏中输入网页的地址后，即可启动浏览器并打开该网页。

⑤ 菜单栏：在菜单栏中列出用户可使用的菜单名。单击某菜单名，则打开相应的菜单，可从中选择需要操作的菜单命令。

⑥ 工具栏：由一组按钮组成，对应于常用的菜单命令，单击工具栏上的按钮可快速执行相应的菜单命令。

14

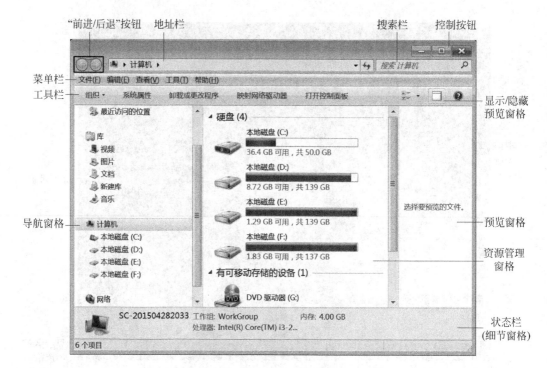

图 2-2　Windows 7 窗口组成

⑦ 导航窗格：在窗口的左侧为用户提供了导航操作的便利途径。

⑧ 资源管理窗格(即工作区)：用于显示当前窗口的内容。

⑨ 预览窗格：在资源管理窗格选择一个文件,则在预览窗格中预览显示该文件的内容。

⑩ 细节窗格(即状态栏)：用来显示窗口对象的状态信息。

3. 对话框

Windows 7 通过对话框获取用户信息,从而确定程序的执行方式；也可通过对话框显示附加信息和警告。一般情况下,当某个菜单命令后面(或某工具按钮图标上)有省略号"…"时,表示执行该命令会出现一个对话框。图 2-3、图 2-4 是两个典型的对话框。

对话框有多种形式,其复杂程度也不同,但一般由以下一些元素组成。

① 选项卡：用来组织多个页面,单击某个选项卡的标签可以切换到相应的对话框页面,用于设置相关的参数。

② 单选按钮：一组选项按钮中,一次只能有一个单选按钮被选中。

③ 复选框：在一组复选框中,可以同时选择多个复选框,也可以一个都不选。

④ 命令按钮：在命令按钮上通常显示该按钮要完成的工作,单击该按钮就执行了相应的命令。

⑤ 文本框：允许用户直接在文本框中输入文字。

⑥ 列表框：将各种选项以列表的形式显示出来,供用户选择。

⑦ 下拉列表框：当用户单击下拉列表框右边的向下箭头时,就会弹出下拉列表,列出可供选择的选项。

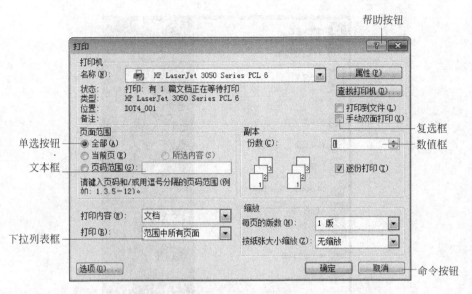

图 2-3 "打印"对话框

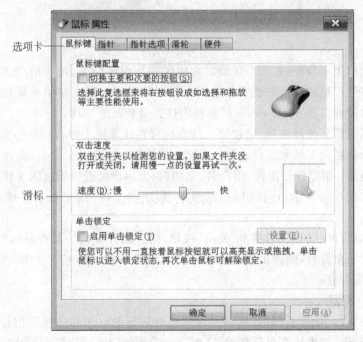

图 2-4 "鼠标属性"对话框

⑧ 数值框：设置一个数值，单击增减按钮可以改变数值的大小，也可以直接输入数值。

⑨ 滑标：拖动滑标即可调节数值的大小，用于调整参数。

⑩ 帮助按钮：单击"?"按钮，可获得有关该项目的帮助信息。

4. "开始"菜单

用鼠标单击桌面左下角的"开始"按钮，或按 Ctrl＋Esc 组合键，就可打开"开始"菜单，如图 2-5 所示。利用"开始"菜单几乎可以完成所有的 Windows 操作。

图 2-5　"开始"菜单

"开始"菜单主要分左、右两个区域。左边区域是程序列表,包含用户常用的应用程序。单击"所有程序"可显示该计算机安装的所有应用程序。使用该菜单项及其下级子菜单,可以启动应用程序或打开 Windows 7 的各种附件工具和其他工具。

左边区域的底部是搜索框,通过输入搜索项可在计算机上查找程序和文件。

右边区域是系统工具和文件管理工具列表,它提供对常用文件夹、文件、设置和功能的访问。主要包括:用户登录图标、用户名、文档(列出用户最近使用过的文档)、图片(用于查找计算机上的图片)、音乐、计算机、控制面板、帮助和支持(用于查看系统帮助信息)等菜单项。

另外,在右边区域的底部,单击"关机"按钮,则关闭计算机。若将鼠标移动到(或单击)该按钮右边的三角符号,则弹出快捷菜单,用户可选择"切换用户"、"注销"、"锁定"、"重新启动"和"睡眠"等命令。

5. 任务管理器

Windows 7 的"任务管理器"显示了计算机所运行的程序和进程等信息,以及 CPU、内存等的使用情况。如果计算机已联网,还可以查看当前网络运行状态,如网络连接的名称和连接速度等信息。

6. 桌面小工具

Windows 7 自带了许多实用的称为"小工具"的小程序,如时钟、日历、天气、幻灯片、源标题、CPU 仪表盘等。用户可以根据需要添加这些小工具到桌面,既美化了桌面,又方便了自己的工作和生活。例如,可以使用小工具显示图片幻灯片、查看不断更新的标题或查找联系人。

7. Windows 7 的帮助功能

利用 Windows 7 的联机帮助功能是快速获取所需帮助信息和寻求技术支持的最好途径。Windows 7 帮助和支持中心提供许多帮助主题，每个帮助主题都包含了丰富的内容，用户利用该帮助功能可以更快、更好地掌握 Windows 7 的使用方法和操作技巧。

单击"开始"菜单中的"帮助和支持"按钮，就可以打开"Windows 帮助和支持"窗口。若用户想学习 Windows 的基础知识，可单击"入门"|"Windows 的基础知识"超链接，则显示图 2-6 所示的主题内容。

图 2-6　"Windows 帮助和支持"窗口

另外，用户也可以利用搜索功能来获取帮助，例如在"搜索"文本框中输入搜索关键词，再单击 ![搜索] 按钮，系统则列出所有搜索到的结果。

二、Windows 7 文件和资源管理

"计算机"和 Windows 资源管理器是 Windows 7 提供的用于访问和管理计算机系统资源的两个重要工具，它们不仅能管理计算机中的文件系统，而且还能访问计算机中的打印机、硬盘、光盘以及网络环境中的其他计算机资源，操作十分方便。要打开 Windows 资源管理器，可以右击"开始"按钮，在弹出的快捷菜单中选择"打开 Windows 资源管理器"命令，如图 2-7 所示。

Windows 7 的资源管理器窗口主要由地址栏、搜索栏、菜单栏、工具栏、导航窗格、资源管理窗格、预览窗格以及细节窗格等组成。

导航窗格能够辅助用户在外存储器和库中切换；资源管理窗格是用户进行操作的主要场所，可进行文件或文件夹的选择、打开、复制、移动、创建、删除、重命名等操作，同时，根据这里显示的内容，资源管理窗格上部的工具栏会显示相关操作。

预览窗格默认不显示，可单击工具栏右端的"显示/隐藏预览窗格"按钮来控制其是否显

图 2-7 Windows 资源管理器窗口

示。另外,用户也可通过"组织"菜单中的"布局"命令设置"菜单栏"、"细节窗格"、"预览窗格"和"导航窗格"的选择来控制是否显示。

1. 文件及文件夹

文件是记录在外存上的一组相关数据的集合,它是操作系统中用来存储和管理信息的基本单位。文件可以是各种程序文件和文档文件。一个磁盘上通常存有大量的文件,Windows 7 以树型文件夹(文件夹也称为目录)结构组织和管理文件,用户可以把不同类型或属于不同用户的文件保存在不同的文件夹中,以便于分组和归类管理。

在 Windows 7 中,任何一个文件都有文件名,对文件的存取采用按名存取的方式。文件名格式一般为"主文件名.扩展名"。主文件名描述文件的内容,扩展名(一般由 0~4 个字符组成)用以标识文件类型和创建此文件的程序。文件名中可以没有扩展名,但不能没有主文件名。

在 Windows 资源管理器中,对文件或文件夹的操作主要有以下几种:选择、新建、复制、移动、重命名、删除、发送和查找,以及修改文件或文件夹属性。

2. 库

库是 Windows 7 新增的一个功能,它是浏览、组织、管理和搜索具备共同特性文件的一种方式,即使这些文件存储在不同的地方。库可以按文件类型,例如视频、文档、音乐、图片,以及其他类型,对文件进行集中管理。库实际上并没有真实储存数据,仅是文件、文件夹的一种映射,它采用索引文件的管理方式,监视其包含项目的文件夹,并允许用户以不同的方式访问和排列这些项目。库中的文件都会随着原始文件或文件夹的变化而自动更新,并且允许以同名的形式存在于库中。

Windows 7 能够自动为视频、图片、文档、音乐等项目创建库,用户也可以创建自己的库。不同类型的库,库中项目的排列方式不尽相同,如图片库有"月"、"天"、"分级"、"标记"等选项;而文档库中有"作者"、"修改日期"、"标记"、"类型"、"名称"等选项。

3. 快捷方式

快捷方式是定制桌面、对文件进行快速访问的重要方法,它实际上是一个指针,直接指向相应的文件和对象。在桌面上为某个应用程序创建一个快捷方式,就可以在桌面直接运行该程序,就像从该程序所在的文件夹中运行一样。用户可以为应用程序、文件夹、文件等对象创建快捷方式,快捷方式图标可以放在桌面上、开始菜单上或任意文件夹里。

4. 剪贴板

剪贴板是 Windows 7 在内存中开辟的一个临时存放、交换信息的区域。利用剪贴板可以实现应用程序之间的信息交换,从而达到信息共享的目的。将应用程序中的文本、图形等信息剪切或复制到剪贴板中,然后使用"粘贴"命令即可将剪贴板中的内容传送到需要交换信息的应用程序中。

5. 回收站

当用户从硬盘或桌面上删除某些对象(如文件、文件夹等)时,Windows 7 实际上并未永久地删除它们,只是将这些对象移到一个叫做"回收站"的文件夹中。因此,在清空回收站之前,可以恢复被错误删除的对象。

三、控制面板

控制面板是用来对系统进行设置的一个工具集。用户可以通过它修改系统设置,安装新的软件和硬件,对多媒体、网络、输入输出设备进行管理,根据自己的爱好更改显示方式,设置打印机、鼠标、键盘、桌面等。

控制面板的窗口界面有两种视图形式:分类视图和图标视图,如图 2-8(a)和图 2-8(b)所示。默认情况下以分类视图显示,它把相关的控制面板项目和常用的任务组合在一起以组的形式呈现在用户面前。单击图 2-8(a)中"查看方式:类别"下拉按钮,可在分类视图和图标视图之间切换。

四、附件及系统工具

Windows 7 提供了一些实用的附件程序或程序组,如"Windows 资源管理器"、"便笺"、"画图"、"计算器"、"记事本"、"写字板"、"截图工具"、"放大镜"和"系统工具"等。

1. 画图

画图程序是 Windows 中基本的作图工具,使用它可以绘制、编辑及打印图形,也可以将绘制好的图形插入到支持对象链接与嵌入的应用程序中。在 Windows 7 中,画图程序采用了 Ribbon 界面(即功能区用户界面),使得用户易于找到常用功能命令,提高工作效率,而且界面美观。启动画图程序后,其窗口如图 2-9 所示。

画图程序窗口的顶端是标题栏,它包含两部分内容:"快速访问工具栏"和"标题"。"快速访问工具栏"就是位于标题栏左边的一些工具按钮,主要显示用户日常工作中频繁使用的

(a) 分类视图

(b) 图标视图

图 2-8　"控制面板"窗口

命令,如"保存"、"撤销"、"重做"等。用户也可以单击此工具栏中的"自定义快速访问工具栏"按钮,在弹出的快捷菜单中设置某些命令项将其添加至该工具栏中。

标题栏下方是菜单栏和画图工具的功能区。菜单栏包含"画图"按钮,以及"主页"和"查看"两个菜单项。

单击"画图"按钮,则显示一些菜单项,可以进行文件的"新建"、"打开"、"保存"、"打印"等操作。

当选择"主页"菜单项时,则出现相应的功能区,包含"剪贴板"、"图像"、"工具"、"形状"、"粗细"和"颜色"功能模块,提供给用户对图片进行编辑和绘制的功能。

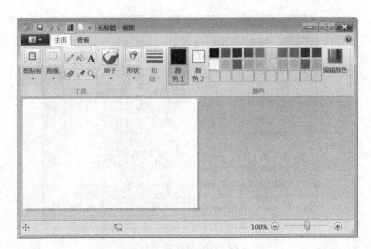

图 2-9 "画图"窗口

若保存用 Windows 7 画图程序建立的图形文件,其默认格式为 png 文件,用户也可选择保存为 bmp 或 jpg 等文件格式。

2. 写字板

写字板是 Windows 7 内含的字处理程序。与记事本不同,写字板文档可以包括复杂的格式和图形,并且可以在写字板内链接或嵌入对象(如图片或其他文档)。Windows 7 写字板程序的界面与画图程序界面类似,也是基于 Ribbon 的。

单击菜单栏左边的"写字板"按钮可进行文件的"新建"、"打开"、"保存"、"打印"和"页面设置"等操作。

当选择"主页"菜单项时,则出现相应的功能区(或称工具栏),包含剪贴板、字体、段落、插入、编辑功能模块,可以为文本设置不同的字体和段落样式,也可插入图形和其他对象,写字板具备编辑复杂文档的基本功能。

"查看"工具栏可实现缩放、显示或隐藏标尺和状态栏以及设置自动换行和度量单位。若保存用写字板创建的文件,其默认文件格式为 rtf 文件。

3. 记事本

记事本主要用于编辑小型的纯文本文件(扩展名为 txt)。它所编辑的文件只能由字母、数字和符号组成,且只能对文件中的所有文本设置一种文本格式(如字体、字形和大小等),而不能对一部分文本进行格式设置;不能插入图片等多媒体信息。

若在记事本文档的第一行输入".LOG",则以后每次打开该文档,系统会自动在文档的最后一行插入当前的日期和时间,以方便用户用作时间戳。

由于 txt 文件的格式简单,占用存储空间少,且能被任何文字处理软件打开,以及许多程序调用,因此经常使用 txt 文件。

4. 计算器

Windows 7 中,计算器界面焕然一新,具有多种模式,除了常规的加、减、乘、除这些简单的计算功能外,还提供了非常专业的单位换算、日期计算、工作表(抵押、汽车租赁、油耗计算)等,以及编程计算、统计计算等高级功能,完全能与专业的计算器相媲美。

在"查看"菜单中,有"标准型"、"科学型"、"程序员"和"统计信息"四种类型,如图 2-10 所示。

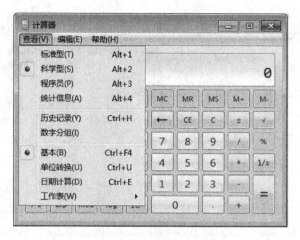

图 2-10 "计算器"窗口

① 标准型计算器：完成基本的加、减、乘、除四则运算及求平方根运算等。

② 科学型计算器：除了可完成标准型计算器的计算功能外，还具有函数运算功能，如三角函数、指数、对数、n 次方、n 次方根等。

③ 程序员计算器：除了可完成标准型计算器的计算功能外，还具有进制转换、逻辑运算等功能。

④ 统计信息计算器：主要用于数据统计。如对一组数据求和、求平均、求平方和等。

5. 截图工具

截图工具提供了多种截图方式，可以将屏幕上的图片或文字等信息截取，并以图片文件存储起来。

在"开始"菜单中，选择"所有程序"|"附件"|"截图工具"命令，则打开"截图工具"窗口，如图 2-11 所示。在该窗口中，单击"新建"按钮右侧的下拉按钮，可从下拉列表中选择不同截图类型。有"任意格式截图"、"矩形截图"、"窗口截图"和"全屏幕截图"。

图 2-11 "截图工具"窗口

6. 放大镜

在"开始"菜单中，选择"所有程序"|"附件"|"轻松访问"|"放大镜"命令，可启动放大镜程序。利用放大镜工具，可以放大屏幕上指定区域的内容。它具有以下 3 种模式。

① 全屏模式：整个屏幕会被放大，放大镜跟随鼠标指针操作。

② 镜头模式：鼠标指针周围的区域被放大，移动鼠标指针时，放大的屏幕区域随之移动。

③ 停靠模式：放大一部分屏幕，其余部分正常显示。

7. 便笺

为方便用户工作，Windows 7 提供了在桌面上显示提示信息的便笺功能，可以在便笺中输入一些重要日程安排信息，如图 2-12 所示。

图 2-12 "桌面便笺"窗口

在"开始"菜单中，选择"所有程序"|"附件"|"便笺"命令，

则打开"桌面便笺"窗口。便笺不能以单独的文字保存,但只要不删除便笺,即使关闭计算机,下次开机时,便笺仍旧显示在桌面上。便笺不需要时可单击 × 按钮删除。

8. 系统维护工具

Windows 7 提供了许多系统维护工具,利用这些维护工具可以帮助用户方便地管理系统资源、监视系统的运行状况以及对系统进行优化和诊断等。

(1) 磁盘备份

为避免计算机因意外事故(如磁盘损坏、病毒感染、突然掉电等)造成数据丢失或损坏,用户需定期对磁盘数据进行备份,在需要时可以还原。在 Windows 7 中,利用磁盘备份向导可以方便快捷地完成磁盘备份工作。

在资源管理器中,右击某磁盘图标,在弹出的快捷菜单中选择"属性"命令,则显示磁盘属性对话框,选择"工具"选项卡,如图 2-13 所示,单击"开始备份"按钮,系统提示备份或还原操作,用户根据需要选择。在备份操作时,可选择备份整个磁盘,也可选择某个文件夹进行备份。在进行还原操作时,必须对已存在的备份文件进行还原。

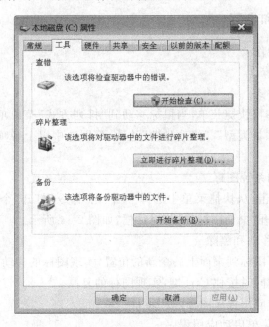

图 2-13　磁盘属性"工具"选项卡

(2) 磁盘清理

用户在使用计算机过程中,会进行大量的读写、下载、安装、删除等操作,这些操作会产生许多临时文件、网页缓存,以及回收站中待删除的文件等,这些没用的文件不仅占用磁盘空间,还会影响计算机运行速度。用磁盘清理程序定期进行磁盘清理可释放磁盘空间。

(3) 磁盘碎片整理

使用新磁盘存储文件时,文件基本上是连续存放的。但是,当频繁地对磁盘上的文件进行写入和删除操作后,磁盘上的文件就可能存放在不连续的空间中,这种情况称为文件的碎片化。在碎片严重的情况下,对磁盘上的文件进行读写操作,将增加磁头移动的时间,读取速度明显下降。

使用磁盘碎片整理程序能有效地整理磁盘上的碎片,从而使文件在磁盘上连续存放。定期运行磁盘碎片整理程序可减少碎片,提高系统对磁盘读写的效率。

实　　验

实验 2-1　Windows 7 基本操作

一、实验目的

1. 掌握桌面、窗口、菜单及任务栏的基本操作。
2. 掌握启动、切换及退出应用程序的方法。
3. 掌握任务管理器的使用方法。
4. 了解 Windows 7 桌面小工具的使用方法。

二、实验内容和步骤

1. 桌面的基本操作

(1) 桌面图标的操作

① 图标的排列方式

在桌面上右击,弹出快捷菜单,当鼠标移动到"排列方式"菜单项上时,其级联菜单中出现"名称"、"大小"、"项目类型"、"修改日期"选项,分别选中以上各项,观察桌面上图标排列的变化。

② 在桌面上添加系统图标

在桌面空白处右击,从快捷菜单中选择"个性化"命令,打开"个性化"窗口;再选择"更改桌面图标"选项,打开"桌面图标设置"对话框,如图 2-14 所示。

③ 图标的复制、移动和删除

- 拖动"计算机"图标到桌面上一个新的位置,实现图标的移动。
- 在拖动图标的同时按住 Ctrl 键,实现图标的复制。
- 选定要删除的应用程序图标,按 Delete 键。

(2) 通过"开始"菜单启动应用程序

通过"开始"菜单启动应用程序,如启动 Windows 7 提供的"记事本"应用程序,操作步骤如下:

① 单击"开始"按钮,打开"开始"菜单,移动鼠标到"所有程序"菜单项,在其级联菜单中选择"附件"菜单项。

② 在"附件"级联菜单中选择"记事本"命令,即可打开"记事本"应用程序。

③ 单击任务栏上的输入法按钮,切换输入法,输入一篇文章。

用类似的方法练习通过"开始"菜单启动"画图"、"计算器"等应用程序。

(3) 任务栏的设置

从"开始"按钮上或在任务栏空白区域右击,在弹出的快捷菜单中选择"属性"菜单项,即可打开"任务栏和开始菜单属性"对话框,如图 2-15 所示。

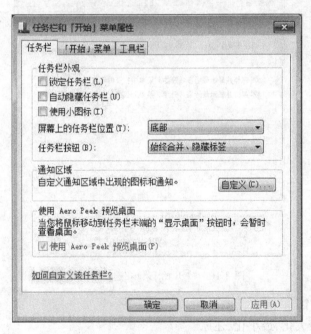

图 2-14 "桌面图标设置"对话框

图 2-15 "任务栏和「开始」菜单属性"对话框

　　① 自动隐藏任务栏设置。在"任务栏"选项卡中,选中"自动隐藏任务栏"复选框,单击"确定"按钮,观察一下,当鼠标不在任务栏位置时,任务栏自动隐藏,当鼠标移到任务栏位置时,任务栏将会自动出现。隐藏任务栏后可以为其他窗口腾出更多的空间。

　　② 任务栏的快速启动区设置。若需要将桌面上某程序图标放置到任务栏的快速启动区,有两种方法。

方法一：直接按住鼠标左键拖动该程序图标至任务栏的快速启动区，当鼠标指针下显示"附到任务栏"时松手。

方法二：右击该程序图标，在弹出快捷菜单中选择"锁定到任务栏"。

如果要将任务栏快速启动区的某程序图标移除，只需右击该图标，在弹出快捷菜单中选择"将此程序从任务栏解锁"命令。

③ 通知区的设置。在图 2-15 所示的"任务栏和「开始」菜单属性"对话框中，单击"通知区域"中的"自定义"按钮，用户可自己定义通知区显示的图标和通知，以及打开或关闭系统图标，如时钟、音量、网络等。通过"使用 Aero Peek 预览桌面"中的复选框可选择是否使用 Aero Peek 预览桌面，若选中，则当鼠标移到任务栏最右端的"显示桌面"按钮时，会暂时显示桌面。

（4）"开始"菜单的设置

在图 2-15 中，单击"「开始」菜单"选项卡，则显示如图 2-16 所示的"「开始」菜单"选项卡对话框，在该对话框中，用户可设置默认的电源按钮操作、是否在开始菜单中显示最近运行的程序和文件列表。若单击"自定义"按钮，则打开如图 2-17 所示的"自定义「开始」菜单"对话框，用户可以设置"开始"菜单上的链接、图标以及菜单的外观和行为。

图 2-16　"「开始」菜单"选项卡对话框

2. 窗口的操作

（1）窗口的最大化、最小化、还原

单击窗口标题栏右上角的"最大化"按钮，使打开的窗口最大化，即充满整个屏幕；单击"最小化"按钮，可使窗口缩小成任务栏上的按钮；当窗口最大化后，"最大化"按钮变为"还原"按钮，单击"还原"按钮，使窗口还原成原始大小。

用鼠标单击控制菜单或右击标题栏，在打开的控制菜单中也能完成以上操作。

（2）窗口的缩放和移动

窗口的缩放：当窗口为原始大小时，将鼠标指向窗口的边框或角上，当鼠标指针变为双

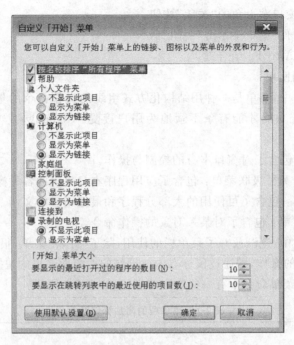

图 2-17 "自定义「开始」菜单"对话框

向箭头时,按住鼠标左键拖动至所需大小。

窗口的移动:当窗口为原始大小时,将鼠标指向标题栏,按住鼠标左键拖动到适当位置即可。

(3)窗口的切换

打开多个窗口,练习以下几种切换活动窗口的方法。

方法一:用鼠标单击"任务栏"上的窗口按钮。

方法二:用鼠标单击所需窗口上的任何位置。

方法三:重复按 Alt＋Esc 组合键,可把所有打开的窗口顺序切换成活动窗口。

方法四:按 Alt＋Tab 组合键,出现"任务切换"对话框,按住 Alt 键的同时反复按 Tab 键,直到方框移动到所需窗口的图标,松开按键即可。

方法五:在 Windows 7 中,若将桌面设置成"Aero 主题",则可以用 Win＋Tab 组合键进行 3D 窗口切换,这是一个快速切换窗口的新方法。即按住 Win 键的同时反复按 Tab 键,直到方框移动到所需窗口的图标,松开按键即可。

(4)窗口的排列

当打开多个窗口时,可利用 Windows 7 的自动窗口排列功能方便地实现多窗口显示。在任务栏的空白处右击,弹出如图 2-18 所示的快捷菜单,选择快捷菜单中的"层叠窗口"、"堆叠显示窗口"、"并排显示窗口"、"显示桌面"菜单项,观察桌面上窗口的变化。

(5)窗口的关闭

打开几个窗口,练习以下几种关闭窗口的方法。

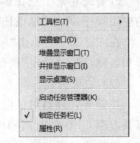

图 2-18 选择窗口排列方式

方法一：单击窗口右上角的"关闭"按钮。

方法二：在"文件"菜单中单击"关闭"命令。

方法三：使用 Alt＋F4 组合键。

3. 菜单命令的使用

在 Windows 7 中,菜单是一种用结构化方式组织的操作命令的集合,通过菜单的层次化布局,复杂的系统功能才能有条不紊地为用户接受。Windows 7 中的菜单形式有以下几种。

① 控制菜单：包含了对窗口本身的控制与操作。

② 菜单栏或工具栏级联菜单：包含了应用程序本身提供的各种操作命令。

③ "开始"菜单：包含了可使用的大部分程序和最近用过的文档。

④ 右键快捷菜单：包含了对某一对象的操作命令。

在 Windows 7 中,逐渐放弃了菜单栏的使用,除了"开始"菜单,很大一部分的菜单操作都是右键快捷菜单的操作,即通过鼠标右击待操作的对象而弹出的快捷菜单的操作。

Windows 7 的菜单命令中有一些约定的标记,如表 2-1 所示。

表 2-1　菜单项的附加标记及含义

表示方法	含　　义
快捷键	可直接按键执行的命令,可以是单个的按键,如 F4 键,也可以是组合键,如 Ctrl＋C、Alt＋F4
呈暗淡灰色	在当前状态下不能使用的菜单项
后带"…"	选择这样的命令会打开一个对话框,输入进一步的信息,才能执行命令
后有"▶"	下级菜单箭头,表示该菜单项有级联菜单
前有"√"	称为选中标记,是控制某些功能的开关
前有"·"	选项标记,用于切换选择程序的不同状态
访问键	在菜单命令的后面有带括号的单个字母,使用访问键 Alt＋该字母字符,可打开其级联菜单

4. 任务管理器的使用

(1) 打开任务管理器

要打开任务管理器对话框,可以同时按下 Ctrl＋Alt＋Delete 三个键,选择"启动任务管理器"命令；或右击任务栏空白处,选择"启动任务管理器"命令,如图 2-19 所示。

(2) 终止应用程序和启动新程序

在任务管理器对话框中,选择"应用程序"选项卡,则显示当前正在运行的程序。

若要终止某个正在运行的程序(应用程序出现问题),只需在"任务"列表中选择要终止的应用程序,单击"结束任务"按钮即可。

在图 2-19 中,单击"新任务"按钮,则弹出"创建新任务"对话框,键入要运行的程序的位置和名称,单击"确定"按钮可启动新程序。

(3) 结束进程

在任务管理器对话框中,选择"进程"选项卡,则显示当前正在运行的进程名称、用户名以及占用 CPU 的时间和内存情况,如图 2-20 所示。

选择要结束的进程,如 notepad.exe,单击"结束进程"按钮,系统将弹出"任务管理器警告"对话框,如图 2-21 所示。

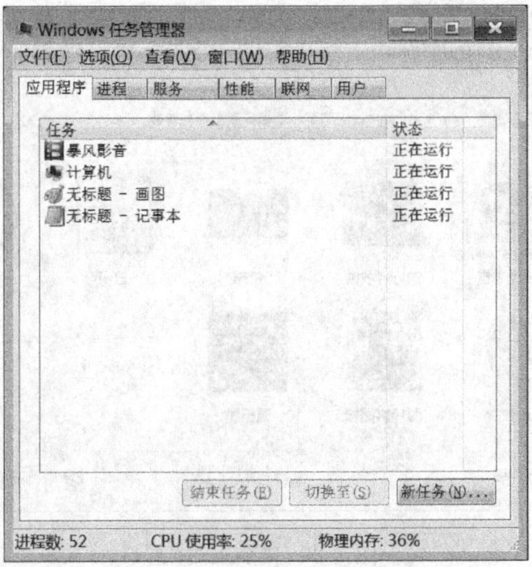

图 2-19　"Windows 任务管理器"对话框

图 2-20　"Windows 任务管理器"的"进程"选项卡

若确实要结束该进程,则单击"结束进程"按钮,否则单击"取消"按钮。

5. 运行 Windows 7 桌面小工具

(1) 打开 Windows 7 桌面小工具

在桌面空白处右击,在弹出的快捷菜单中选择"小工具"命令,则打开"小工具"窗口,如图 2-22 所示(也可通过"开始"|"所有程序"|"桌面小工具库"命令打开"小工具"窗口)。

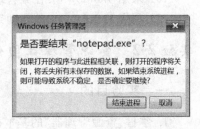

图 2-21　"任务管理器警告"对话框

图 2-22 "小工具"窗口

（2）添加小工具到桌面

若要添加某个小工具到桌面，如"时钟"小工具，只要在"小工具"窗口中双击"时钟"小工具图标即可。添加后，"时钟"显示在桌面右上角，并且通过其右侧的工具条可以对其进行"关闭"、"选项"和"拖曳"操作。

三、实验作业

Windows 7 的基本操作练习。

【操作要求】

（1）分别按"自动排列图标"、"名称"、"大小"、"修改日期"排列桌面的图标。

（2）总结打开应用程序窗口有哪些方法，并分别练习一下。

（3）打开"计算机"、"回收站"、"记事本"和"画图"等窗口，练习分别用键盘方式和鼠标方式在多个程序中进行切换，并对这些窗口进行"层叠"、"堆叠"、"并排显示"等操作，查看这些窗口的变化。

（4）分别按纵向或横向改变某窗口的大小并将其最大化，然后再还原窗口，最后关闭该窗口。

（5）执行任务栏的"属性"命令，设置任务栏的"显示/隐藏"状态。

（6）采用 Windows 7 任务管理器来结束一个程序的运行。

（7）利用 Windows 7 的帮助系统，查找有关"剪贴板"的操作说明。

实验 2-2 资源管理器的使用

一、实验目的

1. 掌握"资源管理器"的基本操作。

2. 掌握文件和文件夹的浏览、选择操作。

3. 掌握文件和文件夹的新建、复制、移动、删除操作。

4. 掌握文件和文件夹的查找操作。

5. 掌握快捷方式的建立、删除操作。

二、实验内容和步骤

1. 资源管理器的基本操作

（1）展开或隐藏文件夹分支

在导航窗格中单击某文件夹左边的"▷"号或"◢"号，练习展开或隐藏文件夹分支。

（2）设置并改变文件或文件夹列表的显示方式

通过资源管理器窗口"查看"菜单中提供的命令，或利用"查看文件列表"▥·按钮可以快速改变文件或文件夹列表的显示方式，有"超大图标"、"大图标"、"中等图标"、"小图标"、"列表"、"详细信息"、"平铺"和"内容"等方式，每次选择其中一种，观察资源管理窗格中显示方式的变化。

（3）设置文件列表的排序方式和分组依据

在任意一种显示方式下，打开"查看"菜单，选择"排序方式"和"分组依据"，在资源管理窗格中可以根据文件的"名称"、"日期"、"类型"、"大小"等进行排序或分组。观察不同排序方式下文件列表的变化。

（4）文件内容的预览

在资源管理窗格中，选择某个文件后，单击"预览文件"▢按钮，则打开预览窗格并显示所选文件的内容。

（5）设置资源管理器的文件夹选项

打开"工具"菜单下的"文件夹选项"对话框，在"查看"选项卡下设置或取消下列选项：

- 隐藏受保护的操作系统文件；
- 隐藏已知文件类型的扩展名；
- 显示隐藏的文件、文件夹或驱动器。

2. 文件和文件夹操作

（1）文件或文件夹的选择

① 若要选择单个文件或文件夹，只需用鼠标单击要选择的文件即可。

② 若要选择多个连续的文件或文件夹，只须单击第一个文件，再按住 Shift 键，同时单击要选择的最后一个文件。

③ 若要选择多个不连续的文件或文件夹，只需按住 Ctrl 键，同时单击要选择的各个文件。

④ 若要选择一个矩形区域内的文件或文件夹，可用鼠标拖出一个矩形框，与框相交的文件均被选中。

⑤ 若要选择全部文件或文件夹，用"编辑"菜单下的"全选"命令。

⑥ 若要取消对个别对象的选择，在按住 Ctrl 键的同时单击取消对象；若要取消对全部对象的选择，单击对象以外的空白处即可。

（2）文件夹和文件的创建

① 在 D 盘根目录下建立如图 2-23 所示的文件夹结构。

在资源管理器导航窗格中选定新建文件夹的上一级文件夹，例

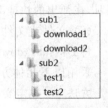

图 2-23　文件夹结构

如,要建立 sub1,在导航窗格中单击"本地磁盘(D:)",再单击"文件"菜单中"新建"命令,并在其级联菜单中选择"文件夹";或在资源管理窗格中空白处右击,在快捷菜单中选择"新建"级联菜单下的"文件夹"命令,这样就生成一个名为"新建文件夹"的文件夹并处于可修改状态,用户输入自定义的新文件夹名称 sub1。

用类似的方法,可建立文件夹 sub2、download1、download2、test1、test2。

② 在 D:\sub2\test1 下创建文本文件 t1.txt,t2.txt。

在导航窗格中单击 D 盘上的文件夹 test1,再单击"文件"菜单中的"新建"命令,并在其级联菜单中选择"文本文档",或在资源管理窗格中空白处右击,在快捷菜单中选择"新建"级联菜单下的"文本文档"命令,这样就生成一个名为"新建文本文档"的文件,并处于可修改状态,用户输入自定义的新文件名称 t1.txt 或 t2.txt。双击文件名 t1.txt 或 t2.txt,系统自动用记事本程序打开此文件,选择一种输入法,任意输入一些内容后保存。

(3) 文件或文件夹的复制

把 D:\sub2\test1 下的文本文件 t1.txt 和 t2.txt 复制到 D:\sub2\test2 下。

先选定要复制的文件或文件夹,然后可以采用以下几种方法复制文件或文件夹。

方法一:选择"编辑"菜单中的"复制"命令,打开目标盘或目标文件夹,再选择"编辑"菜单中的"粘贴"命令。

方法二:按住 Ctrl 键不放,同时用鼠标将选定的文件或文件夹拖曳到目标盘或目标文件夹中,也能实现复制操作。

方法三:如果在不同驱动器之间复制,只需用鼠标将选定的文件或文件夹拖曳到目标盘或目标文件夹中,不必使用 Ctrl 键。

方法四:通过鼠标右键拖放来实现复制。用鼠标右键拖放文件至目标文件夹,释放鼠标时,在弹出的快捷菜单中选择"复制到当前位置"命令即可。

(4) 文件或文件夹的移动

把 D:\sub2\test2 下的文本文件 t1.txt 和 t2.txt 移动到 D:\sub1\download1 下。

移动文件或文件夹的方法与复制操作类似,先选定文件或文件夹,然后可以采用以下几种方法移动文件或文件夹。

方法一:选择"编辑"菜单中的"剪切"命令,打开目标盘或目标文件夹,再选择"编辑"菜单中的"粘贴"命令。

方法二:按住 Shift 键不放,同时用鼠标将选定的文件或文件夹拖曳到目标盘或目标文件夹中,也能实现移动操作。

方法三:如果在同一驱动器内移动,直接用鼠标拖曳文件或文件夹到目标盘或目标文件夹中,不必使用 Shift 键。

方法四:通过鼠标右键拖放来实现移动。用鼠标右键拖放文件至目标文件夹,释放鼠标时,在弹出的快捷菜单中选择"移动到当前位置"命令即可。

(5) 文件或文件夹的重命名

将 D:\sub1\download1 下的文本文件 t1.txt 和 t2.txt 分别重命名为 d1.txt 和 d2.txt。

采用以下几种方法可以重命名选定的文件或文件夹。

方法一:选定文件或文件夹,在"文件"菜单或鼠标右键快捷菜单中选择"重命名"命令,键入新的名称。

方法二：两次单击需要重命名的文件或文件夹，键入新的名称。

（6）文件或文件夹的删除

将 D:\sub1\download2 删除。

采用以下几种方法可以删除选定的文件或文件夹。

方法一：首先选定要删除的文件或文件夹，然后选择"文件"菜单中的"删除"命令（或按 Delete 键）。

方法二：直接用鼠标将选定的文件或文件夹拖曳到"回收站"中。

说明：采用上述两种方法删除的文件或文件夹被转移到了"回收站"中，并没有从计算机中真正删除。

方法三：在将选定的文件或文件夹拖曳到"回收站"时按住 Shift 键，则文件或文件夹将从计算机中删除，而不保存到回收站中。

如果想恢复刚刚被删除的文件，则选择"编辑"菜单中的"撤销删除"命令。如果要恢复以前被删除的文件，则应该使用"回收站"，在清空回收站之前，被删除的文件将一直保存在那里。但要注意，从 U 盘或移动硬盘中删除的文件和文件夹不能恢复。

（7）文件或文件夹的属性设置

Windows 7 文件和文件夹的属性可以设置成只读、隐藏和存档等。

在"Windows 资源管理器"中，将 D:\sub2\test1 下的文本文件 t1.txt 的属性设成只读和隐藏。设置步骤如下。

① 选择要修改属性的文件或文件夹。

② 单击"文件"菜单中的"属性"命令，或右击该文件，在弹出的快捷菜单中选择"属性"命令，打开"属性"对话框，如图 2-24 所示。

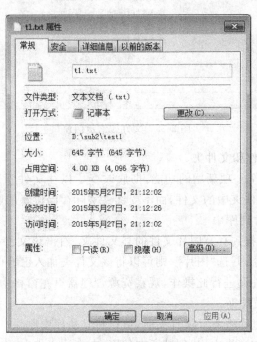

图 2-24 "属性"对话框

③ 在"属性"栏中的"只读"或"隐藏"复选框内作"√"标记。单击"高级"按钮,则弹出"高级属性"对话框,可设置"可以存档文件"。一个文件或文件夹可以同时具备几种属性。

(8) 搜索文件或文件夹

在 Windows 7 中,通常可使用以下三种方法进行文件和文件夹的搜索。

方法一:利用"开始"菜单左侧底部的"搜索程序和文件"搜索区域进行文件或文件夹的搜索。

方法二:在"Windows 资源管理器"窗口或"计算机"窗口中的右上方搜索区域进行文件或文件夹的搜索。

方法三:利用库进行搜索。

搜索时,可以使用"?"和"＊"等通配符,分别代表一个或多个任意字符。例如,在 C 盘上搜索所有文件名以 a 打头、扩展名为 bmp 的文件,其结果如图 2-25 所示。

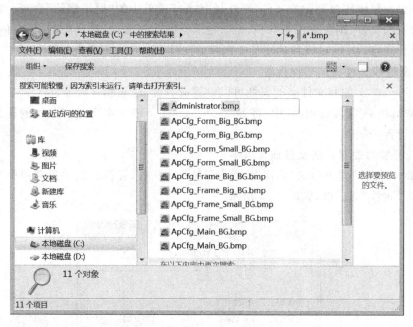

图 2-25 文件搜索示例窗口

3. 使用库访问文件和文件夹

库作为 Windows 7 一项新增的功能,彻底改变了以往文件管理的方式,它可以有效地管理、组织位于不同文件夹中的文件,而不受文件实际存储位置的影响。

(1) 将文件夹包含到库中

在资源管理器中,找到存有图片文件的某文件夹,右击该文件夹,在弹出的快捷菜单中选择"包含到库中"命令,并选"图片",则可以将该文件夹加入已有的"图片库"中。试着将计算机中多处的图片文件夹进行此操作,观察资源管理器里左窗格中"库"的显示变化。

(2) 从库中删除文件夹

若用户不需要通过库查看某文件夹时,可以将其从库中删除。从库中删除某文件夹时,只需在资源管理器的左窗格中,找到其所在的库,右击该文件夹,在弹出的快捷菜单中,选择"从库中删除位置"命令即可。此操作并不会从原始位置中删除该文件夹及其内容。

4. 快捷方式的创建与删除

（1）快捷方式的创建

① 在桌面上建立 Microsoft Office Word 2010 程序的快捷方式，方法如下：

从"开始"菜单中找到"Microsoft Office Word 2010"菜单项，直接用鼠标左键拖动到桌面上即可；也可用鼠标右键拖动到桌面上，再在弹出的快捷菜单中选择"在当前位置创建快捷方式"。

② 在"D:\sub1\download1"文件夹下，建立"画图"程序的快捷方式。方法如下：

从"开始"菜单中找到"所有程序"级联菜单中的"附件"|"画图"，右键单击"画图"，在弹出的快捷菜单中选择"复制"命令，然后在资源管理器中依次打开 D 盘、sub1、download1 文件夹窗口，右击，在弹出快捷菜单中选择"粘贴"即可。

（2）删除快捷方式

右击需要删除的快捷方式图标，在弹出的快捷菜单中选择"删除"即可。

除了可以对快捷方式进行删除操作外，还可以对快捷方式进行移动、复制、重命名等操作，其操作方法与文件或文件夹的操作方法类似。

5. 剪贴板

（1）移动或复制信息

使用剪贴板移动或复制信息的过程如下：

① 选取要存放到剪贴板中的内容。

② 打开"编辑"菜单，选择"剪切"或"复制"命令，也可单击工具栏中的"剪切"或"复制"按钮，这时所选定的内容被剪切或复制到剪贴板上。

③ 打开"编辑"菜单，选择"粘贴"命令，也可单击工具栏中的"粘贴"按钮，此时，剪贴板中的内容将被插入到指定位置。

注意：执行"剪切"或"复制"命令后，剪贴板中的内容将被更新，即用新的内容取代原来的内容。使用"粘贴"命令后，剪贴板中的内容仍然存在，这样就可以进行多次粘贴操作。计算机在每次关闭或重新启动时，剪贴板中的内容都将被清除。

（2）利用剪贴板抓取屏幕或窗口图像

① 抓取整屏图像

使用键盘上的 print Screen 键可抓取当前屏幕的整屏图像到剪贴板，打开"画图"程序，从"编辑"菜单中选择"粘贴"命令，则在"画图"中得到整屏图像。

② 抓取当前活动窗口图像

从"开始"菜单中选择"帮助和支持"菜单项，打开"Windows 帮助和支持"窗口，使用 Alt＋print Screen 组合键抓取当前活动窗口的图像到剪贴板。打开"画图"程序，从"编辑"菜单中选择"粘贴"命令，则在"画图"中得到该窗口的图像。

6. 回收站操作

双击桌面上的"回收站"图标，打开"回收站"窗口，如图 2-26 所示。

（1）清空回收站

在"回收站"窗口中，单击"清空回收站"按钮，便可将回收站中的文件全部永久性删除（即真正删除），并释放磁盘空间。

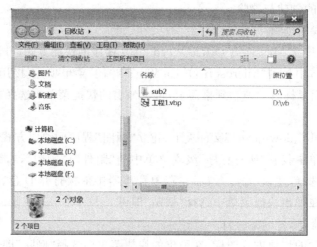

图 2-26 "回收站"窗口

（2）还原所有项目

在"回收站"窗口中，单击"还原所有项目"按钮，便可将回收站中的文件全部移动到文件的原始位置。

（3）还原、剪切、删除

在"回收站"窗口中，右击要操作的文件，在弹出的快捷菜单中，选择"还原"命令，便可实现将文件从回收站中还原到原始位置；选择"剪切"命令，可实现将文件放到剪贴板上，然后粘贴到原始位置以外的其他位置；选择"删除"命令，可实现将选中的文件彻底删除。

三、实验作业

在 D 盘根下建立如图 2-27 所示的文件夹结构。

1. 资源管理器的使用练习一

【操作要求】

（1）打开资源管理器窗口，在导航窗格选择 C 盘，将查看方式设为"大图标"或"列表"，观察资源管理窗格中的显示方式变化。

（2）查找 C 盘中文件扩展名为 bmp 的文件，按名称排列图标，将前 1、3、5、7 这 4 个文件复制到 D:\Ex1\Picture1 文件夹中。

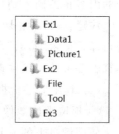

图 2-27 文件夹结构

（3）选择 D:\Ex1\Picture1 文件夹中的一个文件，浏览其属性并改为"只读"属性。

（4）选择 D:\Ex1\Picture1 文件夹中的一个文件，练习先将其删除，再将其恢复。

（5）将 C 盘 Windows 文件夹中首字母为 m 的所有文件复制到 D:\Ex2\Tool 文件夹中。

2. 资源管理器的使用练习二

【操作要求】

（1）查找"记事本"应用程序 notepad.exe 在磁盘中的位置。

（2）在桌面上建立"记事本"应用程序的快捷方式，并通过该快捷方式图标启动"记事本"程序。输入一段文字，文件内容为自己最喜欢的名言，并将文档以 Mydata.txt 为文件名保存在 D:\Ex1\Data1 文件夹中,关闭"记事本"程序。

(3) 将 D:\Ex1\Data1 文件夹复制到 D:\Ex3 中。

(4) 将 D:\Ex3 文件夹中的 Data1 文件夹重命名为"备份数据"。

(5) 将 D:\Ex3 文件夹移动到用户自己的优盘根文件夹中。

3. 资源管理器的使用练习三

【操作要求】

(1) 在资源管理窗格,找到 D:\Ex1\Data1 文件夹,右击,在快捷菜单中选择"发送到"|"桌面快捷方式"命令,观察桌面上的变化。

(2) 使用 Print Screen 键抓取桌面图像信息到剪贴板,打开"画图"程序,使用"编辑"|"粘贴"命令,得到该图像,执行"文件"|"保存"命令,将该图像保存到 D:\Ex2\File 文件夹中,文件名为 P1.bmp,关闭"画图"程序。

实验 2-3 控制面板及系统设置

一、实验目的

1. 掌握 Windows 7 中外观和个性化桌面效果设置的方法。

2. 掌握软件和硬件的管理方法。

3. 了解账户的管理方法。

4. 了解 Windows 防火墙的设置方法。

二、实验内容和步骤

1. 打开"控制面板"窗口

在 Windows 7 中有多种启动控制面板的方法,可以使用户在不同操作状态下方便使用。通常可采用以下几种方法打开"控制面板"窗口。

① 在"开始"菜单的右区域中,单击"控制面板"命令。

② 打开"计算机"窗口,单击其工具栏中"打开控制面板"图标。

若桌面上有"控制面板"系统图标,双击它即可。

2. 外观和个性化桌面效果设置

Windows 系统的外观和个性化包括对桌面、窗口、按钮、菜单等一系列系统组件的显示设置,这些也是用户使用计算机接触最多的部分。

单击"控制面板"窗口中的"外观和个性化"链接,打开"外观和个性化"窗口。如图 2-28 所示。

(1) 主题设置

桌面主题是指不同风格的桌面背景、操作窗口、系统按钮,以及活动窗口和自定义颜色、字体等的组合体。用户可根据自己喜好进行个性化设置。

在桌面空白处右击,在弹出菜单中选择"个性化"命令,或在"外观和个性化"窗口的"个性化"标题组下单击"更改主题",则打开"更改主题"窗口,如图 2-29 所示。

在"更改主题"窗口中列出了 Windows 7 系统提供的主题图标,单击某个主题图标即可完成更改主题设置。

图 2-28　"外观和个性化"窗口

图 2-29　"更改主题"窗口

　　若使用 Windows 7 的 Aero 主题,其特点是透明的玻璃图案中带有精致的窗口动画,以及全新的"开始"菜单、任务栏和窗口边框颜色。当打开多个窗口时,可以使用 Aero 桌面透视快速查看其他打开的窗口。

（2）桌面背景设置

在"外观和个性化"窗口的"个性化"标题组下单击"更改桌面背景"，则打开"更改桌面背景"窗口，如图 2-30 所示。

图 2-30　"更改桌面背景"窗口

在"图片位置（L）"下拉列表中选择一项图片位置，然后在下面的图片选项框中选择一个自己喜欢的图片作为桌面背景。也可单击"浏览"按钮，在打开的对话框中选择指定的图像文件取代预设桌面背景。

在"图片位置（P）"下拉列表中，选择"填充"、"适应"、"平铺"、"居中"或"拉伸"，设置图片的显示方式。

（3）屏幕保护程序设置

屏幕保护是指用户在一段指定的时间内没有操作计算机时，系统自动启动屏幕保护程序，此时工作屏幕内容被暂时隐藏，显示器上显示一些有趣的画面。这样可以避免显示器在长时间、高亮度显示的状态下受到损害。要清除屏幕保护的画面，只需移动鼠标或按键盘上任意键，若没有设置密码，则屏幕就会回到原来画面的显示状态。

在"外观和个性化"窗口的"个性化"标题组下单击"更改屏幕保护程序"，则打开"屏幕保护程序设置"窗口，如图 2-31 所示。

在"屏幕保护程序"下拉列表中，选择一个屏幕保护程序，如"彩带"；"等待"框用来指定启动屏幕保护程序前 Windows 7 空闲的时间；"预览"按钮可用来全屏幕查看屏幕保护程序的效果。

若选中了"在恢复时显示登录屏幕"复选框，则从屏幕保护程序回到原来画面时，先弹出登录界面，并可能要求输入系统的登录密码，这样可保证未经许可的用户不能进入系统。

另外，对于有些屏幕保护程序，如"三维文字"等，用户还可单击"设置"按钮，进入"设置"

图 2-31　"屏幕保护程序设置"窗口

对话框,设置文字的内容、字体格式、旋转类型、旋转速度等。

（4）显示器属性设置

在"外观和个性化"窗口中,单击"显示",则打开"显示"窗口,在该窗口中,单击"调整分辨率"链接,则打开"屏幕分辨率"窗口,如图 2-32 所示(或在桌面空白处右击,在弹出菜单中选择"屏幕分辨率"命令)。

图 2-32　"屏幕分辨率"窗口

在该窗口,可以进行调整分辨率、调整亮度、校准颜色、更改显示器设置等项操作。其中屏幕分辨率是显示器的一项重要指标,调整它的大小可以增大或减少屏幕上的像素点个数,通常由水平分辨率×垂直分辨率表示,如常见的有 800×600、1024×768、1280×1024、1280×720、1280×768、1360×768、1366×768 等。

显示器可用的分辨率范围取决于计算机的显示硬件,分辨率越高,屏幕中像素点越多,可显示的内容就越多,所显示的对象就越小。

图 2-32 中,在“显示器”下拉列表中可选择显示器的类型;单击“分辨率”下拉列表右边的向下三角钮,拖动滑块到用户满意分辨率时释放鼠标,设置分辨率大小;在“方向”下拉列表中可设置显示器的显示方向;单击“放大或缩小文本及其他项目”,可设置屏幕上的文本大小及其项目大小。

3. 软件和硬件管理

(1) 程序管理

单击“控制面板”中的“程序”图标,则打开“程序”窗口,如图 2-33 所示。

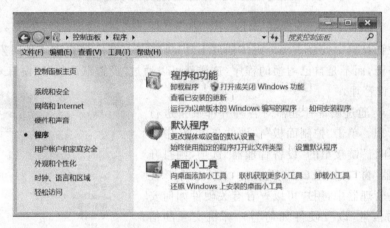

图 2-33 “程序”窗口

该窗口中包括“程序和功能”、“默认程序”和“桌面小工具”等几个选项。

1) 程序和功能

① 卸载程序:在“程序和功能”选项中,可单击“卸载程序”超链接,在弹出的列表框中选择要更改或删除的程序,然后单击“卸载/更改”按钮,完成相应的操作。

② 打开或关闭 Windows 功能:在安装 Windows 7 时,系统会自动安装一些基本的 Windows 功能,用户在使用过程中可根据自己需要打开(如 Internet 信息服务)或关闭部分 Windows 功能。在“程序和功能”选项中,可单击“打开或关闭 Windows 功能”超链接,即可打开“Windows 功能”对话框,如图 2-34 所示。

在该对话框中,左侧复选框处于“√”状态,表示该项功能已打开;若为空,则表示该项功能未打开;若为填充状态,则表示仅打开部分功能。

说明:关闭某个功能时系统不会将其卸载,仍会保留存储在硬盘上,以便需要时可直接打开。

2) 默认程序

主要用于为打开一些特殊类型的文件设置默认程序,如音频、视频、图像或网页文件等。

图 2-34 "Windows 功能"对话框

例如用户在计算机中安装了多个媒体播放工具,可能在打开一些媒体文件时发现它们在新的程序中打开,而不是自己习惯的程序,这样就可以通过"设置默认程序"窗口来设置。

(2) 硬件管理

Windows 通过设备管理器对各种外部设备进行集中统一管理。单击"控制面板"|"硬件与声音"中的"设备和打印机"链接里的"设备管理器"选项,则打开"设备管理器"窗口,如图 2-35 所示。

在设备管理器中,用户可以查看有关硬件如何安装和配置的信息,以及硬件如何与计算机交互的信息,还可以检查硬件状态,并更新相关硬件设备的驱动程序。

下面以添加打印机为例说明添加某硬件设备的方法步骤。

单击"开始"按钮,在开始菜单的右区域中,选择"设备与打印机"命令,打开"设备与打印机"窗口,如图 2-36 所示。

图 2-35 "设备管理器"窗口

单击工具栏中的"添加打印机"按钮,弹出"添加打印机"对话框。选择要安装的打印机类型(本地打印机或网络打印机),之后依次选择打印机使用的端口、打印机厂商和打印机类型,确定打印机名称并安装打印机驱动程序,最后根据需要选择是否共享打印机即可完成打印机的安装。安装完毕后,"设备与打印机"窗口中会出现相应的打印机图标。如果安装了多台打印机,要设置默认打印机(其图标左下角有一个"√"标识)。

4. 用户账户管理

Windows 7 允许多个用户共同使用同一台计算机,这就需要进行用户管理,包括创建新用户、为用户分配权限等,每一个用户都有自己的工作环境,如设置个性化桌面、"开始"菜

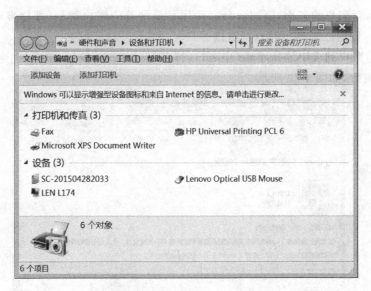

图 2-36 "设备与打印机"窗口

单、"我的文档"等,也可以安装自己需要的应用程序。

Windows 7 中的用户有如下两种类型。

① 标准用户：可以使用大多数软件以及更改不影响其他用户或计算机的系统设置。

② 系统管理员：有计算机的完全访问权,可以做任何的修改。

只有系统管理员才有用户账户管理的权限。

要创建一个新的用户账户,步骤如下。

(1) 打开控制面板窗口,在类别视图的"用户账户和家庭安全"标题组下单击"添加或删除用户账户"链接,则打开"管理账户"窗口。

(2) 单击"创建一个新账户",则打开"创建账户"窗口,如图 2-37 所示。

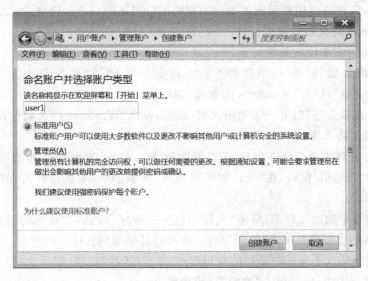

图 2-37 "创建账户"窗口

（3）输入新账户的名称，例如 user1，使用系统推荐的账户类型（即标准账户），单击"创建账户"按钮，则返回到"管理账户"窗口。

（4）单击账户列表中的新建账户 user1，打开"更改账户"窗口，单击"创建密码"，则显示"创建密码"窗口，如图 2-38 所示。

图 2-38 "创建密码"窗口

两次输入密码并确认，单击"创建密码"按钮，即可完成。

在"管理账户"窗口选择一个账户后，还可以使用"更改账户名称"、"更改密码"、"更改图片"、"删除账户"等功能对所选账户进行管理。

设置完成后，单击"开始"按钮，在"开始"菜单中将鼠标移动到（或单击）该按钮右边的三角符号，则弹出快捷菜单，用户可选择"切换用户"命令，这时显示系统登录界面，并能看到新增的账户 user1，单击该用户后输入设定的密码即可以新的用户身份登录系统。

5. Windows 防火墙设置

Windows 防火墙设置步骤如下。

（1）在"控制面板"窗口中选择"系统和安全"，打开"系统和安全"窗口，再单击"Windows 防火墙"，打开"Windows 防火墙"窗口。

（2）单击窗口左侧"打开或关闭防火墙"链接，弹出"Windows 防火墙设置"对话框，在这里可打开或关闭防火墙。

（3）单击窗口左侧"允许程序或功能通过 Windows 防火墙"，弹出"允许程序通过 Windows 防火墙通信"窗口，在"允许程序或功能"列表框中，勾选信任的程序，单击"确定"即可完成配置。

（4）如需要手动添加程序，单击"允许运行另一程序"按钮，在弹出的对话框中单击"浏览"按钮，找到相应程序后单击"打开"按钮，即可将其添加到程序队列中。

（5）在程序队列中选择要添加的应用程序，单击"添加"按钮，即可将应用程序以手动方式添加到信任列表中，最后单击"确定"完成操作。

三、实验作业

1. 启动控制面板,完成以下操作。

【操作要求】

(1) 在 Windows 7 的主题列表中选择不同的主题后,观察桌面以及窗口等的变化。

(2) 改变桌面背景图案为系统自带的任一示例图片,设置屏幕保护为"变幻线",等待时间为 3 分钟。

(3) 利用"日期和时间"、"区域和语言"选项,练习设置日期和时间,以及输入法的添加与删除。

(4) 打开"鼠标属性"对话框,适当调整指针速度、指针轨迹、指针形状等,然后恢复初始设置。

(5) 在计算机中添加一个新账户"学生",账户类型为"标准用户"。

实验 2-4 常用附件程序和系统工具

一、实验目的

1. 掌握"画图"程序的使用。
2. 掌握"写字板"程序、"记事本"程序的使用。
3. 掌握"计算器"的使用方法。
4. 掌握"截图工具"的使用。
5. 了解磁盘管理工具的使用。

二、实验内容和步骤

1. "画图"应用程序

利用"画图"程序可以绘制简单图形、设计精美而有创意的图片,也可以将文本或设计的图案添加到自己拍摄的照片上。

在"开始"菜单中,选择"所有程序"|"附件"|"画图"命令,可启动画图程序。如图 2-11 所示。

在"主页"菜单项中,列出了"剪贴板"、"图像"、"工具"、"形状"、"粗细"和"颜色"等功能区,采用这些绘图工具,可对图片进行编辑和绘制。用户可练习以下绘图的基本操作。

(1) 在"形状"功能区单击要绘制图形的工具按钮,如直线、曲线或椭圆。

(2) 在"颜色"功能区单击"颜色 1",然后单击要使用的颜色。

(3) 移动鼠标到开始画图的位置,按住鼠标左键不放,拖动鼠标到所需位置,然后释放鼠标就可得到一条直线或一个椭圆。

说明:

(1) 若要画正方形、圆形、水平线、垂直线、45°斜线可选中相应工具,按住 Shift 键的同时拖动鼠标指针。

(2) 所画的图形可以是空心的,也可以是实心的,通过"工具"功能区的"用颜色填充"命令进行填充,单击左键是用前景色填充,单击右键是用背景色填充。"颜色"功能区中的"颜色1"用来设置前景色的颜色,"颜色2"用来设置背景色的颜色。"粗细"是指边框线的粗细。

(3) 若要将文本添加到图片中作为简单的消息或标题,可在"工具"功能区单击"文本"工具,在希望添加文本的绘图区域拖动鼠标,在"文本工具"下,可选择字体、大小和样式;在"颜色"功能区单击"颜色1",然后单击要使用的颜色(此为文本颜色),输入要添加的文本即可。

(4) 使用"工具"功能区的"橡皮擦"命令可擦除图片中的一部分,并用背景色替换该部分。

(5) 若要擦除大片区域,可单击"图像"功能区的"选择"下拉箭头,在"选择图形"中选择"矩形选择"工具或"任意图形选择"工具,拖动鼠标选取要擦除的区域,然后单击"选择选项"菜单中的"删除"命令;若要清除整个图像,可单击"选择选项"菜单中的"全选"命令,再单击"选择选项"菜单中的"删除"命令。

2. "写字板"和"记事本"程序

① 用"写字板"写一封自荐信,利用"写字板"的编辑、排版功能进行简单的编辑和排版。
② 用剪贴板将"画图"生成的图片粘贴到写字板文档中。
③ 用"记事本"建立一个文本文档。

3. "计算器"的使用

① 打开"计算器"窗口,利用"查看"菜单的"程序员(P)"界面实现数制的转换。方法如下:

进入"程序员(P)"界面,先单击原进制数按钮并输入数值,再单击要转换的进制按钮即可得到结果。例如,将十进制数769转换为二进制数1100000001,如图2-39所示。

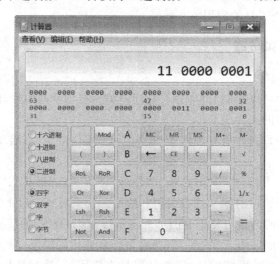

图2-39 "程序员(P)"界面实现数制的转换窗口

② 利用"查看"菜单的"日期计算"功能,计算两个日期之差,或计算自某个特定日期开始增加或减少天数。方法如下:

进入"日期计算"界面,在"选择所需的日期计算"下拉列表中选择"计算两个日期之差"选项,再分别选择所要计算的两个日期,单击"计算"按钮,即可得到结果。如图2-40所示。

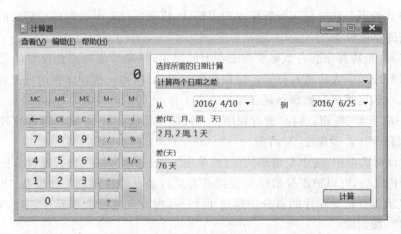

图 2-40　"日期计算"窗口

4. "截图工具"的使用

用截图工具捕获记事本编辑文本时的窗口图像,步骤如下。

① 打开记事本程序窗口,任意输入几句自己喜欢的格言。

② 单击"开始"按钮,选择"所有程序"|"附件"|"截图工具"命令,则打开"截图工具"窗口,如图 2-11 所示。单击"新建"按钮右侧的下拉按钮,从下拉列表中选择"窗口截图"。

③ 将鼠标移至记事本窗口(此时鼠标指针变成小手形状)单击,则弹出如图 2-41 所示的捕获后"截图工具"窗口。

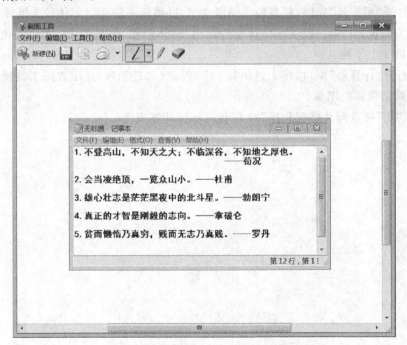

图 2-41　捕获后"截图工具"窗口

④ 单击"保存截图"按钮,在弹出的对话框中选择保存位置,以及输入文件名即可。

用户也可试着在"截图工具"窗口中,单击"新建"按钮右侧的下拉按钮,从下拉列表中选择"任意格式截图",此时鼠标指针变成剪刀形状,拖动鼠标即可截取任意需要的形状图形。

5. 磁盘碎片整理

磁盘碎片整理程序能有效地整理磁盘上的碎片,提高系统对磁盘读写的效率。进行磁盘碎片整理之前,应先将所有打开的应用程序都关闭,因为一些程序在运行过程中可能反复读取磁盘数据,这将影响磁盘整理程序的正常工作。

① 单击"开始"按钮,选择"所有程序"|"附件"|"系统工具"|"磁盘碎片整理程序"命令,则打开"磁盘碎片整理程序"对话框。

② 在该对话框中,选中要整理的磁盘,单击"分析磁盘"按钮,进行磁盘分析。

③ 分析完后,可以根据分析结果选择是否进行磁盘碎片整理。如果在"上一次运行时间"列中显示检查磁盘碎片的百分比超过了 10%,则应该进行磁盘碎片整理,只需单击"磁盘碎片整理"按钮即可。

磁盘碎片整理通常耗费一定时间,其时间的长短由磁盘碎片的程度和计算机的运行速度决定。

三、实验作业

练习常用附件程序的使用。

【操作要求】

(1) 启动"画图"程序制作一张精美的图片,以 P2. bmp 为文件名保存在桌面上,并将此图设置为屏幕背景。

(2) 打开"写字板"程序,任意输入两段文字,并将第一段文字字体设为楷体,字号为 12,字体颜色为绿色;将第二段文字字体设为隶书、斜体加粗,字号为 14,字体颜色为蓝色;段落首行缩进 2 个字符。

(3) 打开"计算器"窗口,将十进制数 345 转换成二进制数,并用截图工具捕获得到计算结果时计算器窗口的图像。

(4) 利用"磁盘碎片整理程序"对 D 盘进行碎片整理。

第 3 章 Word 2010

Word 2010 是 Microsoft 公司开发的 Office 2010 办公组件之一,是一种对文字、表格、图形、图像等进行编辑和处理的高级办公软件。Word 2010 继承了 Word 以前版本的优点,并在此基础上做了许多改进,使得操作界面更加友好,新增功能更加丰富。

Word 的主要功能有:文字编辑功能(文字的输入、修改、删除、移动、复制、查找、替换)、文字校对功能(拼写与检查、自动更正)、格式编辑功能(字体格式、段落格式及页面格式)、图文处理功能(图形、图片、艺术字、图文混排、三维效果)、表格制作功能(创建或修改表格、将文字转换为表格、将表格转换为文本)和帮助功能(系统提供 Office 助手,可以为用户提供帮助)等。

学 习 指 导

一、Word 2010 的窗口

1. Word 2010 的界面
启动 Word 2010 后,打开 Word 2010 的窗口,其界面各组成部分如图 3-1 所示。

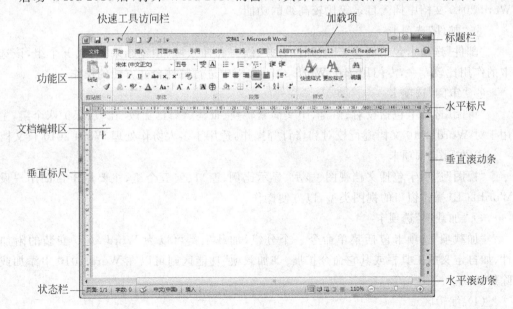

图 3-1 Word 2010 的界面

（1）标题栏

进入中文 Word 2010 时，在标题栏中间显示的是当前打开的文档的名称、类型、软件名称。标题栏的最右端，提供了三个窗口控制按钮，分别为"最小化"按钮、"最大化"（或向下还原）按钮、"关闭"按钮。

（2）快速访问工具栏

在屏幕的左上角，默认状态下包括"保存"、"撤销"和"恢复"按钮。通过单击"自定义快速访问工具栏"按钮 ，可以对该工具栏的按钮进行添加和删除。

（3）功能区

功能区将控件对象分为多个选项卡，Word 2010 取消了传统的菜单操作方式，取而代之的是选项卡。当单击这些名称时并不会打开菜单，而是切换到与之相对应的功能区面板。功能区几乎涵盖所有的按钮、组和选项卡。可以单击功能区右上角的"功能区最小化"按钮 ，使功能区仅显示选项卡名称，增大编辑区的空间。每个选项卡包含的功能如下所述。

① "开始"选项卡

"开始"选项卡包括剪贴板、字体、段落、样式、编辑五个组，该功能区主要用于帮助用户对 Word 2010 文档进行文字编辑和格式设置，是用户最常用的选项卡。

② "插入"选项卡

"插入"选项卡包括页、表格、插图、链接、页眉和页脚、文本、符号七个组，主要用于在 Word 2010 文档中插入各种元素。

③ "页面布局"选项卡

"页面布局"选项卡包括主题、页面设置、稿纸、页面背景、段落、排列六个组，用于帮助用户设置 Word 2010 文档页面样式。

④ "引用"选项卡

"引用"选项卡包括目录、脚注、引文与书目、题注、索引、引文目录六个组，用于实现在 Word 2010 文档中插入目录等比较高级的功能。

⑤ "邮件"选项卡

"邮件"选项卡包括创建、开始邮件合并、编写和插入域、预览结果、完成五个组，该选项卡的作用比较专一，专门用于在 Word 2010 文档中进行邮件合并方面的操作。

⑥ "审阅"选项卡

"审阅"选项卡包括校对、语言、中文简繁转换、批注、修订、更改、比较、保护八个组，主要用于对 Word 2010 文档进行校对和修订等操作，适用于多人协作处理 Word 2010 长文档。

⑦ "视图"选项卡

"视图"选项卡包括文档视图、显示、显示比例、窗口、宏五个组，主要用于帮助用户设置 Word 2010 操作窗口的视图类型，以方便操作。

⑧ "加载项"选项卡

"加载项"选项卡包括菜单命令一个分组，加载项是可以为 Word 2010 安装的附加属性，如自定义的工具栏或其它命令扩展。"加载项"功能区则可以在 Word 2010 中添加或删除加载项。

（4）编辑区

也称文本区，为窗口中间的空白处，用于编辑文档。它包括插入点、I 型鼠标指针和段落结束标志三个标志。

（5）标尺

有水平标尺和垂直标尺，分别位于编辑区的上边和左边。标尺上有数字、刻度和各种标记，在排版、制表和定位时起着重要的作用。是否将标尺显示在窗口上，可在"视图"选项卡"显示"组中勾选"标尺"进行设置。

（6）选取区

选取区是位于编辑区左边的区域。鼠标进入选取区时，其光标形状变为一个指向右上方的箭头。在此区域内可用鼠标选取文档的一行、一段或整个文档的内容。

（7）滚动条

窗口的右侧有一个垂直滚动条，底部有一个水平滚动条。拖动滚动条上的滚动块，可以使屏幕上下或左右滚动，迅速到达要显示的位置。

（8）状态栏

窗口的最下方是状态栏，提供有文档页数、字数统计、语言设置、插入与改写、视图方式、显示比例和缩放滑块等辅助功能。默认状态下文档处于"插入"状态，按键盘上的 Insert 键切换"改写"状态。

（9）导航窗格

在"视图"选项卡"显示"组中，勾选"导航窗格"，出现"导航"任务窗格，导航窗格中的上方是搜索框，可以搜索文档中的内容。在下方的列表框中，通过单击三个不同的按钮，能够浏览文档中的标题、页面和搜索结果。

2. Word 2010 多窗口的操作

Word 2010 中可以同时打开多个文档并在多个文档之间进行操作，在"视图"选项卡的"窗口"组中包括"新建窗口"、"全部重排"、"拆分"、"并排查看"、"同步滚动"、"切换窗口"等一系列按钮。

在多个文档之间切换，也可以使用鼠标单击任务栏上的图标或者通过组合键 Ctrl＋F6；如果要将同一个文档的内容显示在多个窗口中，可以采用新建窗口的方法，在"视图"选项卡的"窗口"组中，单击"新建窗口"按钮，Word 默认把当前窗口的文档内容复制到新窗口中，并将新窗口设置为当前窗口，新建窗口用"：1、：2、：3…"的编号来区别，标题栏也将显示新的标题名，在"视图"选项卡的"窗口"组中单击"全部重排"按钮，可以实现文档的横向平铺。

二、文档操作

1. 创建新文档

启动 Word 2010，单击"文件"选项卡中的"新建"，在"可用模板"中，选择"空白文档"，单击右侧"创建"按钮，系统自动生成一个文件名为"文档1"的空白文档，供用户输入内容。

除了创建空白文档以外，用户还可以在"可用模板"中的"主页"和 Office 网站模板中选择需要的模板样式创建文档。

2. 打开文档

在 Word 2010 中可用多种方法打开一个已经存在的文档并进行浏览或编辑。可以选择"文件"选项卡中的"打开"命令，也可以在"文件"选项卡中单击"最近所用文件"按钮来打开文档。

另外,还可以在"我的电脑"或"资源管理器"中,通过双击已存在的 Word 文件来打开文档。

3. 保存文档

生成的 Word 文档如果不保存,关机后就会丢失。保存文档是为了将已经录入或编辑好的文档保存到磁盘,供以后使用,同时也是为了防止断电或死机造成文档内容的丢失。Word 提供了一种定时自动保存功能,即按照设定的时间间隔自动保存正在编辑的文档。选择"文件"选项卡中的"选项"命令,在弹出的"Word 选项"对话框中选择"保存"按钮,在其中设置自动保存文件的时间间隔。

保存文档最简单的方法是单击标题栏上的"快速访问工具栏"中的保存按钮,也可以按下 Ctrl+S 组合键保存文档。如果是第一次保存新文档,选择"保存"命令会弹出"另存为"对话框,要求用户为新文档指定存放的位置和文件名,Word 会自动赋予文档 docx 的扩展名;如果是保存正在编辑的已命名并保存过的文档,则将编辑的新内容自动保存到原文档中。

如果需要将 Word 2010 文档在低版本的 Word 中使用,可在保存文档时,选择兼容性更高些的"Word 97-2003 文档(*.doc)"类型。

4. 关闭文档

要关闭文档,而不退出 Word 2010,可以在"文件"选项卡上单击"退出"按钮,也可以按下组合键 Ctrl+F4。

三、文本编辑

当建立了一个新文档后,用户可以从插入点开始输入新的文档内容。文档内容主要是文字,也可以是符号、图片、表格、图形等。

1. 输入文本

在 Word 2010 编辑区中可以直接输入文本,文本输入后,内容被显示在屏幕上,插入点自动后移。当输入的文本满一行后,Word 2010 会自动换行。输入时,如果遇到键盘上没有的一些特殊符号,可使用 Word 2010"插入"选项卡中"符号"组中"符号"下拉列表选择符号插入。

Word 2010 具有即点即输功能,文本的输入不限制一定要从文件的第一行开始,在页面任意位置双击鼠标,就可以从该处开始输入。

2. 选取文本

为了对文档中的某部分内容进行整体操作,Word 2010 提供了将文档中部分内容记为一个字块的方法,也称为选定。

(1) 选定部分内容

将鼠标光标指向待选内容的起始位置,按下鼠标左键并拖动鼠标至要选定内容的结束位置,再松开鼠标,被选定的文字的区域呈反白显示(被选定文字的背景在光标移动的同时变为黑色)。

(2) 选定一行或多行

将鼠标光标移到编辑区最左边的文本选取区,单击鼠标左键即可选定光标所在的一行;

按下鼠标左键并向上或向下拖动鼠标,则可以选择多行。

（3）选定若干行中的部分字块

先将鼠标光标移到要选定字块的起始位置,再按下 Alt 键,同时按住鼠标左键拖动至要选定字块的结束位置,呈反白显示的区域即为被选定的字块。

（4）选定一段

将鼠标光标移到要选取段落的最左边的文本选取区,双击鼠标左键,则该段文字被选定;或者将鼠标光标移至该段中的任一位置,三击鼠标左键。

（5）选定一个整句

将鼠标光标移到要选取句子中的任一位置,按下 Ctrl 键,同时单击鼠标左键,则选定以句号、问号、感叹号、省略号等为语句结束标记的一个语句。

（6）选定全文

在"开始"选项卡"编辑"组中,单击"选择"子菜单中的"全选"命令;或者使用组合键 Ctrl＋A 都可以选定全文。

（7）撤销选定

将鼠标光标置于所标记字块外的任一位置处(不包括文本选取区),单击鼠标左键,则撤销所选定的内容。

3. 复制或移动文本

（1）复制文本

可以通过剪贴板、鼠标拖动或键盘命令来复制文本。剪贴板复制可通过"开始"选项卡"剪贴板"组中的"复制"和"粘贴"命令来实现;鼠标拖动复制是将鼠标置于所选定文本内,按下 Ctrl 键,同时按住鼠标左键,待光标下侧出现一个带"＋"的小方框时,拖动鼠标到需要放置复制文本的位置松开即可;键盘命令复制是先选取需复制的文本,按 Ctrl＋C 组合键进行复制,然后选择放置复制文本的位置,按 Ctrl＋V 组合键进行粘贴。

（2）移动文本

可以通过剪贴板、鼠标拖动或键盘命令来移动文本。剪贴板移动可通过"开始"选项卡"剪贴板"组中"剪切"和"粘贴"命令实现;鼠标拖动移动是将鼠标置于所选定文本中的任一处,按下鼠标左键,待光标下侧出现一个小方框时,拖动鼠标至需要放置文本的位置松开即可;或选取需移动的文本,按 Ctrl＋X 组合键进行剪切,然后选取要移动的位置,按 Ctrl＋V 组合键进行粘贴。

粘贴时,在"开始"选项卡的"剪贴板"组中,单击"粘贴"下拉列表中的相应按钮进行粘贴。

4. 删除文本

删除文本时,删除的对象可以是一个字符或一段文字。删除一个字符时,使用 Backspace 键删除当前插入点之前的一个字符,按 Delete 键删除当前插入点之后的一个字符。删除一段文字时,先选定需要删除的文本,然后按 Backspace 键或 Delete 键即可。

5. 撤销和恢复文本

撤销和恢复是为防止用户误操作而设置的功能,撤销可以取消前一步(或几步)的操作,而恢复则必须在删除文本后立即选择取消刚做的操作,中间不能执行任何其他的操作。

单击"快速访问工具栏"中的"撤销"按钮或"恢复"按钮,可以实现撤销或恢复操作,使用组合键 Ctrl+Z 也可以恢复被删除的文本。

6. 查找和替换

使用 Word 2010 时,用户可以在整个文档中查找、替换和定位信息。通过"开始"选项卡"编辑"组中"查找"或"替换"命令进行操作。

(1) 查找文本

当需要大量检查文档中的特定字符串时,可使用查找功能。若查找到指定的内容,则第一个被找到的内容将呈反白显示,再继续在文档内查找匹配的内容,直到所选定的查找范围结束;若没有找到指定的内容,会弹出提示框。

(2) 替换文本

替换文本是指将查找到的指定内容用其他的文本或不同的格式替代。可以逐个选择替换,也可以选择一次全部替换。

四、格式编排

1. 字符格式编排

字符格式编排是对所输入字符的字体、字形、大小、颜色等进行调整,产生一些特殊的效果,如粗体、斜体、加下划线、调整字符间距等,突出相关内容,使文档易读、美观。

(1) 字体的设置

通过单击"开始"选项卡中"字体"组的下拉按钮,在打开的"字体"对话框中可以设置字体、字形、字号、颜色、下划线、字符间距和文字效果。

(2) 复制字符格式

在进行字符格式编排时,可以通过复制字符格式的方法提高编排速度。单击常用工具栏上的"格式刷" 按钮可复制字符格式一次,双击"格式刷" 按钮可重复复制字符格式。

2. 设置段落格式

一个段落就是文字、图形、对象(如图表、公式等)及其他项目符号的集合。划分一段文字是否为一个段落,要以段落标记来区分,可选择"文件"选项卡中单击"选项"按钮,在 Word 2010 选项对话框中,单击"显示"命令来显示或隐藏段落标记。

(1) 段落对齐

对齐方式是指文本在页面中水平方向或垂直方向的排列方式。Word 2010 中提供的段落对齐方式有:居左对齐、居中对齐、居右对齐、两端对齐和分散对齐。段落对齐方式可选择"开始"选项卡"段落"组中进行设置。

(2) 段落缩进

段落缩进是段落中的文字相对于纸张的左或右页边距线的距离。Word 2010 中提供的缩进方式有:左缩进、右缩进、悬挂缩进和首行缩进。段落缩进可通过单击"开始"选项卡"段落"组的下拉按钮;打开"段落"对话框进行设置或者拖动水平标尺来直接设置。

(3) 段落间距与行间距

有时为使段落与段落之间分隔明显,或者为加强文档的可观性,须调整行与行之间的距离,这就需要调整段落间距和行间距。同段落缩进方式操作类似,段落间距可通过设置其"段前"和"段后"间距来调整。行间距有"单倍行距"和"多倍行距"等选项供选择,也可以输入某个数值来指定行间距。

3. 文档视图

为了方便用户进行文字编辑及格式编排，Word 2010 提供了不同的视图方式：页面视图、大纲视图、Web 版式视图、草稿视图和阅读版式视图。

（1）页面视图

页面视图是 Word 中最为常用的视图方式，也是启动 Word 后默认的视图方式。在页面视图方式下具有"所见即所得"的效果，页眉、页脚、标注、脚注、文本框和图形等内容都显示在实际位置上，而且显示文档的页面布局、页面的 4 个角以及水平标尺和垂直标尺，可用于检查文档的外观，适合文档的编辑和排版操作。

（2）大纲视图

在大纲视图方式下，文档的标题和正文采用分级显示的方式。大纲视图方式是查看整个文档框架的有效方式，但在大纲视图方式下不显示页边距、页眉页脚、图片和背景等内容。

（3）Web 版式视图

在 Web 版式视图方式下，文档的显示方式基本上与 Web 浏览器窗口一样。正文显示得更大，并且永远自动换行以适应浏览器窗口，使用户能够更快捷、更清楚地浏览文档。

（4）草稿视图

草稿视图主要用于查看草稿形式的文档。切换到草稿视图模式后，为了便于快速编辑，文本的页面边距、分栏、页眉页脚和图片等文档元素将不再显示，仅显示标题和正文。对于多页文档，页和页之间的分页符将用虚线来表示。

（5）阅读版式视图

阅读版式将原来的文章编辑区缩小，而文字大小保持不变。如果文章篇幅长，会自动分成多屏，比较适合阅读长篇文章。在该视图方式下同样可以进行文字的编辑，并且视觉效果好。

视图之间可以相互切换。视图切换可在"视图"选项卡"文档视图"组中选择相应的命令进行切换；也可以单击窗口右下方的视图方式控制按钮来切换。

4. 美化文档

（1）项目符号和编号

为了便于阅读，可以在文本中添加项目符号或编号。用户可以通过"开始"选项卡的"段落"组的"项目符号"及"编号"命令来创建项目符号或编号。

（2）首字下沉

在书籍和报刊中经常采用将段落的第一个字放大数倍的方法来引起读者的注意，这就是"首字下沉"。只要选中要下沉的文字，在"插入"选项卡的"文本"组中单击"首字下沉"命令来设置。

（3）边框和底纹

为了修饰对象，可以对所选的对象（包括字符、段落、表格、图片和文本框）加上边框和底纹。边框是指围在对象四周的一个或多个边上的线条。底纹是指用某种背景填充对象。边框和底纹可以添加在某一段落中，也可以添加在选择的字符或整个页面中。通过在"开始"选项卡"段落"组中选择"边框和底纹"命令来实现。

（4）文档分栏

在普通的文章中，采用适当的分栏可以使版面显得生动、丰富。用户可以通过"页面布局"选项卡的"页面设置"组中的"分栏"命令来设置栏数,精确地改变栏宽和栏间距。

在分栏时应注意以下几点。

① 对段落分栏,首先选取需分栏的段落,然后进行分栏。这种方法可以使没选取的段落不参与分栏操作。

② 若设置了首字下沉,分栏时不能选取首字,否则"分栏"命令会变为灰色不可使用。

③ 为文档最后一段分栏时,不要选中段落最后的段落标记。

(5) 文档分页和分节

文档是由节和页构成的,节可以由几个段落或文档的几页组成,除非人为地插入分节符,否则 Word 2010 会将整个文档作为一个节来看待。当页面被充满时,Word 2010 将插入一个自动分页符并生成新的一页。

① 人工分页

强行在插入点处插入一个人工分页符,可使插入点以后的文字另起一页,并且不受前面文字变化的影响。通过选择"插入"选项卡"页"组中"分页"按钮可插入人工分页符。删除人工分页符的操作与删除文本一样。

② 文档分节

一般情况下,对一个文档的各个段落都采用相同的格式。如果需要对同一文档采用不同的页面格式,则必须将文档划分为不同的"节"。Word 提供了四种分节符类型。

- 下一页:插入分节符并在下一页上开始新节。
- 连续:插入分节符并在同一页上开始新节。
- 偶数页:插入分节符并在下一个偶数页上开始新节。
- 奇数页:插入分节符并在下一个奇数页上开始新节。

通过"页面布局"选项卡"页面设置"组中的"分隔符"按钮,可根据需要在文档中插入分节符。

分节符是为了表示节的结束而插入的标记,它存储了节的格式设置元素,如边界、页的方向、页眉和页脚以及页码的顺序等。

(6) 页眉和页脚

页眉或页脚通常包含页码、日期和图标等文字或图形内容,页眉常打印在文档中每一页的顶部,页脚一般打印在每一页的底边上。

在"插入"选项卡的"页眉和页脚"组中,单击"页眉"或"页脚"下拉列表,打开内置的页眉或页脚样式进行设置。编辑好页眉和页脚的内容后,可以像对 Word 中的其他文本一样,对页眉和页脚进行格式编排,如插入图形、改变字体等。双击页眉或页脚的区域,可在页眉或页脚的编辑状态与主文档之间进行切换。

(7) 页码

页码是页面的基本参数,可以通过选择"插入"选项卡的"页眉和页脚"组中"页码"命令来实现。在设置了页眉或页脚的文档中,可以直接在页眉或页脚中插入页码。

5. 页面设置

在新建一个文档时,使用 Word 2010 提供的空文档,其页面设置将按默认的页边距、纸张大小和页面方向等进行编排。如果用户对页面设置有特殊要求,就需要手动设置或修改页面的设置值来改变页边距、纸张、版式和文档网格。

（1）设置页边距

页边距是指文本边界与页面边界的距离，在设置页边距时也可以进行装订线、方向和页码范围等其他内容的设置。设置页边距可以使用标尺直接调整，也可以选择"页面布局"选项卡的"页面设置"组中"页边距"命令进行精确设置。

（2）设定纸张的大小

Word 2010 支持多种规格纸张的打印，如各种规格标准的复印纸、信封等。

五、创建表格

Word 2010 提供了强大的表格功能，可以创建简单表格，也可以使用各种表格样式和公式创建复杂表格，还可以将文本转换为表格以及通过内置的表格样式快速创建表格等。

在"插入"选项卡的"表格"组中单击"表格"按钮，在打开的"插入表格"列表框的格子上移动鼠标可以最大生成 8 行、10 列的表格；也可以在打开的列表框中选择"插入表格"命令输入行数和列数；还可以通过在打开的列表框中选择"绘制表格"，拖曳鼠标，画出表格。

六、表格编辑

1. 插入和删除

（1）插入

表格的插入包括插入一行或多行、插入一列或多列以及插入单元格。生成表格后，选定表的行（列）或单元格，Word 2010 会自动弹出"表格工具"的"设计"和"表格工具"的"布局"动态选项卡，通过"表格工具"的"布局"选项卡可以选择需要在哪个位置插入行（列）。

（2）删除

删除包括删除整个表格、行、列、单元格以及表格内容和单元格内容。删除操作可通过"表格工具"的"布局"选项卡中"删除"按钮选择所需删除内容，或按键盘上的 Delete 键来实现。使用"剪切"命令进行删除时，若需将选定的行删除掉，则需要在选取区中选择一行或多行，然后选择"剪切"命令；若只需将选中行的单元格中的内容删除，但表格的行结构不变，则要用鼠标拖动方法选择一行或多行单元格的内容，然后选择"剪切"命令。若使用键盘上的 Delete 键删除选定的行，它只是将选定行中的内容删除掉，而表格的行结构不会发生改变。

2. 复制和移动

（1）复制

复制一个单元格的内容时，应先选定单元格的部分或全部内容，但不包含单元格结束标记。选定多个单元格时，内容会和结束标记一起被选定。

（2）移动

选定内容时，如果仅仅选定了单元格内的文本，则相当于将该文本添加到新的位置，该位置处的原有文本及格式不变；如果选定内容时，同时选定了单元格结束标记，则所选文本移至新位置时，文本及格式也将带到新的位置中去，该位置的原有文本及格式就不存在了。

3. 合并和拆分

（1）合并和拆分单元格

合并单元格是把若干行或若干列中选定的多个单元格合并为一个单元格。合并前单元格之间的表格线在合并后将被取消,同时原来多个单元格中的内容将被合并为一个段落。拆分单元格是将选定单元格分解为几部分,拆分单元格将增加表格线。

(2) 合并和拆分表格

如果需要合并两个独立的表格为一个表格,应先选定其中的一个表格,然后将鼠标指针置于选定的区域上,按下鼠标左键拖动该表格到要合并的表格处。如果需要把一张表格拆分成两个独立的表格,应先将插入点置于表格中的一个单元格内,在"表格工具"的"布局"动态选项卡"合并"组中单击"拆分表格",即可将整个表格分为两个表格。

4. 改变表格行高和列宽

在单元格中添加文本或调节文本的高度时,系统会自动调整表格的行高,也可以用鼠标拖动的方式来改变表格的行高和列宽。当需要精确地改变表格的行高和列宽时,可以在"表格工具"的"布局"动态选项卡"单元格大小"组中,更改"高度"、"宽度"值,也可以在"表"组中单击"属性"命令进行设置。

5. 缩放表格

缩放表格是指将表格整体放大或缩小。具体的操作方法是:将鼠标指针移到表格中,在表格右下角出现一个表格尺寸控制点,用鼠标拖动这个控制点到某个位置就可以按比例缩放表格的高度和宽度。

6. 表格对齐

在 Word 2010 中,表格相对于所处页面的对齐方式有:左对齐、右对齐和居中对齐。通过右击,在弹出的快捷菜单中选择"表格属性"设置。Word 2010 中同时提供了丰富的单元格内容对齐方式,有代表水平和垂直方向的九个按钮供选择。

7. 表格自动套用格式

Word 2010 提供了多种表格样式供用户选择,使用表格自动套用样式可以大大简化表格格式的设置。在"表格工具"的"设计"动态选项卡"表格样式"组中进行设置。

七、表格数据处理

1. 单元格引用

表格中的单元格可用 A1、B2、C3 之类的形式进行引用,其中的字母代表表格从左到右的列位置,数字代表从上到下的行数。例如,C3 表示处于表格中第 3 列第 3 行的单元格。

2. 表格的计算

表格计算是通过粘贴函数来实现的。函数公式可表示为 SUM(LEFT),也可以在函数右边的括号中输入单元格编号,如在"公式"文本框中输入"=SUM(A1,B4)",则表示将单元格 A1 和 B4 中的数值相加。

3. 表格的排序

为了使表格美观和便于查询,常常需要对表格中的数据进行排序。例如,先按照表格第一列数据进行排序,当第一列数据相同时,再按照表格第二列数据进行排序,以此类推。此时,称第一列为主关键字,第二、三列分别为次要和第三关键字。具体操作是先选定表格中要排序的某一列,然后选择"表格工具"的"布局"动态选项卡"数据"组中"排序"命令来实现。

八、图形对象处理

在 Word 文档中,图形对象包括绘制的图形、剪贴画、图片、艺术字和文本框等。

1. 插入图形

Word 2010 中包含一个"Microsoft 剪贴库",该库中包含了大量的图片及其他多媒体片段。其中图片的内容包罗万象,有地图、人物、建筑、风景名胜等。在"插入"选项卡"插图"组中单击"剪贴画"命令,用户可以选择任意图片插入到文档中。除了剪贴库中的图片外,用户还可以在文档中插入其他通用的图形文件,较常用的有 jpg、bmp、png、gif 等各种图片文件,通过选择"插入"选项卡"插图"组中"图片"命令进行插入图片操作。用户也可以使用 Windows 的剪贴板插入图形,即将其他应用程序创建的图形粘贴到 Word 文档中。

对插入的图形可以进行编辑,例如对图形的颜色和线条的设定、对图片大小的设定、移动图片以及对图片的裁剪等操作。

用户还可以选择"插入"选项卡"插图"组中"形状"命令绘制线条、矩形箭头、流程图、符号和标注等。同时,除了"嵌入型"图形之外的其他各种图形之间还可以设置其叠放次序,默认情况下,最先建立的图形在底层,最后建立的图形在顶层。

2. 艺术字

使用"艺术字"可以给文档中的文字加上修饰和形状,充分发挥个人的创造力,从而增强文档的视觉效果。可以把艺术字看成 Word 中的图形对象,因而可以设置艺术字的文字环绕、填充颜色、阴影和三维效果等内容。

在"插入"选项卡"文本"组中单击"艺术字"命令按钮,选择所需样式输入文本即可。

如果想更改已设置的艺术字的内容、字体、字号、样式和形状,可以单击该艺术字,在"绘图工具"的"格式"动态选项卡的"艺术字样式"组中改变样式即可。

3. 公式编辑

Word 2010 除了提供内置的常用公式外,还可以根据实际需要建立自定义复杂的公式。单击"插入"选项卡"符号"组中"公式"按钮的下拉列表,打开"内置"窗格对话框,如果没有需要的常用公式,单击"插入新公式",在 Word 2010 文档中将创建一个空白公式框架,通过键盘或"公式工具"的"设计"动态选项卡"符号"组和"结构"组的命令,输入公式内容。"符号"组提供"基础数学"符号(Word 2010 还提供了"希腊字母"、"字母类符号"、"运算符"、"箭头"、"求反关系运算符"、"手写体"、"几何学"等多种符号)。"结构"组提供公式模板或框架。模板是已设计好的公式的符号和空插槽的汇集,它们含有分式、根号、积分等符号。插槽是要输入文字和插入符号的空间,它提供了公式中处于特定位置的字符的输入方法。在建立公式时,可先插入一个模板,再填充其插槽。对于一个复杂的多级公式,可将某一模板插入到其他模板的插槽中。

创建的公式在 Word 主窗口可以看做是一个"嵌入型"图片对象,可以对其进行诸如大小、位置、格式等多方面的设置,其操作方法与普通图片对象的操作方法相同。

4. 文本框

若需要在插入文档中的图形上添加文字,不能采用像 Word 文档中的文字输入方法,而是使用文本框插入的方式,使文字和图形组合成为一个整体。在文本框中不仅可以插入文字,还可以插入图形、表格等内容。

Word 2010 可以在"插入"选项卡"文本"组中单击"文本框"按钮,打开内置的文本框列表,选择文本框样式;也可以在打开的内置文本框列表中,单击"绘制文本框"或"绘制竖排文本框"按钮,鼠标变成十字形,拖曳鼠标生成文本框。

插入文本框后,Word 2010自动弹出"绘图工具"的"格式"动态选项卡,通过动态选项卡结合"开始"选项卡可以设置文本框内文字的格式、文本框版式、样式等。

九、图文混排

在生成了图片、公式、图形、文本框等对象后,仅将它们插入到文档中是不能满足需要的,还需要对这些对象进行编辑,这些编辑不仅涉及对对象的编辑,而且也包含了对对象周围文字的编辑,这就是图文混排。默认的图片环绕方式是嵌入型,只有设置移动浮动型,才能达到图文混排效果。

选中图片,在"图片工具"的"格式"动态选项卡的"排列"组的"自动换行"下拉列表中选择环绕方式。图文混排的环绕方式有"四周型"、"紧密型"、"穿越型"、"上下型"、"衬于文字下方"、"浮于文字上方"等。

设置了浮动型的环绕方式后,可以用鼠标拖曳方式来移动图片到文档中,也可以在"图片工具"的"格式"动态选项卡的"排列"组中,单击"位置"下拉列表框中选择所需的位置按钮。

对艺术字对象、自选图形对象、图表对象等,也可以按照设置图片环绕方式的操作方法来设置它们的图文混排效果。

如果对图文混排有更高的要求,最有效的方法是充分利用表格的排版功能。可以通过对表格进行拆分、合并操作生成不规则的表格,然后在各个单元格内分别输入不同的内容(如文本、图片、图形、剪贴画、艺术字等),对每个单元格进行不同的编辑、排版,最后取消表格的边框线即可完成图文混排。

十、高级应用

1. 长文档的编排及目录处理

长文档是指页数较多的文档,如营销报告、毕业论文、宣传手册、活动计划等。由于长文档的纲目结构通常比较复杂,内容也较多,使用正确的方法对长文档进行编排可以让我们的日常工作倍感轻松。

长文档的编排可以使用两种方式,一种是利用预先设置好的样式在键入的同时自动设置文档的格式,另一种是先编写完文档后再根据需要设置文档的格式。

一个完整的文档应该包含一份层次结构分明的目录。通过目录可以使浏览者快速了解文档整个结构,还可以很方便定位到某个想要查看的主题页面。

Word 2010提供了一个自动目录样式库,用户可以直接应用目录样式,也可以创建自定义目录。

2. 邮件合并

在实际工作中有时需要创建大量的报表、信件或电子邮件,而这些报表和邮件的主要内容又基本相同,只是数据有变化或邮件的地址不同。为了提高处理这些事务的工作效率,可使用Word 2010提供的邮件合并功能。

邮件合并需要一个主文档和一个数据源,主文档包含需要保持不变的内容,数据源包含变化的姓名、地址等文本内容。实现邮件合并一般有以下几个步骤。

(1)创建一个主文档,存放内容保持不变的共有文本。

(2)选择或创建数据源,存放可变的数据。

（3）在主文档中插入合并域。

（4）使用"邮件"选项卡的"完成并合并"按钮合并数据源和主文档。

3．文档的审阅与修订

批注是指为文档添加的注释和说明等信息。Word 2010 批注的作用是只评论注释文档，而不直接修改文档，不影响文档的内容。修订是显示文档中所做的如插入、删除等编辑更改的标记。在 Word 2010 中，使用修订功能可以查看在文档中所做的所有更改。作者可以接受或者拒绝读者的批注或者修订。

（1）批注可以在"审阅"选项卡的"批注"组中，单击"新建批注"进行设置。删除批注则在"审阅"选项卡"批注"组中，单击"删除"或"删除文档中的所有批注"完成。

（2）修订可以在"审阅"选项卡的"修订"组中，单击"修订"按钮，使文档处于修订状态，当插入、删除、移动文本和图片时，对文档的操作被记录下来，并通过标记显示每处更改。再次单击修订按钮，则关闭修订状态。

对文档中修订的方法是接受还是拒绝，可以在"审阅"选项卡的"更改"组中，选择"接受"或"拒绝"。

4．文档的保护

Word 2010 提供多种方式对文档进行保护，如密码保护和限制编辑，控制他人查看和处理 Word 文档，使文档共享更加安全和可靠。

（1）密码保护可以通过"文件"选项卡的"信息"选项，单击"保护文档"下拉列表，选择"用密码进行加密"命令，在打开的"加密文档"对话框中输入两次密码就可以完成文档的加密。

（2）限制编辑功能提供了三个选项：格式设置限制、编辑限制、启动强制保护。格式设置限制可以有选择地限制格式编辑选项，单击其下方的"设置"进行格式选项自定义；编辑限制可以有选择地限制文档编辑类型，包括"修订"、"批注"、"填写窗体"以及"不允许任何更改（只读）"，单击其下方的"例外项（可选）"及"更多用户"进行受限用户自定义；启动强制保护可以通过密码保护或用户身份验证的方式保护文档，此功能需要信息权限管理（IRM）的支持。

5．模板

Word 模板是指 Word 内置的包含固定格式设置和版式设置的模板文件，用于帮助用户快速生成特定类型的 Word 文档。Word 2010 中有三种类型模板：.dot（兼容 Word 97-2003 文档）、.dotx（没有启用宏的模板）和.dotm（启用宏的模板）。

在 Word 2010 中除了通用型的普通文档模板，还内置了多种文档模板，如博客文章模板、书法模板等。另外，Office 网站还提供了证书、奖状、名片、简历等特定功能模板。借助这些模板，可以创建专业的 Word 2010 文档。

实　　验

实验 3-1　文档编辑和排版

一、实验目的

1. 掌握字符的格式化操作，包括字体、字形、字号、字体颜色和特殊效果等的设置。

2. 掌握段落格式的排版操作,包括段落缩进、段落对齐、段间距、项目符号和编号的使用以及首字下沉等的设置。

3. 掌握分栏的排版方法。

4. 掌握页眉、页脚和页码的设置方法。

5. 掌握分页和分节的设置方法。

二、实验内容和步骤

1. 新建文档

启动 Word 后,在打开的空白"文档 1-Microsoft Word"中输入如下内容。

中国国家馆

中国国家馆建筑外观以"东方之冠,鼎盛中华,天下粮仓,富庶百姓"的构思主题,表达中国文化的精神与气质。展馆的展示以"寻觅"为主线,带领参观者行走在"东方足迹"、"寻觅之旅"、"低碳行动"三个展区,在"寻觅"中发现并感悟城市发展中的中华智慧。展馆从当代切入,回顾中国三十多年来城市化的进程,彰显三十多年中国城市化的规模和成就,回溯、探寻中国城市的底蕴和传统。随后,一条绵延的"智慧之旅"引导参观者走向未来,感悟立足于中华价值观和发展观的未来城市发展之路。

中国馆共分为中国国家馆和地区馆两部分,中国国家馆主体造型雄浑有力,宛如华冠高耸,天下粮仓;地区馆平台基座汇聚人流,寓意社泽神州,富庶四方。中国国家馆和地区馆的整体布局,隐喻天地交泰、万物咸亨。

中国国家馆居中升起、层叠出挑,采用极富中国建筑文化元素的红色"斗冠"造型,建筑面积 46457 平方米,高 69 米,由地下一层、地上六层组成;地区馆高 13 米,由地下一层、地上一层组成,外墙表面覆以"叠篆文字",呈现水平展开之势,形成建筑物坚稳的基座,架构城市公共活动空间。

观众首先乘电梯到达中国国家馆屋顶,酷似九宫格的观景平台,将浦江两岸美景尽收眼底。然后,观众可以自上而下,通过环形步道参观 49 米、41 米、33 米三层展区。而在地区馆中,观众可在参观完地区馆内部 31 个省、市、自治区的展厅后,登上屋顶平台,欣赏屋顶花园。游览完地区馆以后,观众不必再下楼,可以从与屋顶花园相连的高架步道离开中国馆。为了均衡客流,世博会期间中国馆将实行"全预约"参观,预约点设在展览现场各出入口处。

展馆亮点:

从上百种红色材料色样中精心挑选出的"中国红"。

国宝级文物将现身,百米墙面重现《清明上河图》。

穷尽现有高科技手段,体验五千年文明精华。

"新九州清晏"灵感源于圆明园,描摹中华典型地貌。

传递中国气韵,篆书作墙组成二十四节气。

濒临失传"三斩斧",平均每 1 厘米宽度要斩 7 刀。

---

2. 保存文档

将"文档 1-Microsoft Word"另存为名为"word 排版.docx"的文件,其具体步骤如下。

（1）文档内容输入完毕后，选择"文件"选项卡中的"另存为"按钮，出现如图 3-2 所示的"另存为"对话框。

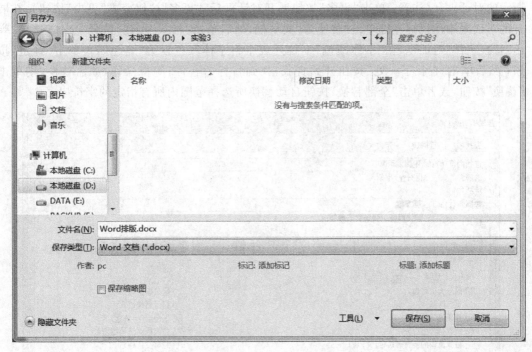

图 3-2 "另存为"对话框

（2）在"另存为"对话框的左窗格的列表框中选定文件存放的磁盘和文件夹，然后输入文件名"word 排版.docx"。

（3）单击"保存"按钮即完成文档的保存工作。

3. 字符串的查找与替换

在全文中查找"中国国家馆"字符串，并从第二个起将查找到的字符串替换为"国家馆"，将其字体颜色改为蓝色。其具体步骤如下。

（1）选择"开始"选项卡的"编辑"组的"替换"按钮，弹出"查找和替换"对话框，如图 3-3 所示。

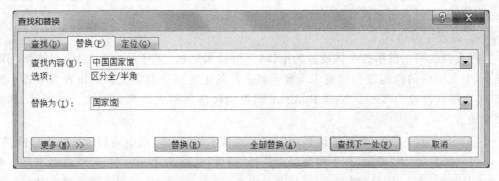

图 3-3 "查找和替换"对话框——"替换"选项卡

(2) 在"查找内容"列表框中输入待查找的内容"中国国家馆"。

(3) 在"替换为"列表框中输入要替换的新内容"国家馆",单击"更多"按钮弹出如图 3-4 所示的对话框。(注意:单击"更多"按钮展开对话框后,"更多"按钮变成"更少"按钮),在展开的对话框中用鼠标左键单击"替换为"文本框,然后单击"格式"按钮,选择"字体"选项,弹出"替换字体"对话框,在"字体颜色"下拉列表中将字体颜色设为"蓝色",再单击"确定"按钮;然后单击"查找下一处"按钮开始查找,找到目标后暂停,等待操作,如需替换,则单击"替换"按钮,或者单击"全部替换"按钮自动替换所选择范围内所有指定的字符串。

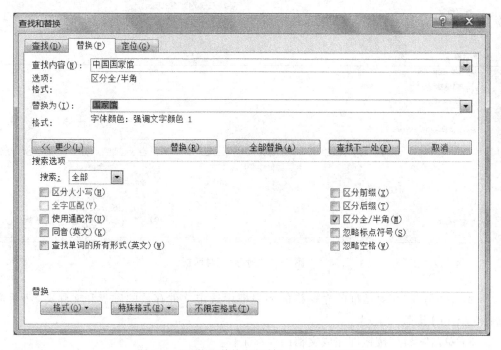

图 3-4 "查找和替换"对话框——"更多"选项

提示: 在查找与替换操作中,若误将"查找内容"列表框中的"中国国家馆"设置成蓝色字体的颜色格式,那么在查找时将会出现对话框,提示查找不到该搜索项。解决方法是:在如图 3-4 所示的"查找和替换"对话框中,单击"查找内容"文本框,然后单击"不限定格式"按钮,则可以取消"查找内容"列表框中设置的"中国国家馆"的蓝色字体的颜色格式,然后重新设置替换列表框中的文本颜色格式即可。

4. 设置字符格式

将文档的第一段落的字体设置为楷体,字形设为加粗,字号设为小二号,字体颜色设为红色,中文字符的间距设为加宽 1.5 磅;将文档的正文部分的中文格式设置为宋体小四号字、英文格式设置为 Times New Roman;将第六段落的格式设置为斜体、波浪线。其具体步骤如下。

(1) 选中第一段落,在功能区选择"开始"选项卡的"字体"组中的相应按钮进行设置。

(2) 单击"字体"按钮,在下拉菜单中选择"楷体"选项和 Times New Roman 选项;单击"加粗"按钮;单击"字号"按钮,在下拉菜单中选择"小二"选项;单击"字体颜色"按钮,在下拉菜单中选择"红色"选项。

（3）选中第一段落，单击"开始"选项卡的"字体"组的"功能扩展"按钮，弹出如图 3-5 所示的"字体"对话框，在这里设置字体、字号、粗细、颜色。在对话框中单击"高级"选项卡弹出如图 3-6 所示的对话框，单击"间距"列表框右侧的下拉按钮选择"加宽"选项；在"间距"列表框右边的"磅值"文本框内输入"1.5 磅"。

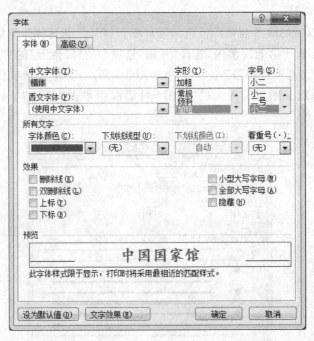

图 3-5 "字体"对话框——"字体"选项卡

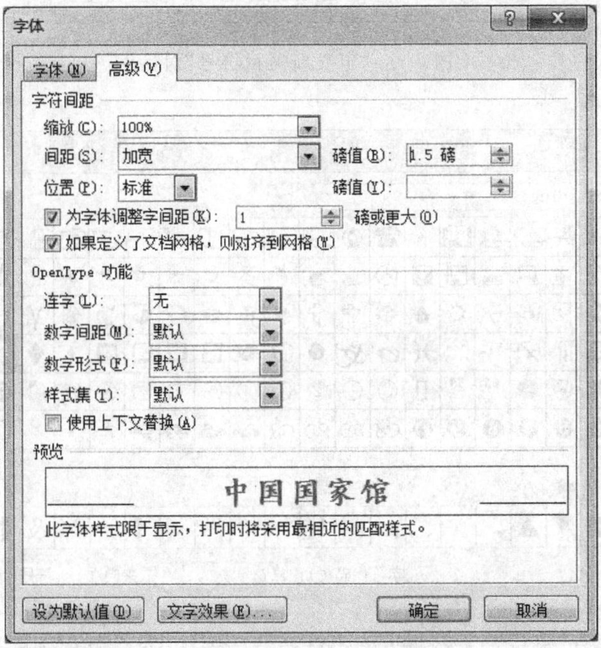

图 3-6 "字体"对话框——"高级"选项卡

（4）选中文档除第一段落外的所有内容，根据题目要求，使用步骤（2）的操作方法去设置文档正文的字符格式。

（5）选中第六段落，选择"开始"选项卡的"字体"组的"倾斜"按钮，设置字符的斜体；单击"下划线"按钮，在下拉菜单中选择"波浪线"下划线，设置下划线。

5. 添加项目符号

在第六段落以后的段落前插入橙色的菱形项目符号。其具体步骤如下。

（1）将插入点置于第七段落内，选择"开始"选项卡的"段落"组的"项目符号"按钮，在下拉菜单中选择"定义新项目符号"命令，弹出如图 3-7 所示的"定义新项目符号"对话框，单击"符号"按钮，在弹出如图 3-8 所示的"符号"对话框中单击"菱形"项目符号，单击"确定"按钮。

图 3-7　"定义新项目符号"对话框

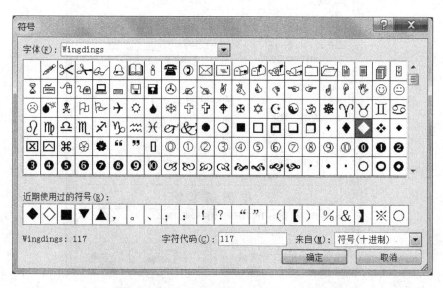

图 3-8　"符号"对话框

（2）单击"定义新项目符号"对话框中的"字体"按钮，在弹出的"字体"对话框中选择"字体颜色"为"橙色"来改变项目符号的颜色，单击"确定"按钮。

（3）用同样的方法可以给别的段落添加项目符号。如果需要给多个段落添加相同的项目符号，较简单的操作是首先选中所有待设段落，然后依照上面的步骤进行操作。

6. 设置段落缩进方式

设置段落缩进为第二段落左缩进 2 字符，第三段落首行缩进 1cm，第四段落悬挂缩进 2cm。其具体步骤如下。

（1）选定第二段落或将插入点置于第二段落内。

（2）选择"页面和布局"选项卡"段落"组的"缩进"栏中的"左"文本框，在其中选择或输入左缩进量为"2 字符"。

（3）将插入点置于第三段落内，选择"开始"选项卡的"段落"组的"功能扩展"按钮，弹出如图 3-9 所示"段落"对话框，在"特殊格式"下拉列表框中选择"首行缩进"选项，并在"磅值"文本框内输入或选择首行左缩进的距离为"1 厘米"；以同样的方法在"特殊格式"下拉列表框中选择"悬挂缩进"选项，设置第四段落为悬挂缩进"2 厘米"。

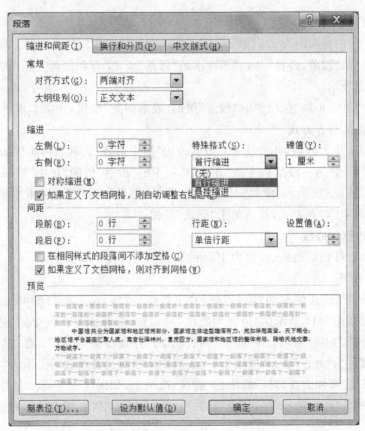

图 3-9　"段落"对话框

（4）如图 3-10 所示为完成几种段落缩进方式后的示例。

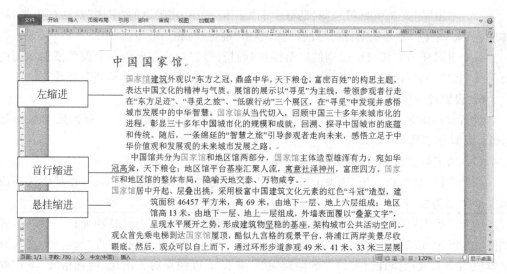

图 3-10　三种段落缩进方式示例

7. 设置行间距和段间距

设置第二段的行间距为 1.5 倍行距,第一段与第二段的段间距为 6 磅。其具体步骤如下。

(1)选定第二段落,选择"开始"选项卡的"段落"组的"行和段落间距"按钮,在下拉菜单中选择"1.5"选项。

(2)选择"页面布局"选项卡的"段落"组的"段前间距"按钮,在文本框中输入"6 磅"。

8. 设置段落对齐方式

将第一段落作为标题,并将其对齐方式改为"居中对齐"。其具体步骤如下。

(1)选定标题(第一段落),选择"开始"选项卡的"段落"组的"居中"按钮。

(2)在如图 3-9 所示的"段落"对话框中,选择"缩进和间距"选项卡中的"对齐方式"列表框中选取"居中"对齐方式,然后单击"确定"按钮。

9. 设置边框和底纹

为标题加上红色的边框、蓝色为 15% 的底纹。其具体步骤如下。

(1)选定标题。

(2)选择"开始"选项卡的"段落"组的"下框线"按钮,在下拉菜单中的选择"边框和底纹"命令,弹出如图 3-11 所示的"边框和底纹"对话框,选择该对话框中的"边框"选项卡,在"设置"栏中选择"方框"选项;在"样式"列表框中选择线型为"实线";在"颜色"列表框中选择边框线的颜色为"红色";在"应用于"列表框中选择对设置生效的范围为"文字"。

(3)选择"边框和底纹"对话框中的"底纹"选项卡,如图 3-12 所示。在"填充"栏中选择"蓝色";在"图案"栏中选择"样式"为"15%";在"应用于"列表框中选择对设置生效的范围为"文字"。

(4)单击"确定"按钮完成操作。

10. 设置首字下沉

将第五段落中的首词"观众"设置为首字下沉,下沉行数为 3 行。其具体步骤如下。

(1)选定第五段落的首词"观众"。

图 3-11 "边框和底纹"对话框——"边框"选项卡

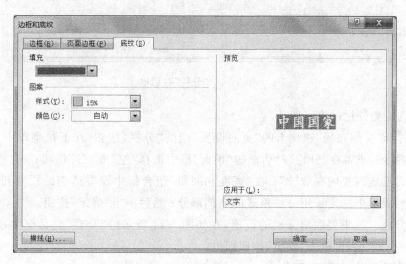

图 3-12 "边框和底纹"对话框——"底纹"选项卡

（2）选择"插入"选项卡的"文本"组的"首字下沉"按钮，在下拉菜单中选择"首字下沉选项"命令，弹出"首字下沉"对话框，如图 3-13 所示。

（3）在对话框的"位置"栏内选择"下沉"选项；在"下沉行数"文本框中输入或选择下沉行数为"3"。设置完毕后，单击"确定"按钮。

11．设置分栏

将第二段落设置为等宽的三栏，将第三段落设置为不等宽的两栏。其具体步骤如下。

（1）选定要分栏的第二段落。

（2）选择"页面布局"选项卡的"页面设置"组的"分

图 3-13 "首字下沉"对话框

栏"按钮,在下拉菜单中单击"三栏"命令;或单击"更多分栏"命令,弹出"分栏"对话框,如图 3-14 所示。在"预设"框中选择"三栏"选项,然后单击"确定"按钮,第二段落即被设为栏宽相等的三栏。

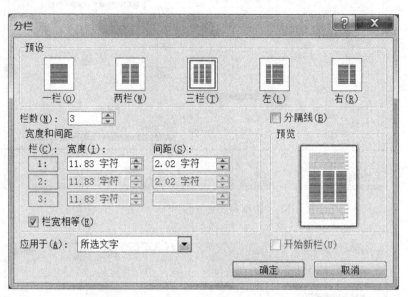

图 3-14   "分栏"对话框

(3) 选定要分栏的第三段落。

(4) 选择"页面布局"选项卡的"页面设置"组的"分栏"按钮,在下拉菜单中单击"偏左"或"偏右"命令;或者在"分栏"对话框的"预设"框中选择"左"或"右"选项;在"栏数"文本框中输入或者选定需要的栏数"2";在"宽度和间距"组合框中设置适当的栏宽和栏间距;在"应用于"列表框中选定采用分栏格式的文档部分;然后单击"确定"按钮。

取消分栏。选中要取消分栏的段落,在如图 3-14 所示的"分栏"对话框中,单击"预设"框中的"一栏"选项,再单击"确定"按钮即可。

12. 设置页眉、页脚和页码

为该文档设置内容为"Word 排版示例"的页眉和为页脚插入页码。其具体步骤如下。

(1) 选择"插入"选项卡的"页眉和页脚"组的"页眉"按钮,在下拉菜单中选择"内置"页眉列表的"空白"选项,功能区显示如图 3-15 所示的"页眉和页脚工具"的"设计"选项卡,进入页眉和页脚的编辑状态。

图 3-15   "页眉和页脚工具"的"设计"选项卡

（2）在页眉区的"键入文字"位置输入文字"Word 排版示例"。

（3）选择"页眉和页脚工具"的"设计"选项卡的"导航"组的"转至页脚"按钮,将当前页眉工作区域切换至页脚区,然后选择"页眉和页脚"组的"页码"按钮,在下拉菜单中的"当前位置"下拉菜单中选择"普通数字"选项,即可以在页脚处插入页码。

（4）单击"关闭"组的"关闭页眉和页脚"按钮,完成对页眉和页脚的设置。

如果对第一页和第二页要设置不同的页眉和页脚,则需在两页之间插入"下一页"分隔符。将光标定位在第一页最后一个字符的后面或者定位在第二页第一个字符的前面,选择"页面布局"选项卡"页面设置"组的"分隔符"按钮,在下拉菜单中选择"分节符"栏中的"连续"命令,可在文档中插入一分节符。

将光标定位在第一页,选择"插入"选项卡的"页眉和页脚"组的"页眉"按钮,在下拉菜单中选择"内置"页眉列表的"空白"选项,进入页眉和页脚的编辑状态,在第一页页眉中输入文本,然后选择"页眉和页脚工具"的"设计"选项卡的"导航"组的"下一节"按钮,切换到第二页上,选择"页眉和页脚工具"的"设计"选项卡的"导航"组的"链接到前一条页眉"按钮,在第二页的页眉编辑区中输入新的文本,最后选择"页眉和页脚工具"的"设计"选项卡"关闭"组的"关闭页眉和页脚"按钮即可。这种操作方法可以将毕业论文的各个章节分成不同的节,以便为各个章节设置不同的页眉和页脚。

提示：页眉页脚的删除操作。在页眉页脚的编辑状态,将页眉或页脚的文本内容清除掉,选择"页眉和页脚工具"的"设计"选项卡的"关闭"组的"关闭页眉和页脚"按钮即可。

13. 页面设置

将文档的版面纸张的大小设置为 A4,页面的左边距和右边距都设置为 4 厘米,并利用 Word 的"打印预览"命令来预览文档的打印输出效果。

（1）设置纸张大小的操作步骤

① 选择"页面布局"选项卡的"页面设置"组的"纸张大小"按钮,在下拉菜单中选择"A4"选项即可；或者在下拉菜单中单击"其他页面大小"命令,弹出如图 3-16 所示的"页面设置"对话框,选择"纸张"选项卡。

② 在"纸张大小"列表框中设定纸张为"A4"。

③ 在"应用于"列表框中选定文档的范围为"整篇文档",然后单击"确定"按钮。

（2）设置页边距的操作步骤

① 选择"页面布局"选项卡的"页面设置"组的"页边距"按钮,在下拉菜单中单击"自定义边距"命令,弹出如图 3-17 所示的"页面设置"对话框,选择"页边距"选项卡。

② 在"左"、"右"文本框中修改数值为"4 厘米",在"应用于"列表框中选定"整篇文档",其余使用默认值,然后单击"确定"按钮。

（3）预览文档编排效果操作步骤

① 选择"快速访问工具栏"中的"打印预览和打印"按钮,或选择"文件"选项卡的"打印"命令。本次实验完成后的预览效果如图 3-18 所示。

② 退出预览。单击功能区的"开始"选项卡退出预览状态。

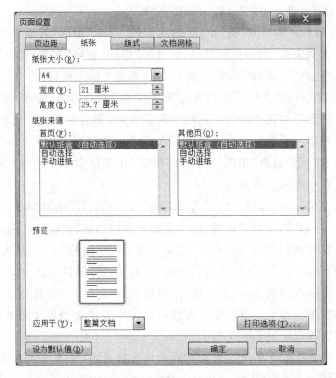

图 3-16 "页面设置"对话框——"纸张"选项卡

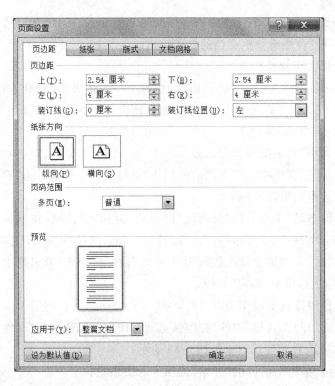

图 3-17 "页面设置"对话框——"页边距"选项卡

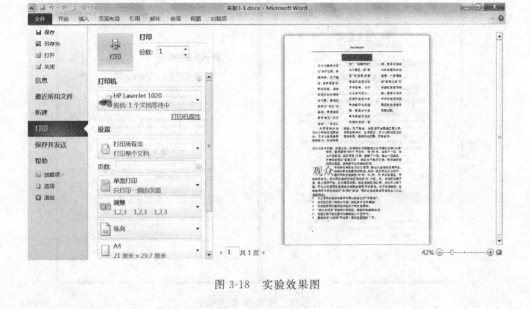

图 3-18　实验效果图

三、实验作业

1. 创建一个新的文档,要求输入 6 个自然段的文字(内容自定,可从教材中选择)。

【操作要求】

(1) 将全文正文的字体格式设为楷体、小四号字。

(2) 第一自然段的内容要短小,能反映全文主旨,并将第一自然段设为标题;标题字体格式为黑体、加粗、三号字;字的颜色设为红、黄、蓝色中的任一种颜色;并给标题的文字加上边框和底纹。

(3) 将第二自然段的格式设为两端对齐,行间距设为固定值 20 磅。

(4) 将第三自然段的格式设为右缩进,并将段落的第一个字设为“首字下沉”;将此段设为等宽的两栏。

(5) 将其余的段落格式设为首行缩进 1 厘米,并将段前和段后间距均设为 0.5 行,行间距设为 1.5 倍。

2. 利用 Word 2010 创建一份小报,内容和版式可以自己设定。

【操作要求】

(1) 选定小报适当的主题文字,给其加上边框和底纹。

(2) 相连的不同主题文字设置不同的编排格式,并将标题突出显示。

(3) 至少应包含 2 页,并对每页设置不同的页眉,在页脚处插入系统日期和时间及专业年级和姓名。

(4) 进行页面设置,设置纸张的大小为 B5,并设置合适的页边距。

(5) 根据实验中所学内容,进行如段落缩进、段落对齐、段间距、项目符号和编号、首字下沉、分栏等的设置,对版式进行进一步的美化,可参见如图 3-19 所示的排版效果。

图 3-19　实验参考效果图

实验 3-2　表格的制作

一、实验目的

1. 掌握表格的建立操作。
2. 掌握表格的编辑操作。
3. 掌握表格的格式化操作。
4. 掌握表格数据的计算和排序方法。
5. 掌握文本与表格的混合编排方法。
6. 了解文本和表格之间的相互转换操作。
7. 了解由表生成图的操作过程。

二、实验内容和步骤

1. 新建表格

建立如表 3-1 所示的学生成绩表。

表 3-1　学生成绩表

学　号	姓名	高等数学	大学英语	VB 程序设计
01	张　伟	89	94	92
02	王小虎	80	76	95
03	吴　钢	90	88	76
04	张大民	65	66	78
05	刘少强	77	84	85
06	徐　州	70	75	91

（1）将插入点置于文档中待插入表格处。

（2）选择"插入"选项卡"表格"组的"表格"项，在下拉菜单中选择"插入表格"下的方格为 7 行 5 列后单击即可；或在下拉菜单中单击"插入表格"命令，弹出"插入表格"对话框，如图 3-20 所示。

（3）在"列数"文本框中输入"5"，在"行数"文本框中输入"7"，也可在框中选择表格所要包含的行数和列数；在"'自动调整'操作"栏中选择"固定列宽"选项。

（4）单击"确定"按钮，即在插入点位置创建了一个新的空白表格，功能区选项卡会增加一个"表格工具"的"设计"选项卡，单击"布局"会显示如图 3-21 所示的"布局"选项卡。

（5）根据实验要求依次输入表 3-1 中的内容。

图 3-20 "插入表格"对话框

图 3-21 "表格工具"的"布局"选项卡

2．添加和删除行和列

在表格的最后增加一个新行，输入行标题为"各科平均分"；在表格的最后增加一个新列，列标题为"总分"；删除表格中学生"张大民"所在的行；删除表格中的"学号"所在的列。其具体步骤如下。

（1）插入行

① 将插入点置于表格的最后一行。

② 选择"表格工具"的"布局"选项卡的"行和列"组的"在下方插入"按钮，即可在表格中插入一行；插入一个新行较简单的方法是将插入点置于待插入行的上一行的段落标志处，然后按回车键，快速插入一行。

③ 在插入的新行的第二列单元格中输入行标题"各科平均分"。

（2）插入列

插入列的操作步骤与插入行相同，只是在上面的步骤②中选择"在右侧插入"按钮，并在新加列的第一行单元格中输入列标题"总分"。

（3）删除行

① 选定要删除的行。

② 选择"表格工具"的"布局"选项卡的"行和列"组的"删除"按钮，在下拉菜单中选择"删除行"命令。

（4）删除列

删除列的操作步骤与删除行相同，只是在上面的步骤（3）-②中选择"删除列"命令即可。

3．设置行高和列宽

将表格第一行的高度设置为 0.8 厘米；将表格中其余各行的高度设置为 0.6 厘米；将

表格中的各列宽度设置为2.8厘米。其具体步骤如下。

（1）设置行高

① 选定第一行。

② 选择"表格工具"的"布局"选项卡"单元格大小"组的"高度"项，在文本框中输入"0.8厘米"即可；或者单击该组的"功能扩展"按钮，弹出如图3-22所示的对话框，单击"行"选项卡。

③ 在"表格属性"对话框的"行"选项卡中选中"指定高度"文本框左侧的复选框，在"指定高度"文本框内输入新的行高数值"0.8厘米"，然后单击"确定"按钮。

④ 选定除第一行外的其余各行，在"表格属性"对话框的"行"选项卡中指定行高为"0.6厘米"。

图3-22 "表格属性"对话框——"行"选项卡

（2）改变列宽

改变列宽的操作类似于改变行高的操作，选定待设的列，选择"表格工具"的"布局"选项卡"单元格大小"组的"宽度"按钮，在文本框中输入"2.8厘米"即可；或在"表格属性"对话框中的"列"选项卡，在"指定宽度"文本框中输入数值"2.8厘米"。

4. 数据计算和排序

用Word 2010的公式计算每位学生的总分，将数值显示在列标题为"总分"的列中；计算每位学生各门课程的平均分，并将数值显示在行标题为"各科平均分"的行中；将每位学生的"VB程序设计"的成绩按照由高到低的顺序进行排列。其具体步骤如下。

（1）计算总分

① 将插入点置于第2行最后一列的单元格中。

② 选择"表格工具"的"布局"选项卡"数据"组的"公式"命令，弹出"公式"对话框，如图3-23所示。

③ 在"公式"框中自动显示公式"＝SUM(LEFT)"；或者在求和函数右边括号中输入单

元格编号,即输入"＝SUM(B2:D2)"。在公式中引用单元格时,用逗号分隔单个单元格,而选定区域的首尾单元格之间用冒号连接。

④ 使用上述方法计算出各位学生的总分。

(2) 计算平均分

① 将插入点置于最后一行第 2 列的单元格中。

② 打开如图 3-23 所示的"公式"对话框,选择"粘贴函数"列表框中的求平均值函数 AVERAGE(),在"公式"文本框中输入"＝AVERAGE(B2:B6)"。

注意:"＝"必须保留,标点符号、括号和字符都必须使用半角英文符号。

③ 计算结果显示在插入点所在的单元格中。

④ 使用上述方法计算出各位学生的平均分。

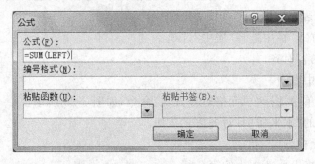

图 3-23 "公式"对话框

(3) 表格排序

① 选定表格中要排序的列"VB 程序设计"。

② 选择"表格工具"的"布局"选项卡"数据"组的"排序"按钮,弹出如图 3-24 所示的对话框。

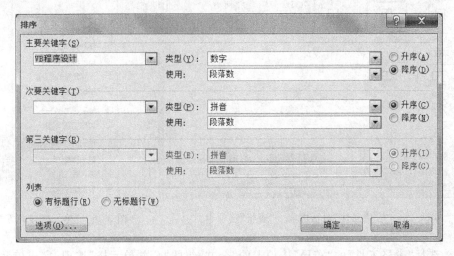

图 3-24 "排序"对话框

③ 在"主要关键字"下拉列表框中选择"VB 程序设计"选项;在"类型"下拉列表框中选择"数字"选项;选择排列顺序为"降序"选项;在"列表"栏中选择"有标题行"选项。

④ 单击"确定"按钮,则表格将按"VB程序设计"的成绩由高到低排列。

5. 表格格式设置

将整个表格设置为居中显示;将表格第一行的文字格式设置为粗体、小四号;将表格中各单元格的内容设置为水平和垂直居中;在表格的最上面插入一个新行,并将其合并为一个单元格,然后输入标题内容"学生成绩表",格式为黑体、四号、字符间距为1.5磅、居中显示;将表格的外框线和第一行的下线设置为1.5磅的双线,并对第一行和第一列添加15%的底纹。其具体步骤如下。

(1) 设置表格对齐方式

① 选定整个表格。

② 选择"表格工具"的"布局"选项卡"单元格大小"组的"功能扩展"按钮,弹出"表格属性"对话框,选择"表格"选项卡,如图3-25所示。

③ 在"对齐方式"栏中选择"居中"选项。

(2) 单元格内容对齐

① 在单元格中右击。

② 在快捷菜单中选择"单元格对齐方式"命令,如图3-26所示。

③ 选择其中的"水平居中"对齐方式按钮。

(3) 合并单元格

① 选定在表格上面新插入的第一行。

图3-25 "表格属性"对话框——"表格"选项卡

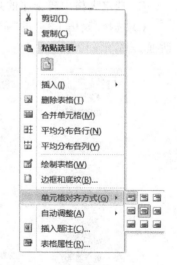

图3-26 "单元格对齐方式"命令

② 选择"表格工具"的"布局"选项卡的"合并"组的"合并单元格"选项,完成单元格的合并,在合并后的单元格中输入表格标题。

(4) 设置字体、边框和底纹

按照实验3-1中的字体、边框和底纹设置的方法设置表格中的字体、边框和底纹。

6. 用图表表示数据

将表格中的"A2:D7"部分的数据以图表的形式表示,其具体步骤如下。

(1) 选定表格中要生成图表的数据并将其复制。

(2) 选择"插入"选项卡的"插图"组的"图表"选项,弹出如图 3-27 所示的"插入图表"对话框。

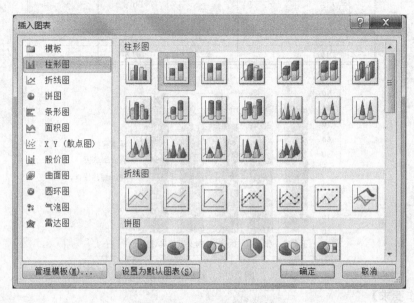

图 3-27 "插入图表"对话框

(3) 在左窗格选择"柱形图",在右窗格中选择"簇状柱形图"选项,单击"确定"按钮,打开 Excel 2010 窗口。

(4) 在 Excel 窗口中,将需要生成图表的数据粘贴到 Excel 窗口中,关闭 Excel 窗口,Word 中会显示如图 3-28 所示的表格生成的图表。

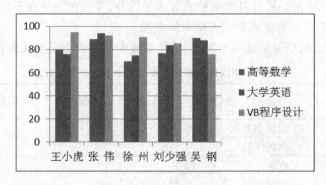

图 3-28 表格生成的图表

本次实验完成后的效果如图 3-29 所示。

三、实验作业

1. 创建一个 4×5 的学生档案表,表格的内容自定。

学 生 成 绩 表				
姓名	高等数学	大学英语	VB 程序设计	总分
王小虎	80	76	95	251
张伟	89	94	92	275
徐州	70	75	91	236
刘少强	77	84	85	246
吴钢	90	88	76	254
各科平均分	81.2	83.4	87.8	

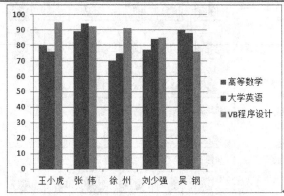

图 3-29　实验效果图

【操作要求】

(1) 表格中应包含学生的主要课程的成绩、总分或平均分。

(2) 将表格的行高和列宽根据内容进行调整,文字的字号应适当,字体任意,位置居中。

(3) 将表格的第一行设为表格的标题(需要进行单元格合并)。

(4) 对表格的第一行、第一列和表格的主体分别设置不同的底纹。

(5) 给表格设置加粗的外边框,表格的内网格线设为细实线,其颜色与外框线不同。

(6) 用 Word 中的公式计算成绩的总分或平均分,并按照总分或平均分进行排序。

(7) 用合适的图表类型来表示表格中的成绩。

2. 依照表 3-2 的框架创建一个"中国历年在夏季奥运会上获得奖牌统计表"。

表 3-2　中国历年在夏季奥运会上获得奖牌统计表

年份 ＼ 奖牌	举办国家和城市	金牌数	银牌数	铜牌数	奖牌总数
1984	美国洛杉矶				
1988	韩国汉城				
1992	西班牙巴塞罗那				
1996	美国亚特兰大				
2000	澳大利亚悉尼				
2004	希腊雅典				
2008	中国北京				
2012	英国伦敦				
2016	巴西里约				

【操作要求】

（1）用手动绘制的方法绘制斜线。

（2）用图表类型中的"柱形图"来表示奖牌数，并给图表加上标题。

（3）按金牌数降序排序。

（4）用"表格自动套用格式"设置表格。

（5）在表格中插入一个新行作为第一行，将表格上面的文字"中国历年在夏季奥运会上获得奖牌统计表"插入第一行，并将其设为表格标题。

（6）根据表格的特点进一步美化表格。

实验 3-3   图形、图片、公式和艺术字的使用

一、实验目的

1. 掌握图片、图形的插入和编辑方法。
2. 掌握艺术字的使用操作。
3. 掌握公式编辑器的使用操作。
4. 掌握图文混排的方法。
5. 了解图文框和文本框的使用操作。

二、实验内容和步骤

1. 插入图形

打开实验 3-1 的"word 排版.docx"文档，在该文档第二页的中间位置插入一张剪贴画，在第一页插入一个"笑脸"自选图形，并为其填充红色。其具体步骤如下。

（1）插入剪贴画

① 将插入点置于要插入剪贴画的位置。

② 选择"插入"选项卡的"插图"组的"剪贴画"按钮，打开如图 3-30 所示的"剪贴画"窗格。

③ 在该窗格中单击要插入的图片，或者在出现的下拉菜单中选择"插入"命令，即可将剪贴画插入到指定的位置。

（2）绘制图形

① 选择"插入"选项卡中"插图"组的"形状"按钮，打开下拉菜单，如图 3-31 所示。

② 在下拉菜单中选择"基本形状"中的"笑脸"选项。

③ 将鼠标指针移到要绘制图形的地方，单击鼠标左键，Word 将按默认的大小绘制出图形，同时功能区变成"绘图工具"的"格式"选项卡。

④ 选定自选图形，选择"绘图工具"的"格式"选项卡中"形状样式"组的"形状填充"选项，在下拉菜单中选择"标准色"的"红色"选项即可。

2. 编辑图形

将剪贴画的高度和宽度在原图的基础上进行放大，并将其效果设置为冲蚀。其具体步骤如下。

（1）缩放图形

① 选定图片后，将光标移到图文框四角的控制点上（图片的四周边框上的小方格状的点），如图 3-32 所示。

图 3-30 "剪贴画"窗格

图 3-31 "形状"按钮的下拉菜单

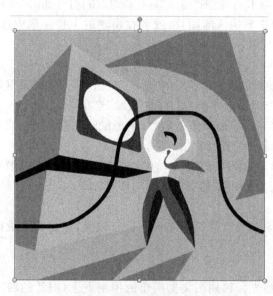

图 3-32 选定图形时出现的"尺寸控点"

② 选择"图片工具"的"格式"选项卡的"大小"组的"形状高度"和"形状宽度"按钮改变图片大小。"图片工具"的"格式"选项卡如图 3-33 所示。

图 3-33 "图片工具"和"格式"选项卡

③ 选择"大小"组的"功能扩展"按钮,弹出"布局"对话框,如图 3-34 所示,选择"大小"选项卡。

④ 在对话框的"缩放"栏中设置图片高度和宽度的缩放比例。

⑤ 单击"确定"按钮,关闭对话框完成设置。

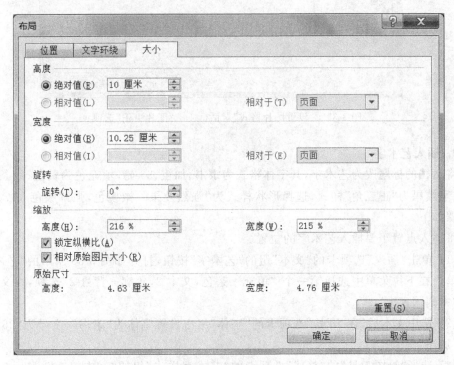

图 3-34 "布局"对话框——"大小"选项卡

(2) 改变图片的颜色、亮度和对比度

① 选定图片后,选择"图片工具"中"格式"选项卡"图片样式"组的"功能扩展"选项,弹出"设置图片格式"对话框,如图 3-35 所示。

② 选择对话框的"图片更正"选项,在显示的页面中可以调整图片的"亮度"和"对比度";选择对话框的"图片颜色"选项,在显示的页面中单击"重新着色"栏中的"预设"按钮,在下拉菜单中选择"冲蚀"选项设置图片的冲蚀效果。

③ 单击"确定"按钮。

图 3-35 "设置图片格式"对话框——"图片更正"选项页

3. 插入艺术字

将文档的标题改为艺术字，其字体格式为隶书、加粗、36 磅，填充色为黄色、线条色为紫色、文字效果为"正三角"样式，选择形状样式为"强烈效果—橄榄色，强调颜色 3"。具体操作步骤如下。

将插入点置于要插入艺术字的位置。

（1）单击"插入"选项卡的"文本"组的"艺术字"按钮，打开如图 3-36 所示的"艺术字"下拉菜单。在下拉菜单中选择第一个"填充—茶色，文本 2，轮廓—背景 2"选项，在文本框中输入"中国国家馆"。

（2）选中文本后，在"开始"选项卡的"字体"组中设置字体为"隶书"、字号为"36 磅"、字形为"加粗"。

（3）选择"绘图工具"的"格式"选项卡的"艺术字样式"组的"文本填充"按钮，在下拉菜单中选择"黄色"；选择"文本轮廓"按钮，在下拉菜单中选择"紫色"；选择"文字效果"按钮的"转换"命令，打开如图 3-37 所示的"转换"命令的下拉菜单，选择"正三角"选项。

（4）对于文本填充、边框、轮廓样式、阴影、发光、三维格式、三维旋转等的操作，也可以选择"绘图工具"的"格式"选项卡的"艺术字样式"组的"功能扩展"按钮，在弹出如图 3-38 所示的"设置文本效果格式"对话框中进行设置。

（5）选择"绘图工具"的"格式"选项卡的"形状样式"组的"选择形状或线条的外观样式"列表项，在下拉菜单中选择"强烈效果—橄榄色，强调颜色 3"形状样式即可。

（6）对于文本框形状样式的设置，也可以选择"绘图工具"的"格式"选项卡的"形状样式"组的"功能扩展"按钮，在弹出的如图 3-39 所示的"设置形状格式"对话框中进行设置。

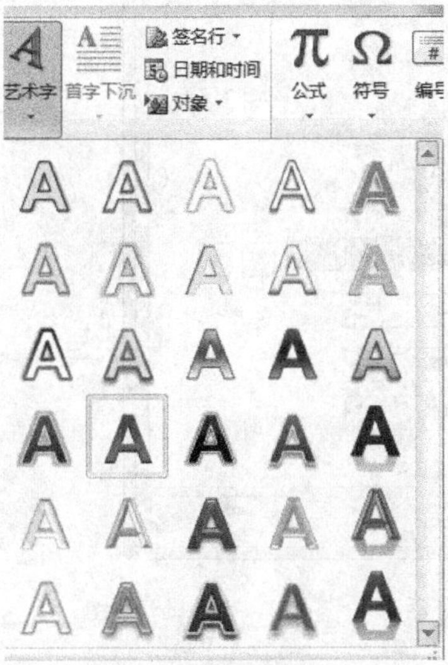

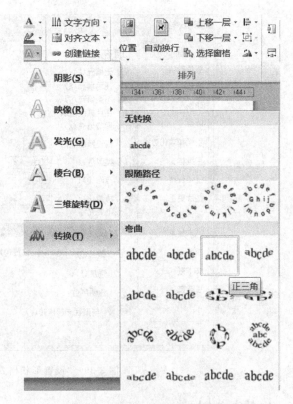

图 3-36 "艺术字"下拉菜单

图 3-37 "转换"命令的下拉菜单

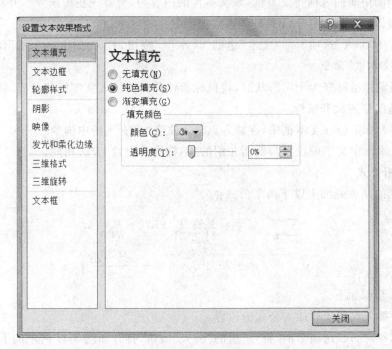

图 3-38 "设置文本效果格式"对话框

图 3-39 "设置形状格式"对话框

4. 插入文本框

在文档的中间插入横排文本框,该文本框的内容为"青春飞扬中国梦",并将其中的文字格式设为楷体、加粗、三号字。其具体步骤如下。

(1) 选择"插入"选项卡的"文本"组的"文本框"按钮,打开如图 3-40 所示的下拉菜单,选择"绘制文本框"命令。

(2) 当鼠标指针变为十字形状时,将鼠标指针移至要插入文本框的位置,按下鼠标左键拖曳至合适的位置放开鼠标。

(3) 将光标定位在文本框中,在插入点输入文字"青春飞扬中国梦"。

(4) 文本框中文字的设置与前面介绍的"字符格式设置"方法相同。

5. 编辑公式

在文档的结束处加上以下两个公式:

$$\sum_{n=1}^{\infty} \frac{x^n}{n!} = x + \frac{x^2}{2!} + \frac{x^3}{3!} + \cdots + \frac{x^n}{n!} + \cdots$$

$$y = \sqrt[3]{x^3 + 3x^2 + 2x + \sqrt[3]{x} + 1} + \frac{ax^2 + bx}{cx + 1} \int_2^{10} x^2 \, \mathrm{d}x$$

其具体步骤如下。

(1) 将插入点置于要插入公式的位置。

(2) 选择"插入"选项卡的"符号"组的"公式"按钮,打开如图 3-41 所示的下拉菜单。

(3) 在下拉菜单中选择"插入新公式"命令,此时选项卡变成如图 3-42 所示的"公式工具"的"设计"选项卡。

图 3-40 "文本框"下拉菜单

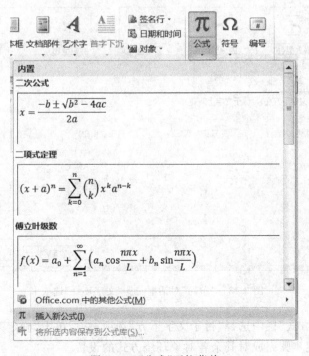

图 3-41 "公式"下拉菜单

Word 2010

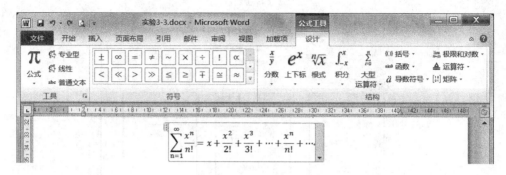

图 3-42 "公式工具"的"设计"选项卡

(4) 在该选项卡的"符号"组和"结构"组中选择相应的数学运算符号和表达式符号。

(5) 单击 Word 文档的其他区域即可退出公式编辑状态,返回到文档的正常输入窗口。

6. 图文混排

将剪贴画的环绕方式设为"衬于文字下方";设置"笑脸"以及文本框的环绕方式为"紧密型"。其具体步骤如下。

(1) 选定剪贴画。

(2) 选择"图片工具"的"格式"选项卡的"排列"组的"位置"按钮,在下拉菜单中选择"其他布局选项"命令,弹出"布局"对话框,选择"文字环绕"选项卡,如图 3-43 所示。

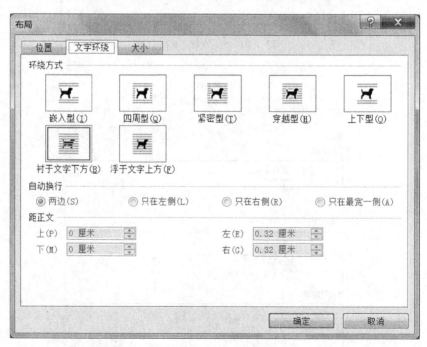

图 3-43 "布局"对话框——"文字环绕"选项卡

(3) 在"环绕方式"栏中选择"衬于文字下方"选项,然后单击"确定"按钮。

(4) 重复上述步骤完成对其余各对象环绕方式的设置。

本次实验完成后的效果如图 3-44 所示。

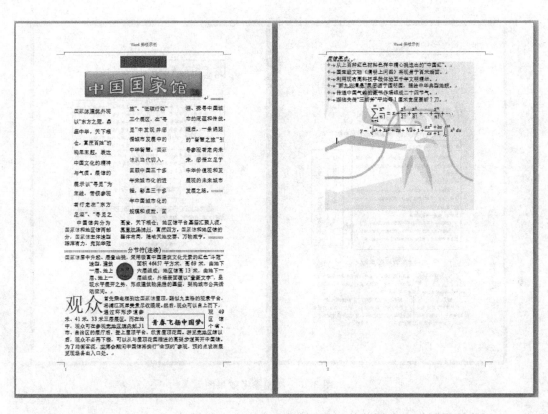

图 3-44　实验效果图

三、实验作业

1. 利用实验 3-1 作业 2 完成下面的操作。

【操作要求】

（1）对小报中的不同主题的文档可以使用不同的文本框进行设置，并根据要求考虑是否给文本框加边框。

（2）根据需要加上不同的图片，并给图片设置不同的环绕方式。

（3）选择合适的艺术字效果来设置文档标题，并将该标题作为对象进行其他设置。

（4）如果两个文本框的内容有关联，可以设置文本框之间的链接。

（5）练习对插入的图片进行裁剪，使之更加美观。

（6）自己可以对版式进行进一步的美化，可参照如图 3-45 所示的排版效果。

2. 根据个人的实际情况，制作一份个人简历。

【操作要求】

（1）用表格表示个人的基本信息：姓名、性别、年龄、民族、政治面貌、专业、学历等。

（2）表格中应包含个人基本情况介绍，如英语水平、计算机水平、大学所修的主要课程、爱好与特长、奖励和惩罚等。

（3）写一份较为详细的个人综述，作为简历的正文内容。

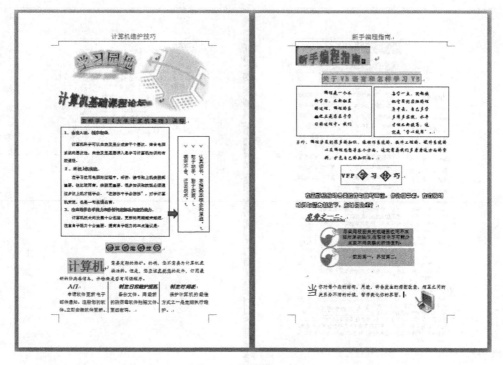

图 3-45　实验参考效果图

（4）给简历制作一个精美的封面，版式和内容由自己设计。

（5）给简历正文加上奇偶页不同的页眉和页脚。

实验 3-4　Word 的高级应用

一、实验目的

1. 掌握 Word 2010 分级标题样式的修改和使用。

2. 掌握 Word 2010 长文档的排版和目录处理。

3. 掌握主文档和数据源的创建操作，利用邮件合并功能批量制作和处理文档。

4. 掌握模板的使用方法。

5. 掌握批注的设置方法，掌握文档的保护和修订功能。

二、实验内容和步骤

1. 长文档的排版及目录处理

从基础实验网站上下载素材并命名为"长文档排版及目录处理.docx"（文档内容如图 3-49 所示），要求至少有三级标题；文章标题为黑体小二号字、加粗、居中对齐，段前段后空 0.5 行，单倍行距；正文文字为宋体五号字、西文文字为 Times New Roman 五号字、1.25 倍行距；插入页码、居右、页码格式为"1,2,3,…"；一级标题为宋体四号字、加粗、段前段后空 0.5 行；二级标题为宋体小四号字、加粗、段前段后空 0.5 行；三级标题为宋体五号字、加粗、段前段后空 0.5 行。在文档最前面自动生成文档目录。其具体步骤如下。

（1）文章标题的设置

具体操作步骤参见实验 3-1。

（2）正文的设置

具体操作步骤参见实验 3-1。

（3）一级标题的设置

由于标题的格式与 Word 的内置标题样式不同，所以需要修改内置标题样式。

① 选中文字"1. 前言"。

② 单击"开始"选项卡"样式"组的下拉列表，在"样式"窗格中选中"标题 1"，单击其右侧的下拉按钮，如图 3-46 所示，选择"修改"命令。

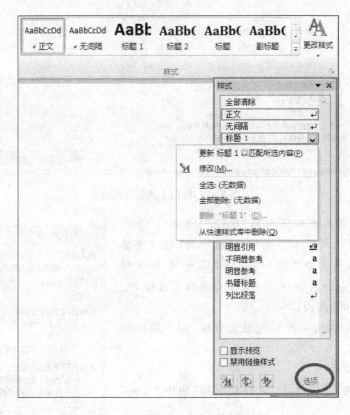

图 3-46 "样式"窗格

③ 打开"修改样式"窗口按如图 3-47 所示进行设置，单击左下角的"格式"下拉按钮，打开"段落"对话框，设置段前、段后间距，单击"确定"按钮，完成对一级标题的修改。

④ 选中一级标题"1. 前言"文字，双击"开始"选项卡"剪贴板"组的"格式刷"按钮，记录下格式样式，鼠标变为刷子状，按下鼠标分别选中其他一级标题文字，这样所有一级标题文字全部设置为一级标题 1 样式，再单击"格式刷"按钮，取消格式记录。也可以分别将光标置于一级标题处点"样式"组中的"标题 1"命令。

（4）二级标题的设置

具体操作步骤按一级标题设置方法，按二级标题要求进行设置。

注意：默认情况下，"开始"选项卡"样式"组中并未显示"标题 2"、"标题 3"等样式，可以

图 3-47　标题 1 的修改样式

在"样式"窗格中单击右下角的"选项"（如图 3-46 所示），在弹出的"样式窗格选项"对话框中的"选择要显示的样式"下拉列表中选择"所有样式"，如图 3-48 所示，单击"确定"按钮后将所有样式显示在样式窗格中。

（5）三级标题的设置

具体操作步骤按一级标题设置方法，按三级标题要求进行设置。

（6）插入页码

① 选择"插入"选项卡"页眉和页脚"组中"页码"命令。

② 单击"页码"按钮，选择下拉列表中的"页面底端"右侧第三个式样，关闭"页眉和页脚"按钮，完成页码的设置。

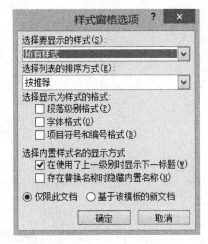

图 3-48　"样式窗格选项"对话框

（7）目录的生成

① 将光标定位到文档的第一个字符前。

② 在"引用"选项卡的"目录"组中，单击"目录"命令，在下拉列表中选择系统内置的目录样式"自动目录 1"，生成的目录如图 3-49 所示。

若目录已生成，但文档中的标题文字发生了变化，或正文内容有所增加或删除，使得示题所在页面发生相应改变，这时需要更新目录。目录更新分为整个目录更新和只更新页码。

更新整个目录。右击选中已生成的目录，弹出快捷菜单，选择"更新域"命令，弹出"更新

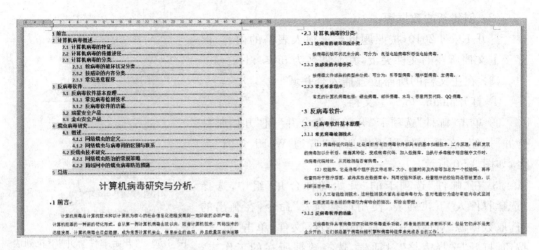

图 3-49　长文档排版及生成目录效果图

目录"对话框,选择"更新整个目录"单选项,单击"确定"按钮。

只更新页码。在"更新目录"对话框中选择"只更新页码"单选项,单击"确定"按钮。

2. 使用邮件合并

建立如下所示的主文档,将其以文件名 main.docx 保存在当前文件夹中。

成绩通知单

　　　　　　同学:

　　你本学期各门课的考试成绩如下:

　　高等数学:

　　大学英语:

　　大学计算机基础:

　　大学物理:

　　祝暑假愉快,并请在学校规定的开学时间内按时返校。

中国矿业大学计算机学院

2015 年 7 月 8 日

按照表 3-3 所示内容建立数据源并将以 data.xlsx 保存在当前文件夹中。

表 3-3　数据源

姓　名	高等数学	大学英语	大学计算机基础	大学物理
李伟民	89	92	95	77
张小强	78	84	85	89
王千为	80	75	92	92
李国豪	85	76	81	86

在主文档中插入合并域,并将数据源与主文档合并到一个文档中。其具体步骤如下。

(1)创建主文档

打开 Word 2010,按照题目要求建立好主文档,将其保存为 main.docx。

（2）创建新的数据源

打开 Excel 2010，按照题目要求输入表格的内容，保存于主文档所在的文件夹下，其文件名为 data.xlsx

（3）在主文档的所需位置插入合并域

① 打开 main.docx 主文档。

② 单击"邮件"选项卡"开始邮件合并"组"开始邮件合并"按钮，在其下拉列表中选择"普通 Word 文档"命令，如图 3-50 所示。

③ 在"邮件"选项卡的"开始邮件合并"组中，选择"选择收件人"下拉列表"使用现有列表"命令，在弹出的"选取数据源"对话框中选择 data.xlsx 文件，单击"打开"按钮，打开"选择表格"对话框，选择数据所在的工作表，单击"确定"按钮，如图 3-51 所示。

图 3-50 "开始邮件合并"下拉列表

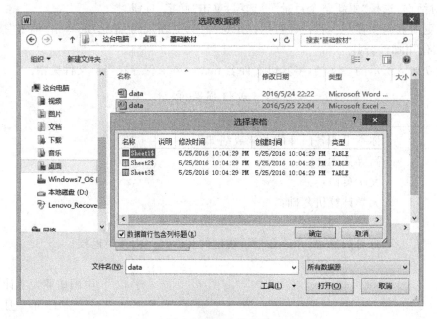

图 3-51 选取数据源

④ 将光标定位于主文档"同学："前下划线上，在"邮件"选项卡的"编写和插入域"组中单击"插入合并域"下拉列表中"姓名"，完成姓名域的插入，如图 3-52 所示。

⑤ 以同样的方法依次插入其他域，如图 3-53 所示。

（4）执行合并操作

在"邮件"选项卡的"完成"组中，单击"完成并合并"下拉列表中"编辑单个文档"，打开"合并到新文档"对话框，如图 3-54 所示，选择"全部"单选按钮，单击"确定"

图 3-52 插入"姓名"域

按钮，生成一个合并后新文档。如图 3-55 所示。

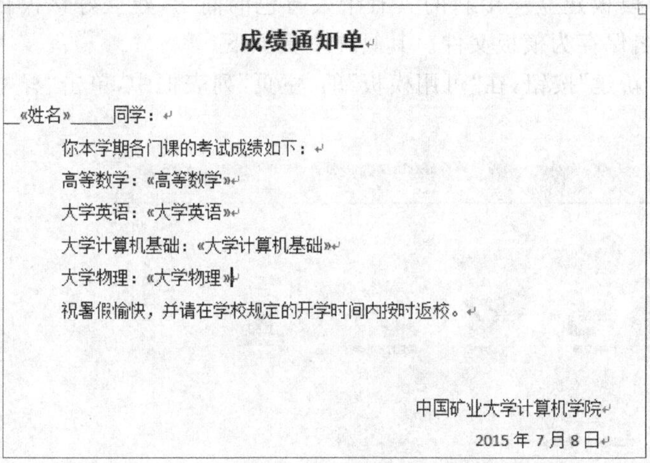

成绩通知单

_«姓名»_____同学：

你本学期各门课的考试成绩如下：

高等数学：«高等数学»

大学英语：«大学英语»

大学计算机基础：«大学计算机基础»

大学物理：«大学物理»

祝暑假愉快，并请在学校规定的开学时间内按时返校。

中国矿业大学计算机学院

2015 年 7 月 8 日

图 3-53　插入合并域后的主文档

图 3-54　合并文档

成绩通知单

李伟民　同学：

你本学期各门课的考试成绩如下：

高等数学：89

大学英语：92

大学计算机基础：95

大学物理：77

祝暑假愉快，并请在学校规定的开学时间内按时返校。

中国矿业大学计算机学院

2015 年 7 月 8 日

成绩通知单

张小强　同学：

你本学期各门课的考试成绩如下：

高等数学：78

大学英语：84

大学计算机基础：85

大学物理：89

祝暑假愉快，并请在学校规定的开学时间内按时返校。

中国矿业大学计算机学院

2015 年 7 月 8 日

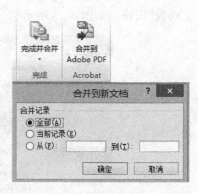

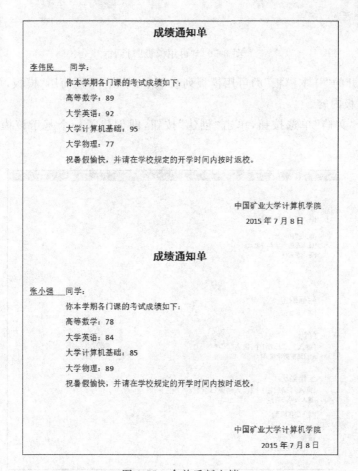

图 3-55　合并后新文档

3. 模板的使用

以 Word 提供的"平衡简历"为模板建立一个新的具有个人特色的简历,建立好该模板后将其以"个人简历.dotx"为文件名保存为模板文件。其具体步骤如下。

(1) 打开"文件"选项卡,单击"新建"按钮,在"可用模板"的"主页"列表框中,单击"样本模板"按钮。如图 3-56 所示。

图 3-56 "可用模板"对话框

(2) 在打开的"样本模板"的可用模板列表框中,单击"平衡简历"模板,可在右侧预览效果图中查看模板内容。

(3) 选中"文档"单选按钮,单击"创建"按钮,即创建了一个基于该模板的新文档,如图 3- 57 所示。

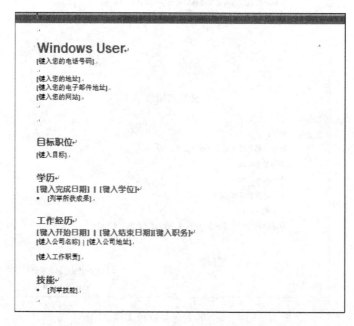

图 3-57 "平衡简历"模板

（4）编辑该文档，可以根据需要添加艺术字、图片等，直到满意为止。

（5）以文件名"个人简历"保存该文档，在保存类型上选择"Word 模板"，即完成了新模板的创建操作。

4. 批注的设置、文档的修订及保护

在"长文档的排版与目录处理.docx"文档在第一次出现"蠕虫病毒"的地方添加如图 3-58 所示的批注，并在文档中设置插入、删除等更改标记以及设置接受或拒绝修订。为文档添加打开密码。为文档添加限制编辑。其操作步骤如下。

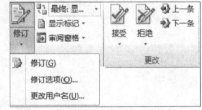

图 3-58　添加批注

（1）批注的设置

① 打开文档，利用"开始"选项卡"编辑"组中"查找"命令搜索到"蠕虫病毒"。

② 选择要进行批注的文本"蠕虫病毒"。

③ 在"审阅"选项卡"批注"组中，单击"新建批注"命令，则选中的文本被红色填充，并被一对方括号括起来，右侧为批注框，将光标定位在批注框内输入批注文本。

④ 如果要删除批注，选择"审阅"选项卡"批注"组中的"删除"选项，在其下拉列表中可以选择删除当前及所有批注。

（2）在文档中添加插入、删除标记，设置接受或拒绝修订

① 在"审阅"选项卡"修订"组中单击"修订"命令，则文档处于修订状态，在文中插入一段文字再删除一段文字，观察文档的操作记录标记。

② 操作完成后，再次单击"修订"命令，则关闭修订状态。

③ 将光标放在修订内容处，在"审阅"选项卡"更改"组中，选择"接受"或"拒绝"命令，则可接受或拒绝对文档的修订，如图 3-59 所示。

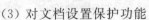

（3）对文档设置保护功能

① 在"文件"选项卡中选择"信息"选项，在下拉列

图 3-59　修订按钮和接受、拒绝按钮

表中可以看到 Word 2010 可设置的各项安全策略，如图 3-60 所示。

② 单击"保护文档"下拉列表，选择"用密码进行加密"命令，在打开的"加密文档"对话框中输入密码，如图 3-61 所示，单击"确定"按钮后，再次重新输入该密码，最后单击"确定"按钮完成文档密码的设置。

③ 设置了打开密码的文件，在"文件"选项卡的"信息"选项中显示权限信息。

④ 单击"文件"选项卡"保存"文档。

⑤ 再次打开该文档，在密码对话框中输入设置的密码。只有正确输入密码才能打开该

图 3-60 保护文档的方式

文档。

⑥ 选择"审阅"选项卡"保护"组中的"限制编辑"命令,在文档的窗口右侧打开"限制格式和编辑"任务窗格,勾选"仅允许在文档中进行此类型的编辑"复选框,在下拉列表中选择"修订"命令,单击"是,启动强制保护"按钮,如图 3-62 所示。设置完成后,对其他用户进行的任何更改进行跟踪,以便进行审阅。其他用户无法关闭修订,也无法接受或拒绝修订。

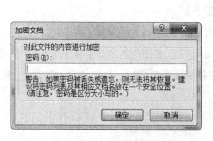

图 3-61 "加密文档"对话框   图 3-62 "限制格式和编辑"对话框

三、实验作业

1. 利用邮件合并功能,批量制作考场安排表。

【操作要求】

(1) 主文档文件名为:考场安排.docx,文档内容如图 3-63 所示,其中字体为宋体小一号字,标题段后 0.5 行。

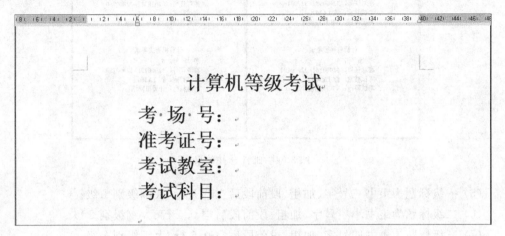

图 3-63 主文档内容

(2) 数据源文件名为:考场号.xlsx,文档内容如表 3-4 所示。

表 3-4 数据源

考场号	准考证号	考试教室	考试科目
1	32000101--32000130	教 1A301	计算机基础
2	32000131--32000160	教 1A302	VB 程序设计
3	32000161--32000190	教 1A303	VB 程序设计
4	32000191--32000220	教 1A304	VB 程序设计
5	32000221--32000250	教 1A305	Access 程序设计
6	32000251--32000280	教 1A306	计算机网络

(3) 邮件合并到新文档,文件名为:计算机等级考试.docx,邮件合并最终效果图如图 3-64 所示。

2. 自由选题,设计一篇至少带有三级标题的长文档,对其进行排版。

【操作要求】

(1) 制作封面,标题为方正姚体一号字、加粗、居中对齐,段前 12 行、段后 2 行;作者为方正姚体小三号字、加粗、居中对齐,段后 15 行;日期为方正姚体四号字、加粗、居中对齐。

(2) 文章标题为黑体小二号字、加粗、居中对齐,段前段后空 0.5 行,单倍行距。

(3) 正文文字为宋体五号字、西文文字为 Times New Roman 五号字、1.25 倍行距。

(4) 插入页眉页脚。封面的页眉为"封面";其他页的页眉为"论文",页脚为页码,页码格式为"1,2,3,…",页码在正文页显示(封面和目录两页不显示页码),并且页码从 1 开始;所有页的页眉与页脚内容居中对齐。

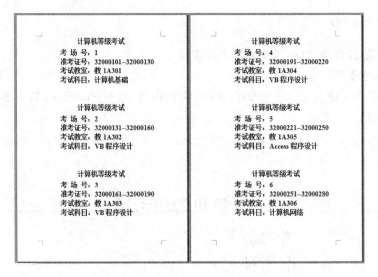

图 3-64 邮件合并效果图

（5）一级标题为隶书三号字、加粗、段前段后空 0.5 行、大纲级别 1 级。

（6）二级标题为隶书小三号字、加粗、段前段后空 0.5 行、大纲级别 2 级。

（7）三级标题为隶书四号字、加粗、段前段后空 0.5 行、大纲级别 3 级。

（8）在文档的封面页后插入一页,用于自动生成文档目录,其中目录格式要求：一级标题楷体四号字、加粗；二级标题楷体小四号字、加粗；三级标题楷体五号字、加粗；行间距为 1.5 倍。

（9）长文档排版后最终效果图如图 3-65 所示,注意三个页面的页眉与页脚的设置。

图 3-65 长文档排版后效果图

第4章 | Excel 2010

Excel 2010 是 Microsoft Office 2010 办公组件的重要组成部分之一。它不仅具有对数据进行编辑、排版和管理的功能，而且具有强大的数据计算和数据分析能力，还可以用图表直观地表示数据。Excel 广泛应用于日常办公、财务、金融、经济、审计和统计等众多领域。

学 习 指 导

一、Excel 2010 的窗口

Excel 2010 的主窗口如图 4-1 所示，包括标题栏、快速访问工具栏、功能区、行号/列标、表格编辑区、编辑栏、状态栏等。

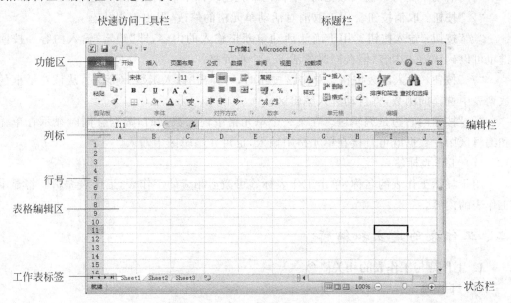

图 4-1　Excel 2010 主窗口

（1）标题栏

标题栏的中间显示的是当前打开的文件名称。

（2）快速访问工具栏

默认状态下，快速访问工具栏中包括"保存"、"撤销"和"恢复"按钮。用户可以根据需要对该工具栏中的按钮进行添加或删除。

（3）功能区

功能区有多个选项卡，包括"文件"、"开始"、"插入"、"页面布局"、"公式"、"数据"、"审阅"、"视图"、"加载项"。单击某个功能选项卡，中间功能区域内就会显示与该选项卡相关的命令按钮。

（4）行号/列标

用于指示单元格的行坐标和列坐标。

（5）表格编辑区

用于输入数据、制作表格等。

（6）编辑栏

编辑栏由名称框、3 个按钮和编辑区组成，如图 4-2 所示。

图 4-2　编辑栏

名称框中显示的是活动单元格的名称，活动单元格也称为当前单元格。

当向活动单元格中输入数据时，编辑栏中就出现以下 3 个按钮。

"×"按钮：取消按钮。用于取消对活动单元格的修改，退出编辑状态。

"√"按钮：输入按钮。用于确认活动单元格输入的内容，即"锁定"输入内容。按回车键也可以确认输入内容，但会同时激活下一个单元格。

"f_x"按钮：插入函数按钮。单击该按钮时，可弹出"插入函数"对话框，从该对话框的函数列表中选择的函数，将自动进入编辑区。

"f_x"按钮的右边是编辑区。在某一个单元格中输入数据时，数据会同时显示在单元格和编辑区中。数据既可直接在单元格中输入，也可在编辑区中输入。

（7）工作表标签

用于显示工作表的名称，单击工作表标签可激活相应的工作表，工作表编辑区将显示此工作表的内容。

二、工作表的建立和编辑

1. 工作簿与工作表的相关概念

（1）工作簿

Excel 2010 中用于存放表格内容的文件称为工作簿，它一般包括一个或多个工作表。工作簿有多种类型，包括 Excel 工作簿（.xlsx）、Excel 启用宏的工作簿（.xlsm）、Excel 二进制工作簿（.xlsb）等。其中，.xlsx 是 Excel 2010 默认的保存类型。

启动 Excel 2010 后，系统会自动打开一个新的工作簿，新工作簿在默认情况下包含三张工作表，它们的默认名称分别为 Sheet1、Sheet2 和 Sheet3。在工作簿中可以进行工作表切换、工作表命名、插入或删除工作表、复制或移动工作表等操作。

用户可根据需要同时打开多个工作簿，也可利用工作簿模板创建新的工作簿或将某些常用的工作簿存为模板。

（2）工作表

工作表由行号、列标和网格线组成，是 Excel 用来存储和处理数据的区域。位于工作表左侧的灰色编号区域为各行行号，行号用自然数表示；位于工作表上方的灰色字母区域为各列列标，列标用字母及字母组合 A～Z、AA～AZ、BA～BZ、…、ZA～ZZ 等表示。

开始时，工作簿窗口显示第一张工作表 Sheet1，该表为当前工作表。当前工作表只有一个，以后可以选择其他工作表作为当前工作表。每张工作表有一个工作表标签与之对应，如 Sheet1。当前工作表的标签为白色，其他工作表的标签为灰色。通过单击工作表标签，可以在工作簿内进行工作表的选取，被选中的工作表成为当前表，同时可清除其他表的选取。

（3）单元格

工作表中行和列相交形成单元格，它是存储数据和公式计算的基本单位。

在工作表中有一个单元格由粗边框线包围，该单元格称为当前单元格，其对应的行号和列标突出显示。如果想使某个单元格成为当前单元格，只要用鼠标单击它即可。

（4）单元格地址

单元格在工作表中的位置用地址标识，即由它所在列的列名和所在行的行名组成该单元格的地址，其中列名在前，行名在后。例如，第 C 列和第 4 行交点的那个单元格的地址就是 C4。

（5）区域地址

由多个单元格构成的矩形称为区域。区域用区域地址来表示，区域地址用该区域对角的两个单元格地址加冒号"："分隔来表示。例如，由 B3、B4、B5、C3、C4、C5、D3、D4、D5 这 9 个单元格组成的矩形区域可用 B3：D5 或 D3：B5 表示。

2．工作簿的操作

（1）创建工作簿

创建工作簿的常用方法如下。

① 单击"快速访问工具栏"的"新建"命令，然后再单击左边的"新建"按钮，可创建空白文档。

② 单击"文件"选项卡中的"新建"命令，在"可用模板"中选择"空白文档"，然后单击右下角的"创建"按钮，可创建空白文档。利用该方法还可以选择样本模版、会议议程模板、简历模板、预算模板等，新建一些其他模板文档。

（2）打开工作簿

打开工作簿的常用方法为：选择"文件"选项卡中的"打开"命令；或者选择"快速访问工具栏"的"打开"命令。

（3）保存工作簿

保存工作簿的方法为：选择"文件"选项卡中的"保存"命令或"另存为"命令；或者选择"快速访问工具栏"的"保存"命令。

3．工作表的操作

（1）插入工作表

在"开始"选项卡的"单元格"组中，单击"插入"下拉菜单中的"插入工作表"命令，可将一张新工作表插到选定的工作表之前。

（2）删除工作表

选中要删除的工作表，然后单击"开始"选项卡的"单元格"组的"删除"下拉菜单中的"删除工作表"命令。

（3）重新命名工作表

双击要重新命名的工作表的标签，此时工作表名处于编辑状态，输入新名称即可。

（4）隐藏工作表、行或列

选中要隐藏的工作表、行或列，然后在"开始"选择卡的"单元格"组的"格式"下拉菜单中，选择"隐藏和取消隐藏"下的相应命令。

4. 输入数据

Excel 2010 允许用户向单元格输入文本、数字、日期和时间、公式等内容，并自动判断所输入的数据的类型，然后进行适当的处理。用户可用下面方法向单元格输入数据。

方法一：单击要输入数据的单元格，然后输入数据。

方法二：双击单元格，当插入点出现在单元格中时，移动插入点到适当位置，再输入、修改数据。

方法三：单击单元格，再单击编辑栏，在编辑栏中输入、添加或修改单元格数据。

输入结束后，单击编辑栏的"√"按钮或按回车键、Tab 键确认输入；若要取消输入的内容，可单击编辑栏上的"×"按钮或按 Esc 键。

（1）文本型数据输入

文本型数据包含字母、汉字、数字字符以及其他的字符等。文本型数据的输入规则如下。

① 在默认情况下，输入的文本在单元格中自动向左对齐，若要改变其对齐方式，则在选中它们之后单击"开始"选项卡"对齐方式"组中的相应命令即可。

② 初始状态时，每个单元格的宽度为 8 个字符，当输入的文本超过了单元格宽度时，若右边单元格没有数据，则延伸到右边单元格显示，若右边单元格有数据，则不显示超过单元格宽度的文本内容。

③ 如果需要把数字、逻辑值、公式等作为文本处理，如输入的数据是学号、编号、电话号码等，可在输入内容的前面加一个单引号。例如输入数字字符串 221008 时，应输入 '221008，则 Excel 2010 将输入的数字作为文本。

④ 如果希望在同一个单元格中加入回车符，应该按 Alt＋Enter 组合键。

（2）数值型数据输入

数值型数据包含数字 0～9、小数点、正负号、圆括号、货币符号、百分号及其他符号。在 Excel 2010 中，单元格中输入的数值是按常量处理的。例如输入 4356.3、783、$288、1.23E4 都是有效的数值型数据。

数值型数据的输入规则如下。

① 在单元格中输入数值数据之后，它们将自动在单元格中右对齐。

② 输入正数时，忽略正数前面的"＋"号；输入负数时，在负数前面加"－"号或将负数用括号括起来。

③ 输入分数时，在分数前先输入 0 或空格，再输入分数，且 0 和分子之间应空一格。例

如 0 1/2 表示 1/2,否则 Excel 2010 会把分数解释成日期。

④ 若输入数据太长,单元格中会自动以科学计数法显示数据,编辑栏中则显示出输入的全部数字。例如,若输入数据"123456789012",则在单元格中显示的是"1.23457E+11"。

⑤ 当单元格显示为多个"♯"时,表示单元格列宽太小,不能完整地显示整个数字。

⑥ 若输入的数字是以货币符开头,则 Excel 2010 将指定一种货币格式给单元格。例如,若输入￥123456,单元格中便显示"￥123,456",同时编辑栏中显示"123456"。这里,单元格显示的数字加逗号,是因为逗号是货币格式的组成部分。

⑦ 输入数字的显示值按预设数字格式显示,若某个单元格中预设格式为可带两位小数的数字格式,则当输入 3.14159 时,显示数据为 3.14。但 Excel 2010 的计算一律以输入数据而不是显示数据为准,故不必担心因此造成误差。

(3) 日期和时间输入

在 Excel 2010 中,内置了一些日期和时间的格式,当输入数据与这些格式相匹配时,则 Excel 2010 将它们识别成日期或时间型数据。

① 日期型数据的输入

日期型数据的格式通常为"年/月/日"或"年-月-日"。例如,要输入 2008 年 1 月 2 日,则可输入 2008/1/2 或 2008-1-2。为了避免产生歧义,在输入日期时,年份不要用两位数表示,而应该用 4 位数表示。

如果只输入了月和日,则 Excel 2010 就会自动取计算机内部时钟的年份作为单元格日期数据的年份。例如输入 10-1,而计算机时钟的年份为 2008 年,那么,该单元格实际的值是 2008 年 10 月 1 日,当选中这个单元格时,这个值可从编辑栏中看到。

如果年份输入的数字在 00～29 之间,则 Excel 2010 将其解释为 2000 年到 2029 年。例如,如果输入 19/5/28,则 Excel 2010 就认为这个日期是 2019 年 5 月 28 日。如果年份输入的数字在 30～99 之间,则 Excel 2010 将其解释为 1930 年到 1999 年。例如,如果输入 91/5/28,则 Excel 2010 认为这个日期是 1991 年 5 月 28 日。

② 时间型数据的输入

时间数据由时、分、秒组成,输入格式通常为"时:分:秒"。例如 18:15:30 表示下午 6 点 15 分 30 秒;又如 8:45 表示 8 点 45 分。Excel 2010 也能识别仅仅输入的小时数,如输入 8:(要加上冒号),Excel 2010 会自动把它转换成 8:00。

Excel 2010 中的时间是以 24 小时制表示的,如果要按 12 小时制输入时间,则要在时间后留一空格,并输入 AM 或 PM(或 A 或 P),分别表示上午或下午。例如,若想输入时间下午 6 点 15 分 30 秒,则输入 6:15:30 PM。

③ 同时输入日期和时间

如果要在同一单元格中输入日期和时间,应在中间用空格分离。例如,若要输入 2008 年 1 月 2 日下午 4:30,则可输入 2008/1/2 16:30 或 2008/1/2 4:30 PM。

如果想在单元格中输入当前日期,只要按 Ctrl+;组合键即可;输入当前时间按 Ctrl+Shift+;组合键即可。

还有其他一些日期和时间的内置格式,如"月-日-年"、"月/日"等。如果想查看和设置当前系统中的日期型数据的格式和时间型数据的格式,可通过选择"开始"选项卡的"单元格"组的"格式"下拉菜单中的"设置单元格格式"命令来完成,在打开的"单元格格式"对话框

第 4 章

的"数字"选项卡中的"分类"列表框中,选中"日期"选项可查看和设置当前系统中日期的表示方法,选中"时间"选项可查看和设置当前系统中时间的表示方法。

如果 Excel 2010 不能识别用户所输入的日期或时间格式,则输入的内容将被视为文本。

（4）输入批注

单元格批注可对工作表的某些特定数据进行注释。通过选择"审阅"选项卡的"新建批注"命令可输入批注。当单元格有了批注后,在其右上角会出现一个红色的小块,表示有批注信息。当鼠标指针移动到此单元格时,会在该单元格的旁边显示批注的内容。

5. 自动填充

如果需要输入有规律的数据,可以使用 Excel 2010 的数据自动输入功能。在选定的单元格区域的右下角有一个小方块,称为填充柄。利用填充柄可以向单元格填入等差、等比、自定义数据序列或填充相同的数据。

（1）自动填充

自动填充是根据初始值决定以后的填充项,将鼠标指针指向填充柄,鼠标指针变成一个细实线的"＋"形,此时沿着要填充的区域拖动鼠标左键,即可完成自动填充。自动填充分为以下几种情况。

① 初始值为纯字符或纯数字时,填充相当于复制操作。

② 初始值为字符和数字的混合体时,填充时文字不变,最右边的数字递增。如初始值为 A1,填充为 A2,A3,…

③ 初始值为 Excel 2010 预设的自动填充序列中的一员时,则按预设序列填充。如初始值为星期日,填充为星期一、星期二,……

（2）建立数据序列

Excel 2010 可自定义等差序列、等比序列、日期序列、自动填充序列等多种类型的填充序列。用户可用鼠标拖动来建立序列,也可使用"序列"对话框来建立序列。

① 利用填充柄输入数据序列

- 选取要填充区域的第一个单元格,并输入数据序列的初始值(如星期一),再选取区域中下一个单元格并输入数据序列的第二个数值,两个数值之差即为填充序列的步长。

- 选取这两个单元格,并移动鼠标指针到右下角的填充柄上,将鼠标在要填充序列的区域上拖动。

- 当拖动到所需的单元格时,松开鼠标左键,则将按设定的值填充相应的区域。

对于日期序列,Excel 2010 默认按年进行递增或递减排序。如果需要按月、日进行递增或递减排序,可按住鼠标右键拖动填充柄,从显示的浮动快捷菜单中选取相应的递增或递减方式即可。

② 用"序列"对话框建立填充序列

- 选取要填充区域的第一个单元格,并输入数据序列的初始值。

- 选中该单元格区域。

- 在"开始"选项卡的"编辑"组中,单击"填充"下拉菜单中的"系列"命令,弹出"序列"对话框,利用此对话框可建立所需填充的序列。

可预先选定序列产生的区域,也可在对话框中输入序列的终值,以决定序列区域的规模。

（3）建立自定义序列

Excel 2010 预设了一些自动填充序列（如星期、季度等），用户也可自定义填充序列，如"第一组"、"第二组"、"第三组"、"第四组"。自定义的方法是：选择"文件"选项卡的"选项"命令，在"Excel 选项"对话框中选择"高级"选项卡，单击"常规"区域中的"编辑自定义列表"按钮，在打开的"自定义序列"对话框中，添加一个新填充序列或导入一个用户在工作表中输入的数据序列。

在"自定义序列"列表框中列出的序列在后面的数据输入中均可以用自动填充的方法输入。

6. 单元格的编辑

（1）单元格和区域的选取

在进行单元格编辑操作前，要先选取待编辑的数据区域。

① 单元格的选取。单击某个单元格，或用 Tab 键或光标移动键选取单元格。

② 区域的选择。

- 选取矩形区域：单击区域的左上角，按住鼠标左键并拖动到右下角，松开鼠标。如果是大的矩形区域，可以先单击区域的左上角，然后按住 Shift 键，再单击右下角即可。

- 同时选取几个不连续的矩形区域：按照上述方法选定一个矩形区域，然后按住 Ctrl 键不放，再以同样的方法选定其他的区域即可。

③ 选定整行、整列。单击相应的行号或列标即可选定整行或整列。如果需要选取连续的多行或多列，则可按住鼠标左键在相应的行号或列标上拖动；如果需要选取不连续的多行或多列，则可按住 Ctrl 键分别单击相应的行号或列标即可。

④ 选取整个工作表。单击行、列交叉处的"选定整个工作表"按钮，或者按下 Ctrl＋A 组合键，即可选取整个工作表。单击工作表的任意一个单元格则可取消所选定的区域。

（2）单元格的清除、复制、移动和删除

① 清除单元格中的数据。清除单元格中的数据是指清除单元格中的内容，而单元格本身不变。操作步骤是：先选中需要清除数据的单元格，然后选择"开始"选项卡的"编辑"组中的"清除"命令或按 Delete 键来完成。

② 单元格中数据的复制和移动。操作步骤是：首先选定要复制或移动的单元格，然后通过剪贴板完成复制或移动操作。

注意：单元格或区域中的数据包括数值、公式、批注、格式等内容。如果要有选择地复制其中的某一项，可以选择"开始"选项卡的"剪贴板"组中的"选择性粘贴"命令实现此操作。

③ 单元格的删除。删除单元格是指把单元格及其内容从工作表中删除。操作步骤是：先选定要删除的单元格，然后选择"开始"选项卡的"单元格"组的"删除"下拉菜单中的相应命令，在弹出的对话框中选定删除方式，即可完成删除操作。

7. 公式和函数

Excel 2010 具有强大的计算功能，通过在单元格中输入公式和函数，可以对表中的数据进行总计、平均、汇总和其他更为复杂的运算。数据修改后，公式的计算结果也会自动更新。

（1）公式的输入

Excel 2010 中的公式由等号"＝"开始，公式中包含常量、单元格引用、函数和运算符等。

Excel 2010 有数百个内置的公式,称为函数,这些函数也可以实现相应的运算。

Excel 2010 中的公式有下列基本特征。

① 全部公式都以"="开始。

② 输入公式后,其计算结果显示在单元格中。

③ 当选定一个含有公式的单元格后,该单元格的公式就显示在编辑栏中。

公式的输入方法为:先选取要输入公式的单元格,然后在其中输入公式即可。例如,假定单元格 A1、A2 分别有值"1"和"2",选定单元格 A3,在 A3 中输入"=A1+A2",按回车键或用鼠标单击编辑栏中的"√"按钮后,在 A3 中会出现计算结果"3"。这时如果再选定 A3 单元格,则在编辑栏中会显示其公式"=A1+A2"。

公式的编辑可以在编辑栏中进行,也可以在单元格中,双击一个含有公式的单元格,该公式就会在单元格中显示。

(2) 公式中的运算符

Excel 2010 的运算符有 3 大类,按优先级从高到低的顺序依次为:算术运算符、文本运算符和比较运算符。

① 算术运算符。算术运算符主要有:+(加)、-(减)、*(乘)、/(除)、^(指数)和%(百分数)。

② 比较运算符。比较运算符主要有:=(等于)、>(大于)、<(小于)、>=(大于等于)、<=(小于等于)和<>(不等于)。使用这些运算符可比较两个数据的大小等,当比较条件成立时为 True(真),否则为 False(假)。

③ 文本运算符。文本运算符为 &,用于连接两个文本,以便产生一个连续的文本。例如,="信息"&"科学"的结果为"信息科学"。

使用上述运算符进行计算时,各运算符的优先级是:()、%、^、乘除号(*、/)、加减号(+、-)、&、比较运算符。如果运算符优先级相同,则按从左到右的顺序计算。

(3) 单元格的引用

在 Excel 的公式中,可包含工作表中的单元格的引用(即单元格地址或区域地址),从而使单元格的内容参与公式中的计算。

将含有公式的单元格复制、移动到其他单元格时,使用不同的引用方法可得到不同的结果。在 Excel 2010 中,引用有相对引用、绝对引用和混合引用三类。

① 相对引用。相对引用是指当公式复制到其他单元格时,会根据移动的位置重新调整公式中引用单元格的地址。Excel 2010 中默认的单元格引用是相对引用。例如,假设单元格 A5 中的公式为"=A1+A2+A3",当复制该公式到单元格 B5 后,公式将变为"=B1+B2+B3"。

② 绝对引用。绝对引用是指当公式复制到其他单元格时,对单元格的引用不随公式位置的改变而改变。在行号和列号前均加上"$"号时,则代表绝对引用。例如,A5 单元格公式为"=$A$1+$A$2+$A$3",复制该公式到单元格 B5,公式仍然为"=$A$1+$A$2+$A$3",不会随单元格位置的变化而变化。

③ 混合引用。混合引用是指公式中行为相对引用、列为绝对引用或列为相对引用、行为绝对引用,如 D$10、$G2 等。当含有混合引用的单元格因复制、移动等操作引起行、列的变化时,公式中的相对地址部分将随公式地址变化而变化,而绝对地址部分不随公式地址

变化而变化。

使用 F4 键可以进行引用类型的转换。例如，在 D2 单元格中输入公式"＝A2＋B2＋C2"，若要对 A2 单元格的引用进行类型转换，只需在编辑栏中选中 A2，然后按 F4 键，每按一次变化一种类型，类型变化的次序是：相对（A2）→绝对（＄A＄2）→混合（A＄2）→（＄A2）。

如果需要引用同一工作簿的其他工作表中的单元格，比如将 Sheet2 的 B6 单元格内容与 Sheet1 的 A4 单元格内容相加，其结果放入 Sheet1 的 A5 单元格，则应在 A5 单元格中输入公式"＝Sheet2!B6＋Sheet1!A4"，即在工作表名与单元格的引用之间用感叹号分开。

（4）函数

Excel 2010 中的函数是预先定义好的公式，利用函数可以完成各种复杂的运算。Excel 中提供了大量的函数，为数据运算和统计分析带来极大的方便。这些函数包括财务、时间与日期、数学与三角函数、统计、查找与引用、数据库、文本、逻辑等。

函数由函数名和参数两部分组成，其格式如下：

函数名(参数 1，参数 2，……)

函数名表明了函数的功能，如 AVERAGE 为平均值函数、SUM 为求和函数。函数的参数可以是具体的数值、字符、逻辑值，也可以是表达式、单元地址、区域、区域名或其他函数。如果一个函数没有参数，也要加上括号。

函数是以公式的形式出现的，在输入函数时，可以直接以公式的形式编辑输入；也可以单击编辑栏中的"f_x"按钮，弹出"插入函数"对话框，在该对话框中选择所需的函数。

三、工作表排版

当创建工作表后，往往还需要对工作表进行格式编排，使工作表更易阅读和理解，更加美观实用。工作表的格式编排是对表中数据的字体、颜色、对齐方式、边框、行和列的高度及宽度等格式进行设置。

需要注意的是，排版前应先选好要排版的对象，即选中单元格、区域、插图、工作表，然后才能对它们进行用户所希望的操作。

在 Excel 2010 中，单元格的排版可以用"开始"选项卡提供的常用格式工具进行设置，也可以选择"开始"选项卡"单元格"组的"格式"下拉菜单中的"设置单元格格式"命令，在弹出的"设置单元格格式"对话框中进行设置。

1. 格式命令按钮

"开始"选项卡中提供了大部分单元格排版的命令按钮。

在格式工具栏中可以设置如下内容。

（1）字体、字号、字体加粗、字体倾斜、字体加下划线等操作。

（2）单元格的左对齐、居中、右对齐、合并及居中等操作。

（3）加上货币标志、换算成百分数、用逗号作为大数值的分隔符、多一位小数值、少一位小数值等操作。

（4）减少缩进量、增加缩进量、表格的内外框线排版等操作。

（5）单元格的背景色彩选择、字体颜色设置等操作。

2. "单元格格式"对话框

单击"开始"选项卡的"单元格"组的"格式"下拉菜单中的"设置单元格格式"命令,弹出"设置单元格格式"对话框,如图 4-3 所示。其中有"数字"、"对齐"、"字体"、"边框"、"填充"和"保护"六个选项卡,每个选项卡下均可做各自内容的详尽排版设计。

图 4-3   "设置单元格格式"对话框

"设置单元格格式"对话框中六个选项卡的功能简述如下。

(1) 数字

可以对各种类型的数字(包括日期和时间)进行相应的显示格式设置。Excel 2010 可用多种方式显示数字,包括"常规"、"数值"、"时间"、"分数"、"货币"、"会计专用"和"科学记数"等格式。

(2) 对齐

可以设置单元格或区域内的文本的水平和垂直对齐方式。默认情况下,水平对齐方式为文本左对齐、数字右对齐。还可以设置"自动换行"、"缩小字体填充"和"合并单元格"等内容。

(3) 字体

可以对字体、字形、字号、颜色、下划线、特殊效果等格式进行定义。

(4) 边框

可以对单元格的边框(对于区域,则有外边框和内边框之分)线型、颜色等进行定义。

(5) 填充

可以对单元格或区域的底纹的颜色及图案进行设置。

(6) 保护

可以对单元格进行保护,主要是锁定单元格和隐藏公式,但这必须是在保护工作表的情况下才有效。保护工作表可通过选择"开始"选项卡的"单元格"组的"格式"下拉菜单中的

"保护工作表"命令,启动"保护工作表"对话框来完成。

四、图表

图表是工作表数据的图形表示,用户可以很直观地从中获取大量信息。Excel 2010 有很强的内置图表功能,可以很方便地创建各种图表。

1. 图表类型

Excel 2010 提供的图表有多种标准类型(柱形图、条形图、折线图、饼图、XY 散点图、面积图、圆环图、雷达图、曲面图、气泡图、股价图)。在每种标准图表类型中还有若干子类型可以选择。选用不同的图表类型可从不同的角度观察数据,如面积图强调的是变化量,折线图强调的是数据在相等时间间隔内变化的趋势等。

用户在使用图表功能时可以单独建立一张图表称为独立图表,也可以在工作表上建立图表称为嵌入式图表。所有的图表都依赖于生成它们的工作表数据,当数据发生变化时,图表也会随之做相应的改变。

2. 图表的创建

在创建图表时,一般首先选择要创建图表的数据区域,然后在"插入"选项卡的"图表"组中,单击某图表类型按钮,在打开的下拉列表框中选择任一子图表类型即可。

3. 图表编辑和格式化

Excel 2010 图表中的图表区、绘图区、数据系列、分类轴、数值轴、图表标题、图例等都是一个个独立的项,称之为图表对象。图表编辑和格式化是指对图表中各图表对象的编辑和格式化。图 4-4 显示了图表中的各图表对象。

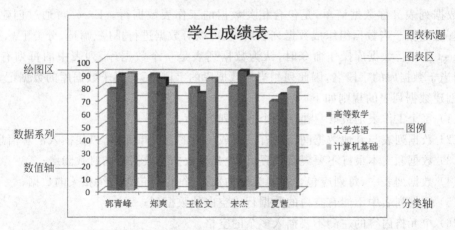

图 4-4　图表中各图表对象

(1) 图表编辑

将鼠标指针移动到图表区域内,单击选中图表,图表边界上出现八个控点。在选项卡区域出现"图表工具"选项卡,此时可进行图表的缩放、移动、复制和删除操作,以及图表对象的设置。

要删除图表数据,可在图表上单击要删除的数据系列,按 Delete 键即可删除该数据系列,此操作并不删除工作表中与之对应的数据。若删除工作表中的数据,则图表中对应的数据系列也自然删除。

另外,还可以给嵌入式图表或独立图表添加数据系列。

Excel 2010 提供的每类图表都有独特的含义。用户可以改变图表类型以选择适当的图表以展示用户信息。

利用"图表工具"的"布局"选项可完成在图表中加入文字标记、图例、网格线等操作,可使图表的含义更加清晰。

(2) 图表格式化

图表格式化是指对各图表对象的格式设置,包括文字和数值的格式、颜色、外观等。格式设置有以下三种方法。

方法一:选择图表对象,利用"图表工具"的"设计"、"布局"、"格式"选项卡中的有关命令,可以对图表对象的格式进行设置。

方法二:右击图表对象,在弹出的快捷菜单中选择该图表对象的格式设置命令。

方法三:双击欲进行格式设置的图表对象,将会弹出对该图表对象进行设置的对话框,利用该对话框进行格式设置。

以上方法中最方便的是最后一种方法。

五、数据管理和分析

Excel 2010 提供的数据管理和分析功能可以实现对大量数据的编辑、排序、筛选、分类汇总、合并计算、模拟运算等操作,其操作方便、直观、高效。

1. 创建数据列表

数据列表又称数据清单,是包含相关数据的工作表数据行。Excel 可通过创建数据列表来管理数据。当数据组织成数据列表后,就可以对数据进行排序、筛选、分类汇总等操作。在 Excel 中执行数据库操作命令时,认为数据列表是一个数据库,列表中的每列有一个标题,相当于数据库的字段名,因此列相当于数据库的字段,行相当于数据库的数据记录。

创建数据列表的规则如下。

(1) 每个工作表上最好只建立一个数据列表;

(2) 数据列表与其他数据间至少有一列或一行的空白单元格,以便插入汇总信息;

(3) 数据和文本最好不要混合放置,以免某些数据在数据筛选时被隐藏;

(4) 数据列表中,每列应包含相同类型的数据,每行应包含一组相关的数据;

(5) 数据列表中不能有空白的数据行或空白的数据列;

(6) 单元格内容的左侧不要插入多余的空格。

在工作表中建立数据列表时,首先应在工作表的首行依次输入各个字段名称,如公司名称、地区、产品编号、数量、金额、电话、联系人,然后在工作表中按照记录输入数据。输入数据有以下两种方法。

方法一:直接输入数据至单元格内。

方法二:在快速访问工具栏中添加"记录单"命令,利用"记录单"命令来实现操作。

2. 数据筛选

当数据列表中的记录非常多时,用户如果只对其中一部分数据感兴趣,可以使用 Excel 的数据筛选功能。数据筛选可以只显示那些符合条件的数据,而将不符合条件的数据隐藏起来。

（1）自动筛选

Excel 2010 的自动筛选功能为用户处理大量数据列表提供了强大的管理功能。

自动筛选的操作步骤如下。

① 单击数据列表中的任意一个单元格。

② 在"数据"选项卡的"排序和筛选"组中，单击"筛选"按钮，进入自动筛选状态，数据列表的字段名右端就会出现一个下拉按钮。

③ 单击字段名所在列的下拉按钮，将显示一个下拉列表。用户可根据需要设置筛选方式，即可完成筛选。

如果有多个筛选条件，可以选择"自定义筛选"选项，弹出"自定义自动筛选方式"对话框。在此对话框中，用户可建立由"与"、"或"连接的多重条件，以便筛选出符合自定义条件的数据记录。

（2）高级筛选

如果要在一张工作表中筛选出满足多个字段条件的数据，可以利用高级筛选功能，即按多种条件的组合进行查询的方式来筛选。高级筛选可查找满足较为复杂的"与"、"或"条件的数据。用户可选择"数据"选项卡"排序和筛选"组中的"高级"命令，进行高级筛选。

高级筛选的操作步骤如下。

① 指定筛选的条件区域。当需要使用高级筛选时，必须要先建立一个条件区域。在条件区域中指定筛选的数据要满足的条件。条件区域的首行中包含的字段必须与数据列表中的字段保持一致。例如，要在学生成绩表中筛选数学成绩大于 80、计算机成绩大于 70 的学生，建立的条件区域如图 4-5 所示。

	A	B	C	D	E	F	G
1	姓名	性别	数学	物理	计算机	总成绩	平均成绩
2	张丽	女	94	78	85	257	85.67
3	赵大伟	男	88	86	78	252	84.00
4	李小华	女	76	80	75	231	77.00
5	周明	男	82	76	68	226	75.33
6	朱玲玲	女	78	83	80	241	80.33
7			数学	计算机			
8			>80	>70			
9							

图 4-5　条件区域

② 选定数据表中的数据区域内的任意单元格。

③ 在"数据"选项卡的"排序和筛选"组中，选择"高级"命令，在打开的"高级筛选"对话框中设置"列表区域"和"条件区域"。

另外，还要指定存放筛选结果的数据区。若选择"将筛选结果复制到其他位置"选项，则筛选结果被复制到工作表的其他位置。这样，在工作表中既显示了原始数据，又显示了筛选后的结果。

3. 数据分类汇总

Excel 2010 用求和、均值等汇总函数可实现对数据的汇总计算，并允许同时在数据列表中使用多种汇总函数进行分类汇总。分类汇总的方法为：首先对分类汇总的字段排序，然后选择"数据"选项卡的"分级显示"组中的"分类汇总"命令。

Excel 2010 自动对分类汇总的结果进行分级显示,利用分级符号允许用户快速显示或隐藏数据列表中的明细数据。

汇总表的左侧为分级显示区,上部显示分类层次号"1"、"2"、"3","＋"和"－"为分类层次按钮,"＋"表示展开数据,"－"表示折叠数据,单击层次号或层次按钮可按层次显示各级分类汇总的结果。当用户更新数据列表中的明细数据时,分类汇总的结果可自动更新。

4. 数据透视表

Excel 2010 的数据透视表是一种对大量数据进行快速汇总和建立交叉列表的交互式表格。当数据表中的数据繁杂且不十分直观时,可以通过数据透视表从多个不同的"透视角度"对数据进行有选择的透视,使数据显示能直观地反映内在的含义。创建数据透视表可通过在"插入"选项卡的"表格"组中,单击"数据透视表"按钮,打开 Excel 2010 的"创建数据透视表"对话框来完成。

创建数据透视表要注意以下几方面。

(1) 创建透视表之前,必须先建立数据列表。

(2) 在建立数据透视表的过程中选择数据时,不要把数据列表中的合计或小计包含进来。

(3) 在建立数据透视表的过程中,所有的筛选都将自动失效。

(4) 要从筛选后的数据建立数据透视表,可使用"高级筛选"命令提取符合条件的数据,放到工作表的其他位置,再以所提取的数据区域创建数据透视表。

5. 合并计算

在 Excel 2010 中,如果需要将多个表格中的数据汇总合并到一个表格中,可以利用合并计算功能来实现。合并计算的数据区域可以是同一工作表中的不同表格,也可以是同一工作簿中的不同工作表,还可以是不同工作簿中的工作表。

合并计算的操作步骤如下。

① 在工作表中,选中合并计算后存放结果的单元格。

② 单击"数据"选项卡的"数据工具"组"合并计算"按钮,打开"合并计算"对话框。

③ 在"合并计算"对话框中,设置合并计算数据项。

④ 单击"确定"按钮,完成合并计算。

6. 模拟运算

模拟运算是通过对工作表中一个单元格区域的数据进行模拟运算,显示公式中某些值的变化对计算结果的影响。模拟运算表为同时求解某一运算过程中所有变化值的组合提供了捷径。

模拟运算包括单变量模拟运算和双变量模拟运算。单变量模拟运算是根据单个变量的变化,观察其对公式计算结果的影响。双变量模拟运算是根据两个变量的变化,观察其对计算结果的影响。

模拟运算的操作步骤如下。

① 打开要进行模拟运算的工作表。

② 在单元格中输入公式。

③ 选取模拟运算表范围。

④ 单击"数据"选项卡的"数据工具"组的"模拟分析"下拉列表框中的"模拟运算表"按钮,打开"模拟运算"对话框。

⑤ 在"模拟运算"对话框中设置模拟运算参数。

⑥ 单击"确定"按钮,完成模拟运算。

7. 宏的应用

在 Excel 2010 中,如果某项任务需要多次重复,这时可以使用宏自动执行该任务。宏类似于应用程序,它是由一系列命令和指令组成的,用来完成特定任务,以实现任务执行的自动化。

Excel 2010 提供了两种创建宏的方法:一是利用"宏录制器"创建宏,即通过"开发工具"选项卡的"代码"组中的"录制宏"按钮,帮助用户快速创建宏;二是利用 Visual Basic for Application(VBA)创建,需要用户使用 VB 语言编写代码,它可以实现录制所不能完成的一些功能。

录制宏的过程,就是将一系列操作过程记录下来并由系统自动转换为程序语句的过程。运行宏用来重复所录制的过程或命令。

实　验

实验 4-1　工作表的建立及数据的输入

一、实验目的

1. 了解工作簿文件和工作表的基本操作。

2. 掌握工作表中数据的输入方法。

3. 掌握公式和函数的使用。

二、实验内容和步骤

1. Excel 2010 工作簿文件的建立

(1) 在 D 盘上建立一个文件夹,如 D:\work1。

(2) 在 D:\work1 文件夹下建立一个名为 ex1.xlsx 的文件。

启动 Excel 2010,系统会自动打开一个名为"工作簿 1"的工作簿,选择"文件"选项卡的"保存"命令,在出现的"另存为"对话框中输入文件名 ex1.xlsx 和保存位置 D:\work1,单击"保存"按钮。此时,标题栏上出现 ex1-Microsoft Excel,表示文件已经建立。

注意:

(1) 单击快速访问工具栏的"新建"按钮可以直接新建一个空白的工作簿。

(2) 选择"文件"选项卡的"新建"命令,在"可用模板"中选择所需的模板,可以建立一个指定模板的工作簿。

2. 向工作表中输入数据

在 ex1.xlsx 中输入如图 4-6 所示的表格数据。

(1) 输入表名、班级名、表标题、姓名等文本型数据

① 单击单元格 A1,输入表名"学生成绩表",由于 A1 右边的单元格没有数据,所以输入的数据延伸到右边单元格显示。

	A	B	C	D	E	F	G	H
1	学生成绩表							
2	班级名:信息与电气工程学院信息03-3班							
3	学号	姓名	出生日期	高等数学	大学英语	计算机基础	总分	总评
4	03110215	郭青峰	1985-6-13	78	89	90		
5	03110216	郑爽	1984-12-25	89	86	80		
6	03110217	王松文	1984-9-18	79	75	86		
7	03110218	宋杰	1983-12-29	90	92	88		
8	03110219	夏茜	1985-2-23	69	74	79		
9	03110220	李百苍	1984-10-17	60	68	75		
10	03110221	张志红	1985-9-26	72	79	80		
11	03110222	吴同	1983-11-6	96	90	97		
12			最高分					
13			平均分					

图 4-6 ex1.xlsx 的内容

② 单击单元格 A2,再单击编辑栏,在编辑栏中输入"班级名:信息与电气工程学院信息03-3班"。同样,A2 右边的单元格也没有数据,所以输入的数据也延伸到右边单元格显示。

③ 在 A3、B3、C3、D3、E3、F3、G3、H3 中分别输入"学号"、"姓名"、"出生日期"、"高等数学"、"大学英语"、"计算机基础"、"总分"、"总评"。

④ 用与以上类似的方法在 B4:B11 单元格区域内输入 8 位学生的姓名,在 C12:C13 单元格区域输入"最高分"、"平均分"。

(2) 自动填充法输入学号

显然各个学生的学号是以数字形式出现的,但作为文本处理,因此在输入学号内容时前面加一个单引号,例如输入学号 03110215 时,应输入"′03110215"。

对于"学号"这样有规律的数据,可以用自动填充法输入,其操作步骤如下。

① 先在 A4 单元格中输入第一个学生的学号"′03110215"。

② 选定 A4 单元格,将鼠标指针指向单元格右下角的填充柄,当鼠标指针变成一个细实线的"+"形时,拖动鼠标左键至 A11。

注意:输入的文本(文字文本、数字文本)在单元格中是自动向左对齐的,初始状态时,每个单元格的宽度为 8 个字符。

(3) 输入成绩等数值型数据

在表中 D4:F11 单元格区域内输入每个学生各科成绩。

注意:在单元格中输入数字后,它们将自动在单元格中右对齐。

单击 Sheet2,在 Sheet2 的空白区域练习输入负数和分数。调整数据所在列的列宽,当列宽逐渐变小时,单元格中的数字会自动以科学记数法显示,编辑栏中则显示输入的全部数字;当列宽再变小时,单元格显示为多个"♯",表示单元格列宽太小,不能完整显示整个数字。

(4) 输入出生日期等日期时间型数据

在表中 C4:C11 单元格区域内输入每个学生的出生日期,如学生"郭青峰"的出生日期为 1985 年 6 月 13 日,则在 C4 单元格输入"1985/6/13"或"1985-6-13"。

注意:输入完后单元格将以系统默认的格式显示日期数据。

单击 Sheet2,在 Sheet2 的空白区域练习输入时间数据 18:15:30,在同一单元格中输入日期和时间,如输入 1999 年 1 月 2 日下午 4:30,再练习输入当前日期和当前时间。

3. 使用公式和函数计算学生总分、最高分、平均分并评出优秀学生

(1) 计算每个学生的总分

方法一：利用公式计算每个学生的总分。

① 选中 G4 单元格,输入公式"＝D4＋E4＋F4",按回车键。

② 选中 G4 单元格,移动鼠标指针至右下角填充柄处,当鼠标指针变为细实线的"＋"形时,拖曳鼠标至 G11 单元格,可计算出其他学生的各科总分。

方法二：利用 SUM 函数计算每个学生的总分。

① 选中 G4 单元格,单击编辑栏中的"f_x"按钮,弹出"插入函数"对话框,如图 4-7 所示。

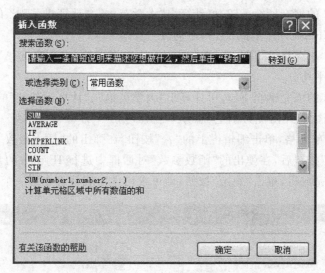

图 4-7 "插入函数"对话框

② 在"插入函数"对话框中选择 SUM 函数,单击"确定"按钮,在弹出的"函数参数"对话框中进行 SUM 函数参数的设置,如图 4-8 所示。然后,单击"确定"按钮,即可求出第一个学生的各科总分。

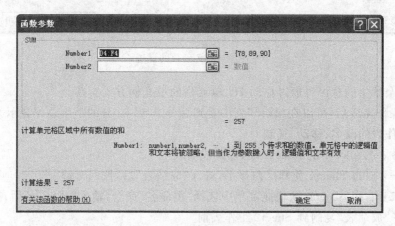

图 4-8 "函数参数"对话框

③ 拖动 G4 单元格的填充柄至 G11,可求出其他学生的各科总分。

方法三:利用"开始"选项卡的"编辑"组中的"∑"按钮计算每个学生的总分。

① 选择单元格区域 D4:G11。

② 单击"开始"选项卡的"编辑"组中的"∑"按钮,即可一次求出每个学生的总分。

(2) 用 MAX 函数求出各科目的最高分

① 选中 D12 单元格,单击编辑栏上的"f_x"按钮,弹出"插入函数"对话框。

② 在对话框的"或选择类别"下拉列表框中选择"常用函数"选项,在"选择函数"列表框中选择 MAX,单击"确定"按钮后,弹出"函数参数"对话框。在此对话框中,系统已检测出参数为 D4:D11,单击"确定"按钮,即可在 D12 中计算出"高等数学"的最高分。

③ 拖动 D12 的填充柄至 F12,可计算出"大学英语"、"计算机基础"的最高分。

(3) 用 AVERAGE 函数求出各科平均分

① 选中 D13 单元格,采用与上述类似的方法选择函数,函数名选 AVERAGE,可计算出"高等数学"的平均分。

② 拖动 D13 的填充柄至 F13,可计算出"大学英语"、"计算机基础"的平均分。

(4) 用 IF 函数总评出优秀学生(总分>=270 分)

① 选中 H4 单元格,单击编辑栏上的"f_x"按钮,在弹出的"插入函数"对话框中,选择 IF 函数,单击"确定"按钮后,在弹出的"函数参数"对话框中进行 IF 函数的参数设置,如图 4-9 所示。参数设置完成后,单击"确定"按钮,即可求出学生成绩表中第一个学生的总评。

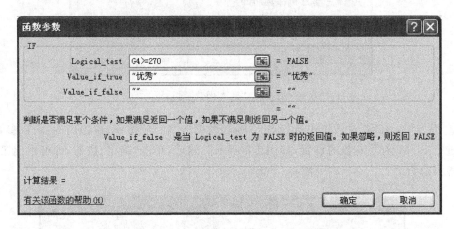

图 4-9　IF 函数的设置

② 其余学生的总评可通过拖动 H4 单元格的填充柄方式实现。

上述操作完成后,可以在"总评"列中看到总分>=270 分的学生总评显示为"优秀"。

4. 工作表的改名、移动、复制

(1) 将 ex1.xlsx 中的 Sheet1 改名为"成绩表"

方法一:双击 Sheet1 使其反白显示,输入"成绩表"后,按回车键。

方法二:右击 Sheet1,从快捷菜单中选择"重命名"命令,输入"成绩表"后,按回车键。

(2) 将"成绩表"复制到 Sheet2 工作表前

方法一:右击"成绩表",从快捷菜单中选择"移动或复制工作表"命令,弹出的对话框如

图 4-10 所示,在对话框中选择 Sheet2,并选中"建立副本"复选框。在 Sheet2 前生成一个工作表"成绩表(2)"。

方法二:用鼠标拖放的方法实现。其操作步骤是:按下鼠标左键选中"成绩表"标签,按住 Ctrl 键,拖动鼠标至 Sheet2 前松开即可。

(3)将复制的"成绩表(2)"移动到最后一张工作表的后面

方法一:在"移动或复制工作表"对话框中选择"移到最后"选项,不选中"建立副本"复选框,将"成绩表(2)"移动到最后一张工作表的后面。

方法二:选中"成绩表(2)"标签,按住鼠标左键拖动到最后一张工作表的后面即可。

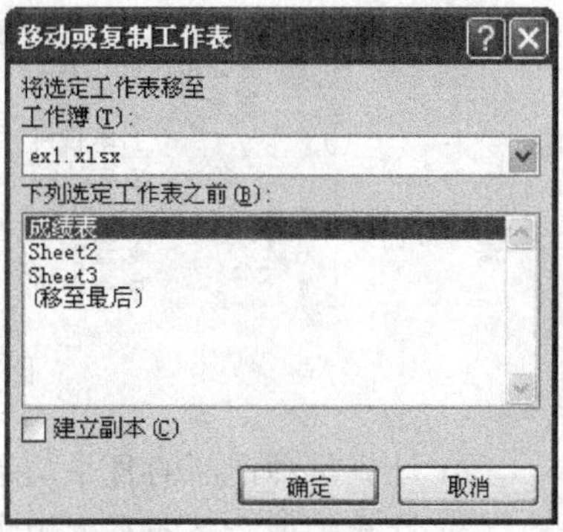

图 4-10 "移动或复制工作表"对话框

5. 保存工作簿

本实验生成的样表如图 4-11 所示。将该工作簿以 ex1.xlsx 文件名保存在 D:\work1 文件夹下。

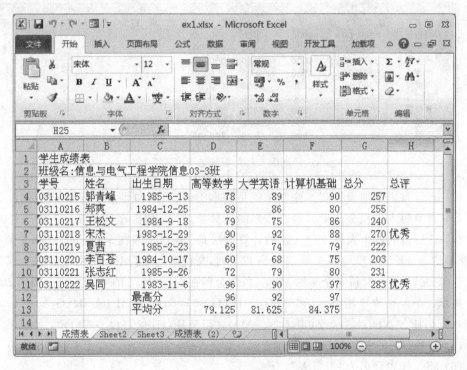

图 4-11 样表 1

三、实验作业

1. 建立工作簿文件"某公司产品销售情况表.xlsx"。

【操作要求】

(1)在 Sheet1 中按照图 4-12 所示的内容输入数据,序号和月份用填充柄输入。

	A	B	C	D	E	F	G
1	某公司产品销售表						
2	序号	产品	一月	二月	三月	季度合计	月平均
3	1	电视机	26.7	36.5	32.5		
4	2	电冰箱	55.6	52.5	59.4		
5	3	空调	51.6	67.7	65.9		
6	4	音响	21.5	25.6	20.8		
7	5	洗衣机	22.7	23.5	21.4		

图 4-12　某公司产品销售情况表

（2）计算每种产品的月平均销售额。

（3）计算每种产品的季度销售额。

（4）将 Sheet1 工作表命名为"销售情况表"。

（5）保存工作簿文件为"某公司产品销售情况表.xlsx"。

2. 建立一个工作簿文件名为"职工工资表.xlsx"。

【操作要求】

（1）在 Sheet1 中输入如图 4-13 所示的工资表中的数据。

	A	B	C	D	E	F	G	H	I
1	姓名	基本工资	津贴	奖金	扣款	应发工资	税金金额	个人税	实发工资
2	冯云云	6000.00	4000	3500	300.00				
3	田国栋	7500.00	3800	4000	400.00				
4	马爱军	8000.00	4000	8200	500.00				
5	李德仓	5000.00	4500	4100	600.00				
6	刘贵锁	7000.00	5200	4000	450.00				
7	李妮	6000.00	4000	4300	600.00				
8	章庆霞	6500.00	3500	3900	550.00				
9	钱益	7500.00	5400	6000	800.00				
10	王慧兰	8000.00	5000	6500	700.00				

图 4-13　职工工资表

（2）计算每人的应发工资。应发工资是基本工资、津贴和奖金三项收入的和。

（3）计算每人的税金金额。税金金额的计算公式为：税金金额＝应发工资－800。

（4）计算每人的个人税。个人税的计算方法是：税金金额在 500 元以下时,交税金金额的 5％；税金金额在 500 元以上至 2000 元以下时,交税金金额的 10％；税金金额在 2000 元以上至 5000 元以下时,交税金金额的 15％；税金金额在 5000 元以上时,交税金金额的 20％。

提示：个人税的计算公式为：$=G_2 * IF(G_2<500, 0.05, IF(AND(G_2>=500, G_2<2000), 0.1, IF(AND(G_2>=2000, G_2<5000), 0.15, IF(G_2>5000, 0.2))))$。

（5）计算每人的实发工资。实发工资的计算公式是：实发工资＝应发工资－个人税－扣款。

（6）将工作表命名为"工资表"。

（7）保存工作簿文件为"职工工资表.xlsx"。

实验 4-2　工作表的编辑和格式化

一、实验目的

1. 掌握单元格或区域中的内容修改和清除的方法。

2．掌握工作表中单元格或区域的移动和复制的方法。

3．掌握插入行或列、删除行或列的方法。

4．掌握单元格或区域的插入和删除的方法。

5．掌握利用"开始"选项卡中的常用格式工具和"格式"下拉菜单中的命令格式化工作表的方法。

6．掌握工作表数据自动格式化的方法。

二、实验内容和步骤

启动 Excel 2010，打开实验 4-1 中建立的文件 ex1.xlsx，进行下列操作。

1．单元格内容的编辑

（1）单元格或区域的选取

① 单元格的选取。用鼠标单击某个单元格，即可选取某个单元格。

② 区域的选择。

• 选取连续的矩形区域。单击左上角，按住鼠标左键拖动到区域右下角，松开鼠标即可。

• 利用 Ctrl 键，可同时选取几个不连续的矩形区域。

③ 选取整行、整列。单击行号选取行，单击列标选取列。

④ 选取整个工作表。按 Ctrl＋A 组合键即可选定整个工作表。

（2）单元格内容的修改

如果发现某一个单元格内容需要修改，可以双击此单元格，当插入点出现在单元格中时，移动插入点到适当位置，进行数据的输入、修改即可。

（3）插入列

在第一个表格的"姓名"后面插入一列"性别"，并输入每个学生的性别。其操作步骤如下。

① 单击"出生日期"列中的任一单元格，选择"单元格"组"插入"下拉菜单中的"插入工作列表"命令，则"出生日期"列及其右边的列都顺序右移一列，即新插入的列成为 C 列。

② 在 C3 单元格中输入"性别"。

③ 在 C4：C11 的各个单元格中分别输入各个学生的性别。

2．单元格或区域的复制和删除

将每个学生的各科成绩及总分（B3：I11）转置复制到从 A17 起的区域内，形成第二个表格。在第二个表格中只保留总评为"优秀"的学生数据。

（1）选定区域（B3：I11）

将鼠标指针指向单元格区域的左上角 B3，按住鼠标左键拖动鼠标至 I11，选取了一个矩形单元格区域。

（2）进行转置复制

先选择"开始"选项卡的"剪贴板"组中的"复制"命令，将第一步选定的区域复制到剪贴板，再将插入点定位到单元格 A17，选择"剪贴板"组"粘贴"下拉菜单中的"选择性粘贴"命令，在其对话框中选中"转置"复选框，生成第二个表格。

（3）第二个表格只保留总评为"优秀"的学生数据

只保留总评为"优秀"的学生数据是通过删除非优秀学生的单元格内容来实现的。先选中要删除的非优秀学生单元格，在"单元格"组的"删除"下拉菜单中选择"删除单元格"命令，在弹出的如图4-14所示的"删除"对话框中选中"右侧单元格左移"选项，单击"确定"按钮即可。单击第二个表格的"性别"、"出生日期"所在行左边的行标记18、19，选中这两行，在"单元格"组中选择"删除工作表行"命令，把"性别"、"出生日期"所在的行删除。

图4-14 "删除"对话框

生成的工作表如图4-15所示。

	A	B	C	D	E	F	G	H	I
1	学生成绩表								
2	班级名:信息与电气工程学院信息03-3班								
3	学号	姓名	性别	出生日期	高等数学	大学英语	计算机基础	总分	总评
4	03110215	郭青峰	男	1985-6-13	78	89	90	257	
5	03110216	郑爽	女	1984-12-25	89	86	80	255	
6	03110217	王松文	男	1984-9-18	79	75	86	240	
7	03110218	宋杰	男	1983-12-29	90	92	88	270	优秀
8	03110219	夏茜	女	1985-2-23	69	74	79	222	
9	03110220	李百苍	男	1984-10-17	60	68	75	203	
10	03110221	张志红	女	1985-9-26	72	79	80	231	
11	03110222	吴同	男	1983-11-6	96	90	97	283	优秀
12				最高分	96	92	97		
13				平均分	79.125	81.625	84.375		
14									
15									
16									
17	姓名	宋杰	吴同						
18	高等数学	90	96						
19	大学英语	92	90						
20	计算机基础	88	97						
21	总分	270	283						
22	总评	优秀	优秀						

图4-15 工作表

3. 工作表的格式化

（1）表格标题格式化

在表格标题与班级名之间插入一空行，然后选中A1:I1，单击"对齐方式"组的"合并后居中"命令，使表格标题居中显示。

选择"单元格"组的"格式"下拉菜单中的"行高"选项后，打开子菜单中的"行高"对话框，设置行高为18。

选择"单元格"组的"格式"下拉菜单中的"设置单元格格式"选项后，打开"设置单元格格式"对话框（如图4-16所示），在"字体"选项卡中将表格标题格式设置成蓝色、粗楷体、16磅大小、加双下划线。

选中A3:I3，在"设置单元格格式"对话框的"对齐"选项卡中将"水平对齐"设为"靠左"，"垂直对齐"设为"居中"，选中"合并单元格"复选框，再在"字体"选项卡中将班级名格式设置成隶书、斜体。

（2）表格内容格式化

① 设置单元格对齐方式

选中表格各栏标题，在"设置单元格格式"对话框的"对齐"选项卡中将"水平对齐"设为

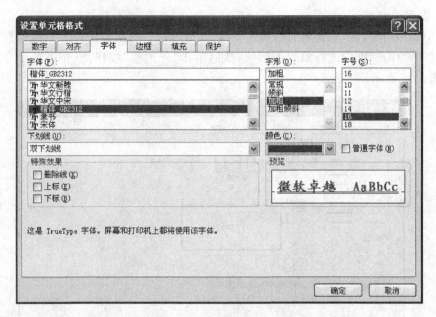

图 4-16 "设置单元格格式"对话框——"字体"选项卡

"居中",再在"字体"选项卡中将其格式设置成加粗。

选中表格的其他内容,在"设置单元格格式"对话框的"对齐"选项卡中将"水平对齐"设为"居中"。

② 设置数值型数据格式

选中平均分,在"设置单元格格式"对话框的"数字"选项卡中选择"分类"列表框中的"数值"选项,在对话框右边的"小数位数"框中输入"1",表示保留 1 位小数,如图 4-17 所示。也可用"开始"选项卡的"数字"组中的"增加小数位数"或"减少小数位数"按钮来实现。

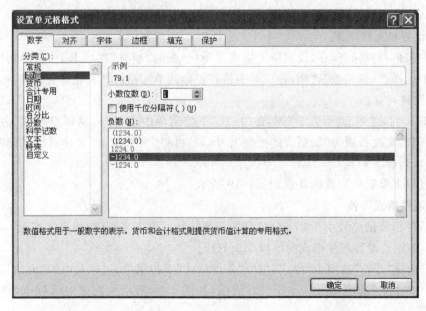

图 4-17 "设置单元格格式"对话框——"数字"选项卡

③ 设置边框

选中表格内容,在"设置单元格格式"对话框的"边框"选项卡中设置表格边框线。先在"线条"栏的"样式"框中选择最粗的单线,然后单击"外边框"按钮,将外边框设为最粗的单线,如图 4-18 所示。

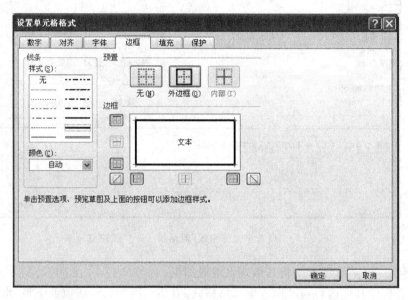

图 4-18 "设置单元格格式"对话框——"边框"选项卡

选中表格各栏标题,在"线条"栏的"样式"框中选择双线,单击"边框"栏的下边框按钮,将各栏标题的下框线设成双线;再在"样式"框中选择最细的单线,单击"内部"按钮,将表格各栏标题内框设为最细的单线。

选中除表格各栏标题外的其他表格内容,在"样式"框中选择最细的单线,然后单击"内部"按钮,将其他表格内容的内框设为最细的单线。

④ 设置单元格图案

选中表格各栏标题,在"设置单元格格式"对话框的"填充"选项卡中的"图案样式"下拉列表框中选择"25%灰色"选项,完成对表格各栏标题单元格的填充色设置操作。

⑤ 设置列宽

单击 E 列,选中"高等数学"列,在"格式"下拉菜单中选择"自动调整列宽"命令,将"高等数学"列的宽度设置为"最适合的列宽"。同理,可将"大学英语"、"计算机基础"各列宽度设置为"最适合的列宽"。

经过以上设置后生成的样表如图 4-19 所示。

4. 条件格式设置

用条件格式把总分小于 270 分的分数用删除线标记出来,其操作步骤如下。

(1) 选定要设置条件格式的区域 H5:H12。

(2) 选择"开始"选项卡"样式"组中"条件格式"下拉菜单,选择其中的"突出显示单元格规则"中的"小于"选项,弹出"小于"对话框(如图 4-20 所示),在该对话框中,将条件设为"小于 270"。

	A	B	C	D	E	F	G	H	I
1				学生成绩表					
2									
3	班级名:信息与电气工程学院信息03-3班								
4	学号	姓名	性别	出生日期	高等数学	大学英语	计算机基础	总分	总评
5	03110215	郭青峰	男	1985-6-13	78	89	90	257	
6	03110216	郑爽	女	1984-12-25	89	86	80	255	
7	03110217	王松文	男	1984-9-18	79	75	86	240	
8	03110218	宋杰	男	1983-12-29	90	92	88	270	优秀
9	03110219	夏茜	女	1985-2-23	69	74	79	222	
10	03110220	李百苍	男	1984-10-17	60	68	75	203	
11	03110221	张志红	女	1985-9-26	72	79	80	231	
12	03110222	吴同	男	1983-11-6	96	90	97	283	优秀
13				最高分	96	92	97		
14				平均分	79.1	81.6	84.4		

图 4-19　样表 2

小于	? X
为小于以下值的单元格设置格式:	
270	设置为 自定义格式... ∨
	确定　取消

图 4-20　"小于"对话框

（3）单击"设置为"右侧下拉按钮，在其下拉列表框中选择"自定义格式"命令，在弹出的"设置单元格格式"对话框中，将格式设置为"删除线"格式。

（4）单击两次"确定"按钮返回后，设置的效果如图 4-21 所示。

	A	B	C	D	E	F	G	H	I
1				学生成绩表					
2									
3	班级名:信息与电气工程学院信息03-3班								
4	学号	姓名	性别	出生日期	高等数学	大学英语	计算机基础	总分	总评
5	03110215	郭青峰	男	1985-6-13	78	89	90	257	
6	03110216	郑爽	女	1984-12-25	89	86	80	255	
7	03110217	王松文	男	1984-9-18	79	75	86	240	
8	03110218	宋杰	男	1983-12-29	90	92	88	270	优秀
9	03110219	夏茜	女	1985-2-23	69	74	79	222	
10	03110220	李百苍	男	1984-10-17	60	68	75	203	
11	03110221	张志红	女	1985-9-26	72	79	80	231	
12	03110222	吴同	男	1983-11-6	96	90	97	283	优秀
13				最高分	96	92	97		
14				平均分	79.1	81.6	84.4		

图 4-21　条件格式设置效果

5．套用表格格式

对转置复制生成的优秀学生表，单击"样式"组的"套用表格格式"按钮，在其下拉列表框中选择"表样式中等深浅2"格式，设置效果如图 4-22 所示。

将格式化后的文件另存为 ex2.xlsx。

姓名 ▼	宋杰 ▼	吴同 ▼
高等数学	90	96
大学英语	92	90
计算机基础	88	97
总分	270	283
总评	优秀	优秀

图 4-22　套用表格格式

三、实验作业

1. 建立一个工作簿文件为"商品销售利润表.xlsx",并对其中的工作表进行格式化。

【操作要求】

(1) 在 Sheet1 中输入如图 4-23 所示的数据。

	A	B	C	D	E
1	商品名	进货单价	零售单价	销售数量	利润
2	钢笔	8		36	
3	毛笔	10		30	
4	圆珠笔	1		50	
5	铅笔	0.7		40	

图 4-23   商品销售利润表

(2) 按照进货单价加价 15％的规则计算零售单价。

(3) 计算每种商品的利润。利润的计算公式是:利润＝(零售单价－进货单价)×销售数量。

(4) 将 Sheet1 工作表命名为"商品销售利润表"。

(5) 利用自动套用格式,套用 Excel 预先定义的格式"表样式浅色 9",对商品销售利润表进行格式设置。

(6) 保存工作簿文件为"商品销售利润表.xlsx"。

2. 建立一个工作簿文件名为"微机原理成绩表.xlsx",并对其中的工作表进行格式化。

【操作要求】

(1) 在 Sheet1 工作表中输入如图 4-24 所示的内容,学号用填充柄输入。

	A	B	C	D	E
1	微机原理成绩表				
2	学号	姓名	平时成绩	期末成绩	总评成绩
3	050101	李林林	79	89	
4	050102	王宝林	90	90	
5	050103	程为	88	85	
6	050104	许自杨	78	80	
7	050105	刘男	72	78	

图 4-24   微机原理成绩表

(2) 用公式求出每人的总评成绩,总评成绩＝平时成绩×30％＋期末成绩×70％。总评成绩取整数。

(3) 将 Sheet1 中的表标题格式设置为合并居中、字体为楷体、字号 20、蓝色字;表中的内容字体格式设为楷体、字号 14、水平居中、垂直居中。

(4) 设置表格外框线为紫色双实线,内线为黑色单实线。

(5) 将 Sheet1 工作表命名为"成绩表"。

(6) 将"成绩表"复制到 Sheet2 中。

(7) 在 Sheet2 中第二行前增加一新行。选中 A2:E2 的区域,合并单元格,并设置 A2 单元格为左对齐。在 A2 单元格内输入"班级名称:建筑学 07－1 班",字体格式设为隶书,字号为 16。

(8) 在 Sheet2 中删除姓名为"程为"的学生所在行。

（9）将 Sheet2 工作表命名为"修改"。

（10）保存工作簿文件为"微机原理成绩表.xlsx"。

实验 4-3　图表

一、实验目的

1. 掌握创建图表的步骤和方法。
2. 掌握图表的编辑和格式化操作。

二、实验内容和步骤

1. 图表数据准备

启动 Excel 2010,建立一个名为 ex3.xlsx 的新工作簿,从保存的"ex1.xlsx"文件中复制表 4-1 中的数据到 ex3.xlsx 的 sheet1 中。

表 4-1　复制的数据

姓　　名	高等数学	大学英语	计算机基础
郭青峰	78	89	90
郑　爽	89	86	80
王松文	79	75	86
宋　杰	90	92	88
夏　茜	69	74	79

2. 创建图表

选中表格 4-1 中所有学生的数据,在"插入"选项卡的"图表"组中,单击"柱形图",在打开的下拉列表框中,单击子图表类型"簇状柱形图"后,即可创建如图 4-25 所示的图表。

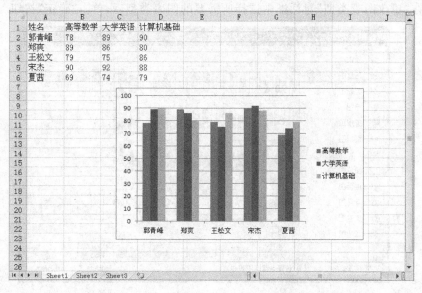

图 4-25　插入图表后的工作表

127

3．图表的编辑

（1）移动图表位置

① 如果要在当前工作表中移动图表，则可用鼠标直接拖动图表。

② 如果要将图表移动到新工作表中，则可先选择创建的图表，在"图表工具"的"设计"选项卡的"位置"组中，单击"移动图表"按钮，打开"移动图表"对话框，如图 4-26 所示。在该对话框中选择"新工作表"按钮，然后单击"确定"按钮。

图 4-26 "移动图表"对话框

（2）调整图表大小

① 要调整图表的大小，最简单、常用的方法是：将鼠标指针移动到图表区域内，单击图表，此时，图表边界上出现八个控点，拖动任何一个控点，即可调整图表的大小。

② 如果要精确地调整图表大小，可以在"图表工具"的"格式"选项卡的"大小"组中，在高度和宽度文本框中输入数值。也可以右击图表，在弹出的快捷菜单中选择"设置图表区域格式"命令，打开"设置图表格式"对话框，在其中的"大小"选项卡中进行高度和宽度的设置。

（3）改变图表类型

① 选择图表，在"图表工具"的"设计"选项卡的"类型"组中，单击"更改图表类型"按钮，打开"更改图表类型"对话框，如图 4-27 所示。

② 在"更改图表类型"对话框中选择所需要的图表类型后，单击"确定"按钮。

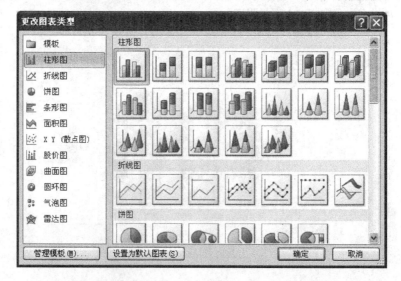

图 4-27 "更改图表类型"对话框

（4）设置图表选项

在 Excel 2010 中，可以方便地设置图表选项，包括标题、坐标轴、网格线、图例、数据标签等。其中标题包括图表标题和坐标轴标题。

① 设置图表标题。选择图表，在"图表工具"的"布局"选项卡的"标签"组中，选择"图表标题"选项，在其下拉列表框中单击"图表上方"命令，在"图表标题"框中输入图表标题为"学生成绩表"。

② 设置坐标轴标题。选择图表，在"图表工具"的"布局"选项卡的"标签"组中，选择"坐标轴标题"选项，在其下拉列表框中，选择"主要横坐标标题"选项，设置图表横坐标标题为"姓名"，选择"主要纵坐标标题"选项，设置图表纵坐标标题为"分数"。

③ 设置数据标签。选择图表，在"图表工具"的"布局"选项卡的"标签"组中，选择"数据标签"选项，在其下拉列表框中选择"数据标签外"命令，为图表数据系列增加以值显示的数据标签。

4. 图表格式化

图表格式化主要是指对标题格式、图例格式、坐标轴刻度、图表样式等进行格式化，使其更美观。

设置图表格式的常用方法如下。

方法一：选择图表，在"图表工具"的"布局"选项卡的"当前所选内容"组中，单击"设置所选内容格式"按钮，打开选择的图表元素对话框，利用对话框进行格式设置。

方法二：利用所选图表元素的右键快捷菜单，打开相关对话框进行设置。

（1）设置图表标题格式。选中图表标题，通过右键快捷菜单将其字体设置为粗体、14号、单下划线。

（2）设置图例格式。选中图例对象，在其右键快捷菜单中，将字号大小设为 10 号；选择"设置图例格式"命令，在打开的"设置图例格式"对话框中，将"边框颜色"设为实线、蓝色。

（3）设置坐标轴标题格式。分别选中横坐标和纵坐标标题，通过右键快捷菜单将坐标标题字体设置为粗体、10 号。

（4）设置坐标轴对象。选中纵坐标轴，在其右键快捷菜单中选择"设置坐标轴格式"命令，在打开的对话框中，将纵坐标轴"主要刻度单位"设为 10。分别选中横坐标和纵坐标轴，通过右键快捷菜单，将它们的字体大小设置为 8 号。

（5）设置图表形状样式。选择图表，在"图表工具"的"格式"选项卡的"形状样式"组中，单击第 1 种样式按钮，则将此样式应用于图表。形状样式组中的按钮如图 4-28 所示。

图 4-28　形状样式

（6）设置图表区格式。选中图表，在其右键快捷菜单中选择"设置图表区域格式"命令，在打开的"设置图表区格式"对话框中，将边框样式设置为"圆角"。

进行以上操作后，生成的图表如图 4-29 所示。

5. 保存图表

单击"保存"按钮，将建立的图表保存在 ex3. xlsx 中。

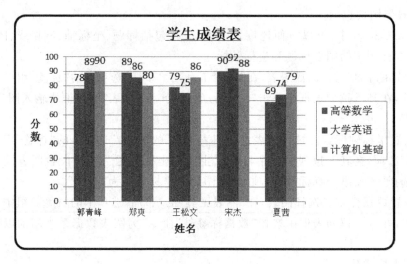

图 4-29　生成的图表

三、实验作业

1. 根据如图 4-30 所示的数据建立工作簿文件"连锁店销售情况表.xlsx",并制作"连锁店销售情况图"。

【操作要求】

(1) 在 Sheet1 中输入如图 4-30 所示的数据。

	A	B	C	D	E
1	连锁店销售情况表（单位：万元）				
2	店名	一月	二月	三月	四月
3	第一商店	32.4	36.7	36.7	54.3
4	第二商店	25.2	34.4	42.2	64.2
5	第三商店	33.4	48.2	57.4	58.4
6	总计				

图 4-30　连锁店销售情况表

(2) 将工作表 Sheet1 的 A1:E1 单元格合并为一个单元格,内容居中。

(3) 计算"总计"行的内容。

(4) 将工作表命名为"连锁店销售情况表"。

(5) 选取"连锁店销售情况表"的 A2:E5 单元格的内容建立"带数据标记的折线图",X 轴上的项为"月份"(系列产生在"行"),图的标题为"连锁店销售情况图"。

(6) 保存工作簿文件为"连锁店销售情况表.xlsx"。

2. 根据如图 4-31 所示的数据建立一个工作簿文件,文件名为"科研经费使用情况表.xlsx",并根据该表制作"科研经费使用情况图"。

【操作要求】

(1) 在 Sheet1 中输入如图 4-31 所示的数据。

(2) 将工作表 Sheet1 的 A1:E1 单元格合并为一个单元格,内容居中。

(3) 计算"总计"行及"合计"列的内容。

(4) 将工作表命名为"科研经费使用情况表"。

	A	B	C	D	E
1	某企业科研经费使用情况表(万元)				
2	项目编号	资料费	软件开发费	培训费	合计
3	0050	32.4	6.7	16.7	
4	3138	65.2	4.4	32.2	
5	0007	12.4	1.2	57.4	
6	总计				

图 4-31　科研经费使用情况表

(5) 选取"科研经费使用情况表"的"项目编号"列和"合计"列的单元格内容，建立"柱形簇状棱锥图"，X 轴上的项为"项目编号"(系列产生在"列")，图的标题为"科研经费使用情况图"。

(6) 保存工作簿文件为"科研经费使用情况表.xlsx"。

实验 4-4　数据管理和分析

一、实验目的

1. 掌握数据列表的处理操作。
2. 掌握数据列表的排序、筛选操作。
3. 掌握数据的分类汇总操作。
4. 掌握数据透视表的操作。
5. 掌握合并计算的操作。
6. 掌握模拟运算的操作。
7. 掌握宏的操作。

二、实验内容和步骤

1. 建立数据列表

启动 Excel 2010，新建一个如表 4-2 所示的数据列表，以 ex4.xlsx 为文件名保存。

表 4-2　数据列表

班　级	姓　名	性　别	高等数学	大学英语	计算机基础	总　分
06-2 班	李静	女	85	90	80	255
06-2 班	刘晨	男	70	80	75	225
06-1 班	田影	女	75	80	75	230
06-2 班	王成海	男	70	72	65	207
06-2 班	王艳丽	女	95	90	94	279
06-1 班	张海亮	男	75	80	85	240
06-1 班	张小华	女	80	65	65	210
06-1 班	赵玉伟	男	91	92	88	271

2. 数据列表处理

在快速访问工具栏右侧的下拉列表框中，选择"其他命令"，打开"Excel 选项对话框"。

在该对话框的"从下列位置选择命令"下拉列表框中，选择"不在功能区中的命令"，在其列表框中选择"记录单"选项，单击"添加"按钮，然后单击"确定"按钮，将"记录单"命令添加到"快速访问工具栏"。

在"快速访问工具栏"中选择"记录单"命令，屏幕上将弹出如图 4-32 所示的 Sheet1 对话框。

（1）在数据列表中实现数据的浏览、修改操作

用鼠标移动记录单中间的滑块或单击"上一条"或"下一条"按钮，观察左侧数据的变化；将鼠标指针定位到某一文本框中，可以修改其内容；单击"关闭"按钮关闭 Sheet1 对话框，此时数据区域的数据已被修改。

图 4-32　Sheet1 对话框

（2）在数据列表中新增记录

单击 Sheet1 对话框中的"新建"按钮，则出现一条空白记录，输入以下数据：

06-1 班	赵彭	男	80	70	85

单击"关闭"按钮关闭 Sheet1 对话框，此时输入的记录将自动加到数据区域的最后。

（3）在数据列表中查找记录

在 Sheet1 对话框中单击"条件"按钮，将光标移至"姓名"文本框内，输入"王"，然后单击"下一条"按钮，则对话框中将显示第一条满足条件的记录：

06-2 班	王成海	男	70	72	65	207

再单击"下一条"按钮，则显示第二条满足条件的记录：

06-2 班	王艳丽	女	95	90	94	279

3. 数据排序

（1）选中 Sheet1 中的数据列表，将 Sheet1 的数据列表复制到 Sheet2 中。

（2）对 Sheet1 中的数据按性别排列。

- 在数据列表中单击"性别"列中的任一单元格。
- 根据需要单击"数据"选项卡的"排序和筛选"组中的"升序"或"降序"单选按钮。

（3）对 Sheet2 中的数据按班级升序排列，班级相同的按总分降序排列。

- 选取要排序的数据列表中的任一单元格。
- 选择"数据"选项卡的"排序和筛选"组中的"排序"命令，显示出如图 4-33 所示的"排序"对话框。
- 在"主要关键字"列表框中选择"班级"，选择"升序"；在"次要关键字"列表框中选择"总分"，再在"次序"列表框中选择"降序"。
- 为了防止标题也参加排序，应选择"数据包含标题"选项。
- 单击"确定"按钮，完成对数据列表的排序，结果如图 4-34 所示。

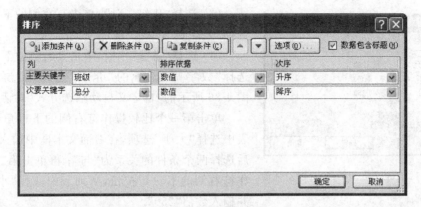

图 4-33 "排序"对话框

	A	B	C	D	E	F	G	
1	班级	姓名	性别	高等数学	大学英语	计算机基础	总分	
2	06-1班	赵玉伟	男	91	92	88	271	
3	06-1班	张海亮	男	75	80	85	240	
4	06-1班	赵彭	男	80	70	85	235	
5	06-1班	田影	女	75	80	75	230	
6	06-1班	张小华	女	80	65	65	210	
7	06-2班	王艳丽	女	95	90	94	279	
8	06-2班	李静	女	85	90	80	255	
9	06-2班	刘晨	男	70	80	75	225	
10	06-2班	王成海	男	70	72	65	207	
11								
12								

Sheet1 Sheet2 Sheet3

图 4-34 排序结果

4. 数据筛选

在 Sheet2 中筛选出 06-1 班中总分大于 220 并且小于 250 的学生记录。

(1)选取数据列表中的任一单元格。

(2)选择"数据"选项卡的"排序和筛选"组中的"筛选"选项,则在工作表中的每个列标题右侧出现一个下三角按钮,如图 4-35 所示。

	A	B	C	D	E	F	G	
1	班级 ▼	姓名 ▼	性别 ▼	高等数 ▼	大学英▼	计算机基▼	总分 ▼	
2	06-1班	赵玉伟	男	91	92	88	271	
3	06-1班	张海亮	男	75	80	85	240	
4	06-1班	赵彭	男	80	70	85	235	
5	06-1班	田影	女	75	80	75	230	
6	06-1班	张小华	女	80	65	65	210	
7	06-2班	王艳丽	女	95	90	94	279	
8	06-2班	李静	女	85	90	80	255	
9	06-2班	刘晨	男	70	80	75	225	
10	06-2班	王成海	男	70	72	65	207	
11								
12								

Sheet1 Sheet2 Sheet3

图 4-35 数据筛选列表

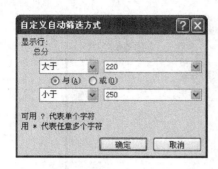

图 4-36 "自定义自动筛选方式"对话框

（3）选择"班级"字段，单击其右侧的下三角按钮，选择"06-1 班"，单击"确定"按钮。

（4）选择"总分"字段，单击其右侧的下三角按钮，选择"数字筛选"下的"介于"选项，则屏幕出现如图 4-36 所示的"自定义自动筛选方式"对话框。

单击第一个比较操作符右侧的下三角按钮，从列表中选择"大于"选项，在右面文本框中输入"220"；然后选择两个条件的关系为"与"；再单击第二个比较操作符右侧的下三角按钮，从列表中选择"小于"选项，并输入数值"250"。

（5）单击"确定"按钮，即可显示出符合条件的数据记录。

经过以上自动筛选后，显示结果如图 4-37 所示。

	A	B	C	D	E	F	G
1	班级	姓名	性别	高等数	大学英	计算机基	总分
3	06-1班	张海亮	男	75	80	85	240
4	06-1班	赵彭	男	80	70	85	235
5	06-1班	田影	女	75	80	75	230
11							
12							

图 4-37 自动筛选后的结果

5. 数据分类汇总

将 Sheet1 中的数据复制到 Sheet3 中，然后对 Sheet3 中的数据进行下列分类汇总操作。

（1）按性别分别求出男生和女生的各科平均成绩（不包括总分），平均成绩保留 1 位小数。

分类汇总前要求先对分类汇总的字段排序，这里按"性别"字段降序排序。然后，执行"数据"选项卡的"分级显示"组中的"分类汇总"命令，屏幕将显示如图 4-38 所示的"分类汇总"对话框。

在"分类字段"列表框中选取"性别"选项，在"汇总方式"列表框中选择"平均值"选项，在"选定汇总项"列表框中选取"高等数学"、"大学英语"、"计算机基础"，然后单击"确定"按钮。

图 4-38 "分类汇总"对话框

单击"开始"选项卡的"数字"组中的"减少小数位数"按钮，将平均成绩保留 1 位小数。

生成的汇总结果如图 4-39 所示。

（2）在原有分类汇总的基础上，再汇总出男生和女生的人数。

选择"数据"选项卡的"分级显示"组中的"分类汇总"命令，在"分类字段"列表框中选取"性别"选项，在"汇总方式"列表框中选择"计数"选项，在"选定汇总项"列表框中选取"性别"选项，把"替换当前分类汇总"复选框清除，然后单击"确定"按钮。生成的汇总结果如图 4-40 所示。

图 4-39　平均成绩汇总结果

	A	B	C	D	E	F	G
1	班级	姓名	性别	高等数学	大学英语	计算机基础	总分
2	06-2班	李静	女	85	90	80	255
3	06-1班	田影	女	75	80	75	230
4	06-2班	王艳丽	女	95	90	94	279
5	06-1班	张小华	女	80	65	65	210
6			女　平均值	83.8	81.3	78.5	
7	06-2班	刘晨	男	70	80	75	225
8	06-2班	王成海	男	70	72	65	207
9	06-1班	张海亮	男	75	80	85	240
10	06-1班	赵玉伟	男	91	92	88	271
11	06-1班	赵彭	男	80	70	85	235
12			男　平均值	77.2	78.8	79.6	
13			总计平均值	80.1	79.9	79.1	
14							

图 4-40　平均成绩和男、女生人数汇总结果

	A	B	C	D	E	F	G
1	班级	姓名	性别	高等数学	大学英语	计算机基础	总分
2	06-2班	李静	女	85	90	80	255
3	06-1班	田影	女	75	80	75	230
4	06-2班	王艳丽	女	95	90	94	279
5	06-1班	张小华	女	80	65	65	210
6			女　计数	4			
7			女　平均值	83.8	81.3	78.5	
8	06-2班	刘晨	男	70	80	75	225
9	06-2班	王成海	男	70	72	65	207
10	06-1班	张海亮	男	75	80	85	240
11	06-1班	赵玉伟	男	91	92	88	271
12	06-1班	赵彭	男	80	70	85	235
13			男　计数	5			
14			男　平均值	77.2	78.8	79.6	
15			总计数	9			
16			总计平均值	80.1	79.9	79.1	
17							

6. 建立数据透视表

下面以如图 4-41 所示的数据列表创建数据透视表。

数据透视表是在数据列表基础上建立的某种指定计算下的分类汇总表。创建数据透视表的步骤如下。

（1）单击数据列表中的任意一个单元格。

（2）单击"插入"选项下的"表格"组中的"数据透视表"按钮,弹出"创建数据透视表"对话框,如图 4-42 所示。在该对话框中,系统自动给出了默认的数据区域,用户也可以根据需要重新选择数据区域或修改数据区域。

（3）选择数据透视表显示的位置。图 4-42 所示的对话框中的"选择放置数据透视表的位置"用

	A	B	C	D
1	日期	产品	销量	产地
2	五月	彩电	30	上海
3	五月	洗衣机	20	上海
4	五月	彩电	15	青岛
5	五月	空调	15	北京
6	六月	彩电	15	北京
7	六月	空调	17	上海
8	六月	洗衣机	22	上海
9	六月	彩电	20	青岛
10	七月	彩电	13	青岛
11	七月	空调	20	北京
12	七月	洗衣机	15	青岛

图 4-41　产品销售数据清单

136

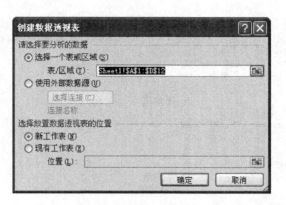

图 4-42　"创建数据透视表"对话框

于设置数据透视表显示的位置，可以是新建工作表或现有工作表的选定区域。这里选择"新工作表"，单击"确定"按钮，则在工作表中出现一个空的透视表，并在右侧出现"数据透视表字段列表"，如图 4-43 所示。

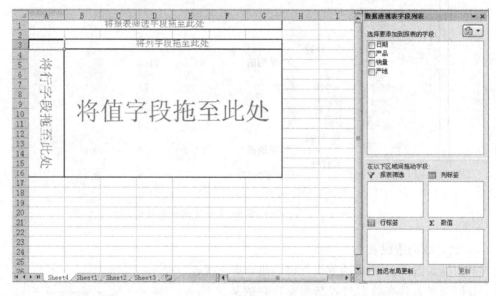

图 4-43　空透视表

（4）向透视表中拖动数据。将"产品"作为行字段拖入表中，将"日期"作为列字段拖入表中，将"销量"作为数据项拖入表中，即可生成产品销量透视表，如图 4-44 所示。从表中可以分析出空调销量在逐月增长，洗衣机销量不平稳，而彩电销量在逐月下降。

7. 合并计算

在 Excel 2010 中，利用合并计算功能可以将同一工作表或不同工作表的表格中数据汇总到一张表格中。

例如，某个商品销售员的销售业绩分别存放在表一和表二中，如图 4-45 所示。如果需要将两个表格中的数据进行合并计算，来统计该销售人员的销售业绩，销售总表存放在 B12 开始的单元格区域，那么操作步骤如下。

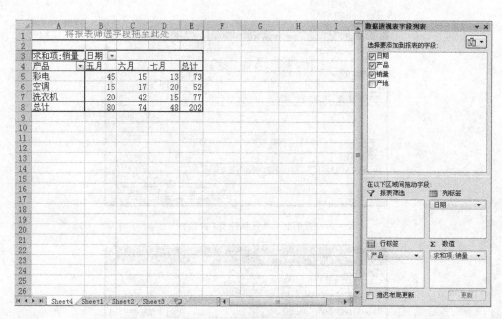

图 4-44　产品销售透视表

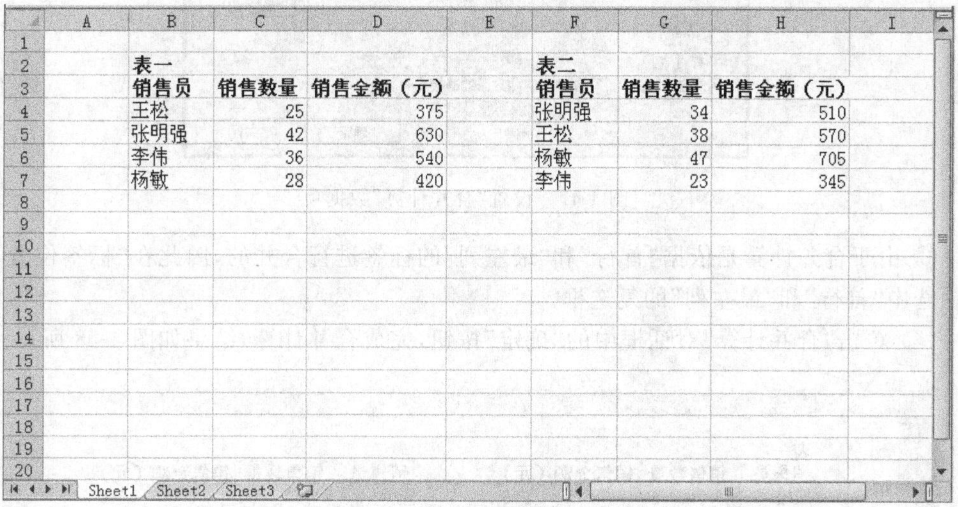

图 4-45　销售原始数据

（1）选中合并计算后结果存放的起始单元格 B12。

（2）单击"数据"下"数据工具"组的"合并计算"按钮，弹出"合并计算"对话框，如图 4-46 所示。

（3）设置"合并计算"数据项，如图 4-47 所示。

具体设置如下。

① 在"引用位置"文本框中选择引用区域。选中 B3：D7，单击"添加"按钮，再选中 F3：H7，单击"添加"按钮，则在"所有引用位置"列表框中出现 B3：D7 区域和 F3：H7 区域。

② 打开"函数"的下拉菜单，选择合并计算方式"求和"。

第 4 章

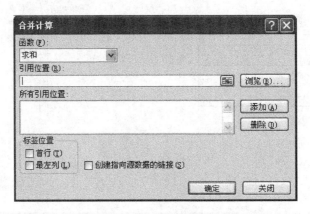

图 4-46 "合并计算"对话框

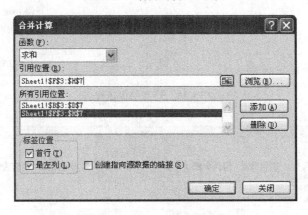

图 4-47 设置"合并计算"数据项

③ 由于合并计算是依据"首行"和"最左列"的标签进行合并的,因此在"标签位置"选项组中选中"首行"和"最左列"的复选框。

(4) 单击"合并计算"对话框中的"确定"按钮,完成合并计算,结果如图 4-48 所示。

图 4-48 合并计算结果

8. 模拟运算

利用 Excel 2010 中的模拟运算表，可以对工作表中单元格区域的数据进行模拟运算，显示更改公式中一个或两个变量将如何影响这些公式计算的结果。

模拟运算表分为单变量模拟运算表和双变量模拟运算表。单变量模拟运算表是基于一个输入变量变化对公式的影响，双变量模拟运算表是基于两个输入变量变化对公式的影响。

(1) 单变量模拟运算表

某人要贷款 135 万买房，年利率为 9%，还贷年限为 30 年，需要分析不同年利率(年利率在 7%～13%变动)对每月还贷额度的影响。还贷额度可以通过固定利率及等金额分期付款函数 PMT 进行计算。

操作步骤如下。

① 建立工作表，如图 4-49 所示。

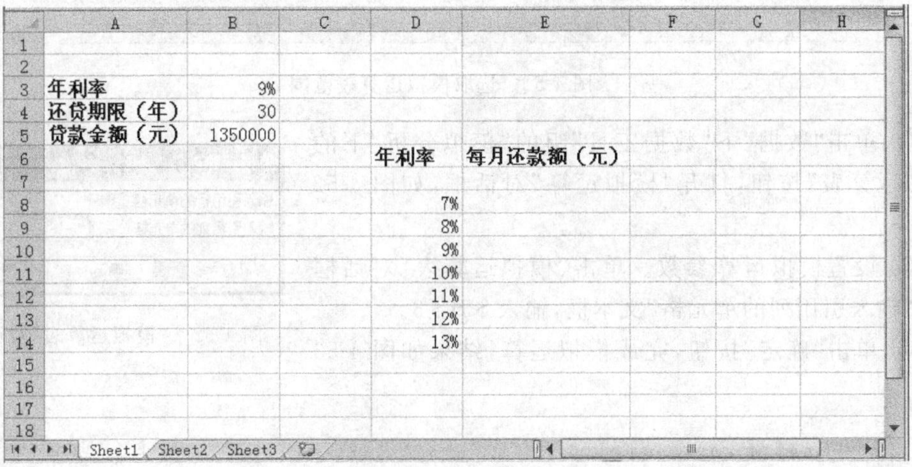

	A	B	C	D	E	F	G	H
1								
2								
3	年利率	9%						
4	还贷期限（年）	30						
5	贷款金额（元）	1350000						
6				年利率	每月还款额（元）			
7								
8				7%				
9				8%				
10				9%				
11				10%				
12				11%				
13				12%				
14				13%				
15								
16								
17								
18								

图 4-49　新建工作表

② 在单元格 E7 中输入月还款金额公式＝PMT(B3/12,B4＊12,B5)，如图 4-50 所示。

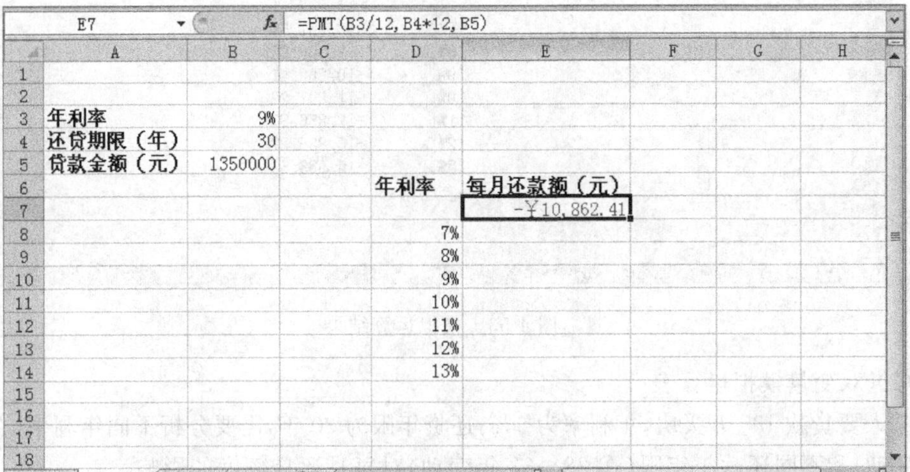

E7　=PMT(B3/12,B4*12,B5)

	A	B	C	D	E	F	G	H
1								
2								
3	年利率	9%						
4	还贷期限（年）	30						
5	贷款金额（元）	1350000						
6				年利率	每月还款额（元）			
7					-¥10,862.41			
8				7%				
9				8%				
10				9%				
11				10%				
12				11%				
13				12%				
14				13%				
15								
16								
17								
18								

图 4-50　输入月还款计算公式

③ 选取模拟运算表范围。选中单元格区域 D7:E14,如图 4-51 所示。

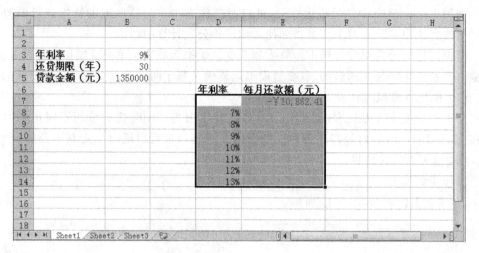

图 4-51　选取模拟运算表范围

④ 单击"数据"下"数据工具"组的"模拟分析"下的"模拟运算表"按钮,打开"模拟运算"对话框,如图 4-52 所示。

⑤ 设置模拟运算参数。单击"模拟运算表"对话框中的"输入引用列的单元格"文本框,输入 $B$3。

⑥ 单击"确定"按钮,完成模拟运算,结果如图 4-53 所示。

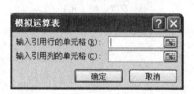

图 4-52　"模拟运算表"对话框

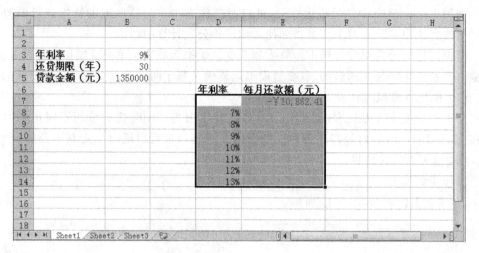

图 4-53　模拟运算结果

(2) 双变量模拟运算表

某人要贷款 135 万买房,年利率为 9%,还贷年限为 30 年,需要分析不同年利率(在 7%~13%变动)和不同还款年年限(在 28~33 年变动)对每月还贷额度的影响。

操作步骤如下。

① 建立工作表,如图 4-54 所示。

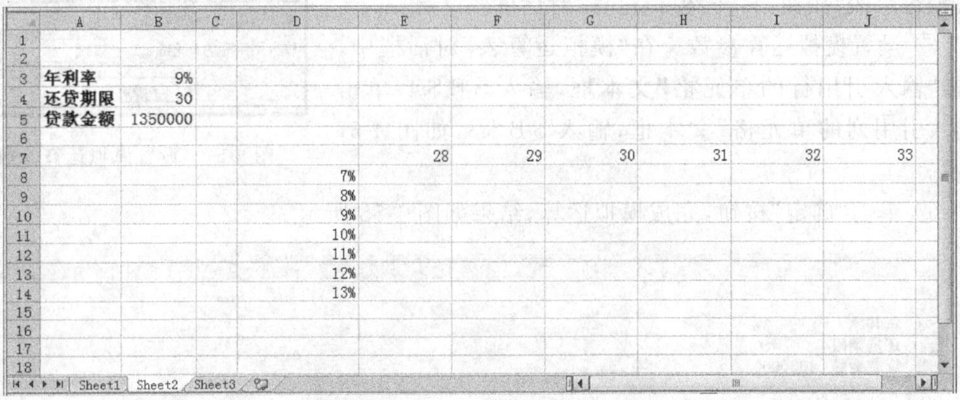

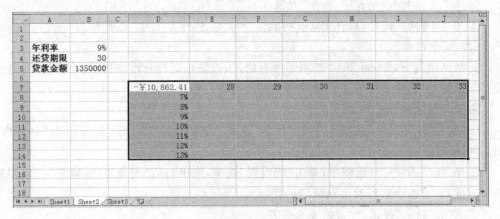

图 4-54　新建工作表

② 在单元格 D7 中输入月还款金额计算公式＝PMT(B3/12,B4 * 12,B5),如图 4-55 所示。

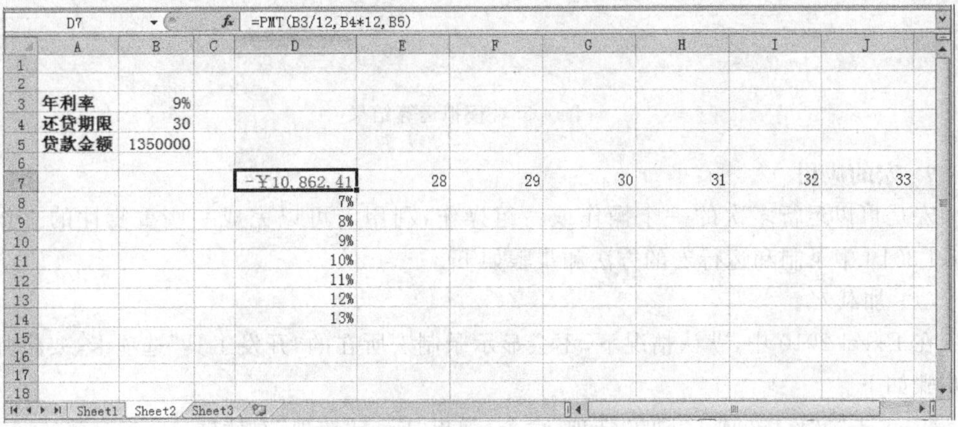

图 4-55　输入月还款计算公式

③ 选取模拟运算表范围。选中单元格区域 D7:J14,如图 4-56 所示。

图 4-56　选取模拟运算表范围

④ 单击"数据"下"数据工具"组的"模拟分析"下的"模拟运算表"按钮,打开"模拟运算"对话框。

⑤ 设置模拟运算参数。在"模拟运算表"对话框中,单击"输入引用行的单元格"文本框,输入＄B＄4,单击"输入引用列的单元格"文本框,输入＄B＄3,如图 4-57所示。

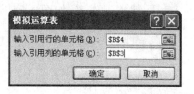

图 4-57　设置模拟运算参数

⑥ 单击"确定"按钮,完成模拟运算,结果如图 4-58 所示。

	A	B	C	D	E	F	G	H	I	J
1										
2										
3	年利率	9%								
4	还贷期限	30								
5	贷款金额	1350000								
6										
7				-￥10,862.41	28	29	30	31	32	33
8				7%	-9,174.72	-9,073.76	-8,981.58	-8,897.30	-8,820.11	-8,749.32
9				8%	-10,081.24	-9,989.27	-9,905.82	-9,830.00	-9,761.01	-9,698.16
10				9%	-11,020.05	-10,937.13	-10,862.41	-10,794.98	-10,734.06	-10,678.97
11				10%	-11,987.47	-11,913.44	-11,847.22	-11,787.90	-11,734.72	-11,686.99
12				11%	-12,979.98	-12,914.50	-12,856.37	-12,804.71	-12,758.76	-12,717.85
13				12%	-13,994.28	-13,936.84	-13,886.27	-13,841.69	-13,802.38	-13,767.67
14				13%	-15,027.30	-14,977.33	-14,933.69	-14,895.56	-14,862.21	-14,833.03
15										
16										
17										
18										

Sheet1　Sheet2　Sheet3

图 4-58　模拟运算结果

9. 宏的应用

宏是可以运行多次的一个操作或一组操作,利用宏可以完成一些重复性的工作。在 Excel 2010 中录制和运行宏的方法和步骤如下。

(1) 加载宏

在 Excel 2010 中,默认情况下,不会显示录制宏所在的"开发工具"选项卡,要将其显示的步骤如下。

① 单击"文件"选项卡下的"选项"命令,弹出"Excel 选项"对话框。

② 单击"自定义功能区"选项,在其中的"自定义功能区"下拉列表框中选择"主选项卡"。

③ 在"主选项卡"列表中,选中"开发工具"复选框,如图 4-59 所示。

④ 单击"确定"按钮,则在 Excel 功能区中显示出"开发工具"选项卡。

(2) 安全设置

在默认情况下,Excel 2010 禁用了所有的宏,以防止运行有潜在危险的代码。通过更改宏安全设置,可以控制打开工作簿时哪些宏运行以及在什么情况下运行。

宏安全设置操作步骤如下。

① 单击"开发工具"选项卡中的"代码"下的"宏安全性",打开"信任中心"对话框,如图 4-60 所示。

② 在"信任中心"对话框中,单击"宏设置"选项,选中右侧"宏设置"区域下的"启用所有宏"(不推荐,可能会运行有潜在风险的代码)。

③ 单击"确定"按钮,完成宏安全设置。

图 4-59　添加"开发工具"选项卡到功能区中

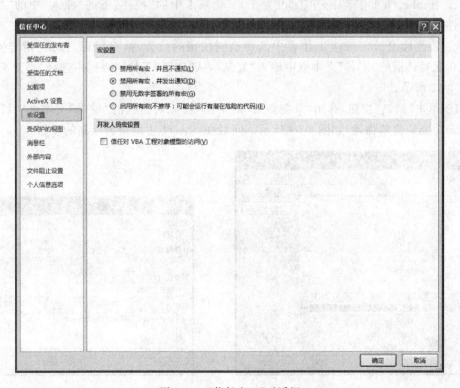

图 4-60　"信任中心"对话框

注意：使用完宏以后，应在"信任中心"对话框中将"宏设置"恢复为某一种禁用宏的设置，以保证计算机的安全性。

（3）录制宏

录制宏就是记录鼠标和键盘的操作过程。录制宏时，宏录制器会记录利用宏来执行的操作所需的一切步骤，但是记录的操作步骤中不包括在功能区上导航的步骤。

例如，在 Sheet1 工作表中添加一个"复制"按钮，单击该按钮，可以将 Sheet1 中的数据复制到 Sheet2 中。其操作步骤如下。

① 新建一个工作簿文件，在 Sheet1 中输入如图 4-61 所示的学生成绩表。

	A	B	C	D	E	F	G
1	姓名	数学	英语	物理	语文		
2	李晓宇	75	86	64	86		
3	赵磊	82	78	95	67		
4	吴文涛	90	66	72	81		
5	周小丽	85	92	89	90		
6	徐伟	68	87	73	88		
7	王志强	80	74	93	76		
8							
9							
10							
11							
12							

图 4-61　学生成绩表

② 在 Sheet1 工作表中，单击"开发工具"选项卡中的"控件"下的"插入"中的"按钮（窗体控件）"，光标变为十字形状。

③ 将光标置于 Sheet1 工作表中需要绘制按钮的位置，拖曳鼠标，弹出"指定宏"对话框。在此对话框的"宏名"文本框中输入"复制"，从"位置"下拉列表框中选择"当前工作簿"，如图 4-62 所示。

④ 单击"录制"按钮，弹出"录制新宏"对话框，在此对话框的"说明"文本框中可以输入对该宏功能的简单描述，如图 4-63 所示。同时在 Sheet1 中出现所绘制的按钮。

图 4-62　"指定宏"对话框

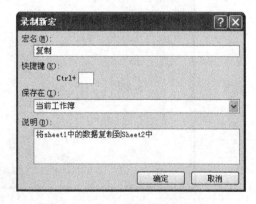

图 4-63　"录制新宏"对话框

⑤ 单击"确定"按钮,退出对话框,进入录制宏的过程。这时,"开发工具"选项卡的"代码"中的"录制宏"会变为"停止录制"。

⑥ 用鼠标选中 Sheet1 中的全部内容,对所选内容进行复制;单击 Sheet2 工作表,将光标置于 A1 单元格中,将 Sheet1 中的内容复制到 Sheet2 中。

⑦ 操作执行完毕,单击"开发工具"选项卡的"代码"中的"停止录制"。

⑧ 在 Sheet1 中右击绘制的按钮,在弹出的快捷菜单中选择"编辑文字"菜单项,在按钮中输入文本"复制",效果如图 4-64 所示。

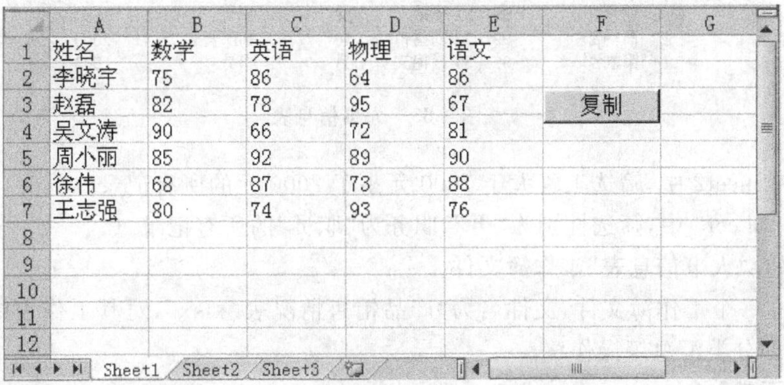

	A	B	C	D	E	F	G
1	姓名	数学	英语	物理	语文		
2	李晓宇	75	86	64	86		
3	赵磊	82	78	95	67	复制	
4	吴文涛	90	66	72	81		
5	周小丽	85	92	89	90		
6	徐伟	68	87	73	88		
7	王志强	80	74	93	76		
8							
9							
10							
11							
12							

图 4-64　效果图

⑨ 将工作簿文件保存为可以运行宏的格式。单击"文件"选项卡的"另存为"命令,在打开的"另存为"对话框中,在"保存类型"下拉列表框中选择"Excel 启用宏工作簿",文件名命名为"复制.xlsm",然后单击"保存"命令。

(4) 运行宏

① 打开包含宏的工作簿,选择运行宏的工作表。这里打开前面保存的包含宏的"复制.xlsm"工作簿文件,单击 Sheet1 工作表。

② 单击 Sheet1 工作表中的"复制"按钮,即可运行宏,并在 Sheet2 工作表中显示相应的操作结果。也可以单击"开发工具"选项卡的"代码"组中"宏",弹出"宏"对话框,在"宏名"列表框中单击要运行的宏名"复制",然后单击"执行"按钮即可。

(5) 删除宏

① 打开包含要删除宏的工作簿文件。

② 单击"开发工具"选项卡的"代码"组中"宏",弹出"宏"对话框。

③ 在"宏名"列表框中单击要删除的宏名,然后单击"删除"按钮,弹出删除确认对话框。单击"是"按钮,即可删除指定的宏。

三、实验作业

1. 建立一个工作簿文件,文件名为"人事信息表.xlsx",并在该表中筛选符合条件的记录。

【操作要求】

(1) 在 Sheet1 中按照图 4-65 所示的内容建立数据列表。

(2) 复制 Sheet1 的内容到 Sheet2 和 Sheet3。

(3) 在 Sheet1 中,筛选部门为"销售部"的所有记录。

	A	B	C	D	E	F
1	部门	编号	姓名	性别	职务	工资
2	销售部	991021	刘文	男	部长	2200
3	供应部	991022	张亮	男	副部长	2000
4	财务部	991023	陈丽	女	部长	2200
5	市场部	991024	孙峰	男	职员	1200
6	销售部	991025	李小	男	职员	1500
7	策划部	991026	王浩	女	副部长	2000
8	财务部	991027	刘英	女	副部长	2000
9	保卫部	991028	徐虎	男	职员	800
10	保卫部	991029	郑在	男	职员	800
11	财务部	991030	林泉	男	职员	1200
12	销售部	991031	杨敏	女	职员	1500
13	商场部	991032	刘雪梅	女	副部长	2000
14	策划部	991033	段艳文	男	职员	1500

图 4-65 人事信息表

(4) 在 Sheet2 中,筛选工资大于 1000 元小于 2000 元的所有记录。

(5) 在 Sheet3 中,筛选性别为"男"、职务为"职员"的所有记录。

(6) 保存"人事信息表"工作簿文件。

2. 建立一个工作簿文件,文件名为"产品销售情况表.xlsx",对其工作表中的数据进行计算、排序和分类汇总等操作。

【操作要求】

(1) 按照如图 4-66 所示的内容在 Sheet1 中输入数据,表中的序号和销售时间利用填充柄输入。

	A	B	C	D	E	F
1	捷讯公司月份产品销售明细表					
2	序号	产品名称	销售时间	销售数量	单价	销售金额
3	1	计算机	2008-1-1	2	8800	
4	2	计算机	2008-1-4	10	8800	
5	3	打印机	2008-1-4	2	1700	
6	4	扫描仪	2008-1-5	1	900	
7	5	鼠标	2008-1-7	100	80	
8	6	扫描仪	2008-1-9	5	900	
9	7	计算机	2008-1-11	5	8800	
10	8	扫描仪	2008-1-11	1	900	
11	9	鼠标	2008-1-13	2	80	
12	10	计算机	2008-1-15	1	8800	

图 4-66 产品销售情况表

(2) 计算"销售金额"列的内容。销售金额的计算公式是:销售金额=销售数量×单价。

(3) 将 Sheet1 中的内容复制到 Sheet2 中。

(4) 在 Sheet2 中,按照"产品名称"递增的次序排序。

(5) 在 Sheet2 中,按照产品名称对销售数量和销售金额进行分类汇总。

(6) 将 Sheet1 工作表命名为"产品销售情况表"。

(7) 将 Sheet2 工作表命名为"分类汇总结果"。

(8) 保存工作簿文件为"产品销售情况表.xlsx"。

3. 某人打算贷款买房,贷款额度为 80 万,还贷年限为 1~20 年,基准利率为 6%,如

图 4-67所示。利用模拟运算分析不同贷款年限对月还款额度的影响。

	A	B	C	D	E	F	G	H
1								
2								
3	年利率	6%						
4	还贷期限（年）	20						
5	贷款金额（元）	800000						
6				还贷年限（年）	每月还款额（元）			
7				1				
8				2				
9				3				
10				4				
11				5				
12				6				
13				7				
14				8				
15				9				
16				10				
17				11				
18				12				
19				13				
20				14				
21				15				
22				16				
23				17				
24				18				
25				19				
26				20				
27								
28								

Sheet1 / Sheet2 / Sheet3

图 4-67 原始数据

第5章　PowerPoint 2010

PowerPoint 2010 是 Microsoft Office 2010 办公组件的重要组成部分之一。它在 Windows 平台下运行，是一个专用于编制幻灯片演示文稿的软件，能够制作出集文字、图形、动画、声音以及视频等多媒体元素于一体的演示文稿，是适合于产品展示、学术交流、商务活动、成果汇报以及课堂教学等场合的强有力的工具。本章主要介绍如何使用 PowerPoint 2010 进行制作、放映演示文稿。

学 习 指 导

一、PowerPoint 2010 基本知识

1. PowerPoint 2010 的工作窗口

启动 PowerPoint 2010 后，将打开 PowerPoint 2010 的工作窗口，如图 5-1 所示。

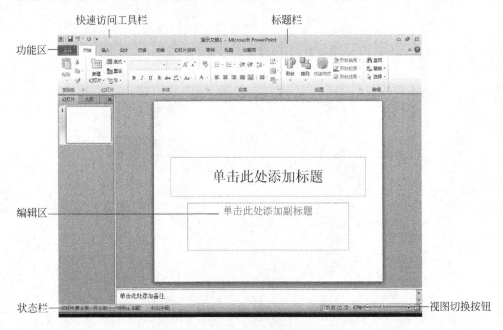

图 5-1　PowerPoint 2010 工作窗口

PowerPoint 2010 工作窗口主要包括标题栏、快速访问工具栏、功能区、编辑区、视图切换按钮、状态栏等组成。

（1）标题栏

标题栏的中间显示的是当前打开演示文稿的名称。对未存盘的新建文稿,默认文稿的名字为"演示文稿 1"、"演示文稿 2"等。

（2）快速访问工具栏

默认状态下,快速访问工具栏中包括"保存"、"撤销"和"恢复"按钮。用户可以根据需要对该工具栏中的按钮进行添加或删除。

（3）功能区

功能区有多个选项卡,包括"文件"、"开始"、"插入"、"设计"、"切换"、"动画"、"幻灯片放映"、"审阅"、"视图"、"加载项"。单击某个功能选项卡,中间功能区域内就会显示与该选项卡相关的命令按钮。

（4）编辑区

编辑区是用户建立、编辑、查看、修改演示文稿的区域。

（5）状态栏

状态栏显示与当前演示文稿有关的一些状态信息(当前幻灯片的编号、当前幻灯片的主题名和编辑语言)。

（6）视图切换按钮

显示 PowerPoint 的四种视图方式的切换按钮。

2. 打开和保存演示文稿

（1）打开演示文稿

选择"文件"选项卡中的"打开"命令或单击快速访问工具栏上的"打开"按钮,可以打开演示文稿。

（2）保存演示文稿

选择"文件"选项卡中的"保存"命令或单击快速访问工具栏中的"保存"按钮,可保存演示文稿。如果要将已存盘文稿换名保存,则通过选择"文件"选项卡中的"另存为"命令来实现。演示文稿文件默认的扩展名为 pptx。如果是新文稿,保存时会弹出"另存为"对话框。

3. PowerPoint 2010 的视图方式

在编辑和显示演示文稿时,PowerPoint 2010 提供了多种视图方式来显示演示文稿的内容,使得演示文稿更易于浏览、编辑。PowerPoint 2010 的视图方式包括普通视图、幻灯片浏览视图、备注页视图和幻灯片放映视图、阅读视图。用户可以直接通过窗口右下方的视图方式切换按钮(如图 5-2 所示)进行切换,或在"视图"选项卡中选择相应的按钮。在不同的视图下,用户所能使用的功能不完全相同。

图 5-2　PowerPoint 2010 的视图方式

（1）普通视图

普通视图是 PowerPoint 2010 的默认视图。它将窗口分为三个窗格,也称三框式显示,即将当前幻灯片窗格、大纲窗格或幻灯片窗格、备注窗格集中到一个视图中。其中的大纲窗格和幻灯片窗格是通过两个选项卡来显示的。在该视图中可以制作幻灯片,并可查看每张幻灯片的主题、副题以及备注。

（2）幻灯片浏览视图

在幻灯片浏览视图方式下,不能改变幻灯片的内容,但可以观察到整个演示文稿的所有

149

第 5 章

幻灯片。用户可以轻松地添加、删除、移动或复制幻灯片。另外,还可以利用"切换"选项卡设置幻灯片的放映时间、切换方式等演示特征。设置了演示特征的幻灯片,在其缩图下方有一个切换图标。单击某张幻灯片的切换图标,可以观察到它的演示效果。

(3) 幻灯片放映视图

幻灯片放映视图适用于实际播放演示文稿。用户可以从第一张幻灯片开始放映整个演示文稿,也可以观察某张幻灯片的版面设置和动画效果。当显示完最后一张幻灯片时,系统会自动退出该视图方式。

(4) 备注页视图

在备注页视图中,幻灯片和备注各占一半,适合于创建、查看演讲者的记录。该视图没有设置按钮,因此只能选择"视图"选项卡中的"备注页"命令来使用它。

(5) 阅读视图

阅读视图是在一个设有简单控件以方便审阅的窗口中查看演示文稿的一种视图方式。在该视图中不使用全屏的幻灯片放映方式。如果要更改演示文稿,可随时从阅读视图切换到其他视图。

二、演示文稿的建立

PowerPoint 2010 提供四种创建演示文稿的方法,即"空白演示文稿"、"根据模板"、"根据主题创建"和"根据现有内容新建"。

用户可以选择以下方式创建演示文稿。

启动 PowerPoint 2010,系统会自动创建一个名为"演示文稿1"的空白演示文稿。

在"文件"选项卡中单击"新建"命令,在打开的"可用的模板和主题"列表框中选择所需的模板或主题后,单击"创建"按钮;或单击"快速访问工具栏"中的"新建"按钮,也可建立一个空白的演示文稿。

1. 利用"空白演示文稿"创建演示文稿

用户可以利用"空白演示文稿"从空白页开始建立新的演示文稿,根据系统提供的幻灯片版式以任意一种方式创建演示文稿。

2. 根据模板创建演示文稿

用 PowerPoint 2010 的模板可以对演示文稿的样式提供更全面的控制,帮助用户做出理想的选择。用户可在选定的模板基础上制作演示文稿。

3. 根据主题创建演示文稿

主题是 PowerPoint 2010 中内置存储的文本样式和填充样式的集合。创建带有主题的演示文稿,就是将所选的主题应用到新建的演示文稿中。

4. 根据现有内容新建演示文稿

"根据现有内容新建"演示文稿选项是基于已有的演示文稿进行创建的。

三、演示文稿的编辑

1. 输入和编辑文本

在编辑幻灯片时,文本是在文本框中输入的,它由虚线框环绕而成,并且已被预先进行了格式化,即具有特殊的字体及字号,并且通常包含一些模型文本。用户可先选定需要加入文本的文本框,然后用自己的文本替换这些文本框中的模型文本。在完成文本的输入后,单击文本框外的任意位置可使文本框的边框消失。

2. 幻灯片的定位

在幻灯片浏览视图中,只需单击选中的幻灯片即可定位。在普通视图中,可用以下方法定位:用鼠标拖动垂直滚动条内的滚动滑块到要定位的幻灯片处;或单击垂直滚动条中的"上一张幻灯片"按钮和"下一张幻灯片"按钮;或按 PageUp 键和 PageDown 键。

3. 选择幻灯片

在对幻灯片进行编辑操作之前,首先要选择幻灯片,通常在幻灯片浏览视图中进行。

若选择单张幻灯片,用鼠标单击它即可,此时被选中的幻灯片周围有一个黄框。如果要同时选择连续的多张幻灯片,则在按住 Shift 键的同时单击要选择的幻灯片。用户也可以用"开始"选项卡"编辑"组的"选择"下拉菜单中的"全选"命令选中所有的幻灯片。

4. 插入、复制、删除、移动幻灯片

用户可以在当前打开的演示文稿中的任意位置插入幻灯片,也可以复制、删除、移动幻灯片。这些操作一般在幻灯片浏览视图或普通视图中进行。

(1)插入幻灯片

用户可以在当前打开的演示文稿中的任意位置插入新的幻灯片,也可以从已有的演示文稿中选择幻灯片插入到当前打开的演示文稿中。

插入新幻灯片的方法是:选定要插入新幻灯片的位置,选择"开始"选项卡的"幻灯片"组中的"新建幻灯片"命令。

从已有的演示文稿中选择幻灯片插入到当前打开的演示文稿中的方法是:选定要插入幻灯片的位置,通过选择"开始"选项卡的"幻灯片"组中"新建幻灯片"下的"重用幻灯片"命令来实现。

(2)幻灯片的复制、删除、移动

在幻灯片浏览视图中,可以很方便、快捷地复制、删除或移动幻灯片。其实现方法是:选定要进行复制、删除、移动的幻灯片,再选择"剪贴板"组中或右键快捷菜单中的相应命令实现。此外,复制和移动幻灯片也可以利用鼠标拖曳的方法实现。

在普通视图中,利用"剪贴板"组中的相应命令或右键快捷菜单中的相应命令也可以复制、删除、移动幻灯片。

5. 绘制图形

使用"开始"选项卡的"绘图"组中的按钮可以在幻灯片上自行绘制图形。

6. 插入对象

用户在 PowerPoint 幻灯片中可以插入剪贴画、艺术字、公式、工作表、图表等对象。具体的操作方法与 Word 2010 相同。

7. 插入页码和日期

在幻灯片中可插入页码和日期,其实现方法是:在"插入"选项卡的"文本"组中,进行相应的设置。

8. 插入超链接

超链接是指将幻灯片上的某些对象,如文本、图形等,设置为特定的索引和标记,在单击它们后,使演示文稿跳转到其他的幻灯片、其他文件或网页等。用户除了可以利用幻灯片中的文本、图形等对象建立超链接外,还可以利用动作按钮来创建超链接。这些链接方式使得演示文稿的内容更加灵活,也大大增强了幻灯片的表现力和播放效果。

（1）利用幻灯片中的文本、图形等建立超链接

插入超链接的方法是：选择幻灯片上的指定对象(如文本、图形等),再通过选择"插入"选项卡的"链接"组中的"超链接"命令或在对象上右击,在弹出的快捷菜单中选择"超链接"命令来实现。

（2）利用动作按钮创建超链接

PowerPoint 2010 带有一些制作好的动作按钮,可以将它们插入到演示文稿中并可为其设置超链接。添加动作按钮的方法是：在普通视图中选择要添加动作按钮的幻灯片,再利用"插入"选项卡的"插图"组中的"形状"下拉列表框中的"动作按钮"来实现。

四、演示文稿的格式化

用户在幻灯片中输入了标题、正文之后,这些文字和段落的格式仅限于模板指定的格式。为了使幻灯片更加美观,可以根据需要重新设定文字和段落的格式,如文字的字体、字号、颜色设置,段落的格式化,编辑文本框等,操作方法与 Word 2010 相同。

另外,用户常常需要演示文稿的所有幻灯片有统一的外观,这可以使用母版、模板、主题、背景等操作,在短时间内制作出风格统一、画面精美的演示文稿。下面主要介绍如何设置演示文稿的外观。

1. 母版

母版用于设置演示文稿中的每张幻灯片的预设格式,这些格式包括每张幻灯片的标题及正文文字的位置和大小、项目符号的样式、背景颜色等内容。对母版的改动会影响文稿中的每一张幻灯片。例如,想在每一张幻灯片里出现同一个图形,可以把它放入幻灯片母版中,而不用单独放到每张幻灯片中。如果要使个别幻灯片外观与母版不同,可直接修改该幻灯片。

PowerPoint 2010 中的母版分为三种类型：幻灯片母版、讲义母版和备注母版,在"视图"选项卡的"母版视图"组中有相应的按钮。

（1）幻灯片母版

幻灯片母版控制着所有幻灯片的格式,包括在幻灯片上输入的文本的格式(如字体、字号和颜色等)、背景色和某些特殊效果(如阴影和项目符号样式)等。编辑修改幻灯片母版可以使幻灯片改变原来固有的格式和风格,使其更符合用户的设计需要,并且可以保存起来,供以后套用自定义的模板。

（2）讲义母版

PowerPoint 2010 提供了讲义的制作方式,用户可以将多张幻灯片以一页的方式打印出来。系统提供了分别以 1 张、2 张、3 张、4 张、6 张、9 张作为一页的方式进行打印。讲义母版用于控制幻灯片以讲义形式打印的格式,还可以在讲义母版的空白处加入图片、文字说明等对象。

（3）备注母版

备注母版用于格式化演讲者备注页的内容,备注母版还允许重新调整幻灯片区域的大小。

2. 模板

模板是控制演示文稿统一外观的最有力、最快捷的工具。使用模板可以帮助用户快速地创建具有统一的背景图案和配色方案的幻灯片。用户可根据自己的需要选择已有的模板应用于演示文稿，也可创建自己的新模板。

创建新的设计模板的方法是：使用现有的演示文稿或者使用某一设计模板作为新的设计模板的演示文稿，根据需要更改演示文稿的设置，然后保存文件，选择文件的保存类型为"PowerPoint 模板(＊.potx)"。

3. 主题

主题是应用于演示文稿的各种样式，包括颜色、字体和效果。PowerPoint 2010 提供了多种可供选择的主题。

设置主题的方法是：在"设计"选项卡的"主题"组中，选择需要的主题样式按钮，则会将该主题应用于当前演示文稿的所有幻灯片。如果只要对当前幻灯片设置主题，则右击所需的主题，在弹出的快捷菜单中选择"应用于选定幻灯片"命令。

如果对主题中的部分元素不够满意，还可以通过"主题"组中的"颜色"、"字体"、"效果"选项进行修改。

4. 背景

幻灯片背景可采用不同的颜色、阴影、图案或纹理，也可以使用图片作为背景。设置幻灯片背景的方法是：选中要设置背景的幻灯片，通过选择"设计"选项卡的"背景"组中的命令，或通过在幻灯片的任意位置上右击，在弹出的快捷菜单中选择"设置背景格式"命令来实现。

五、幻灯片的多媒体处理

在 PowerPoint 2010 中，可以在幻灯片中插入声音、视频等多媒体对象，以及使用动画的排练效果等，使得演示文稿更加生动、形象，富有表现力。

1. 插入声音

在幻灯片中可以插入 aif、wav、mid、rmi、mp3 等多种声音文件。插入声音的方式包括插入文件中的音频、插入剪贴画音频、插入录制音频。插入声音的方法是：选择"插入"选项卡的"媒体"组的"音频"按钮，在其下拉菜单中选择所需的插入声音命令，在弹出的对话框中进行相应的设置。插入声音操作完成后，会在幻灯片上显示一个声音图标。

2. 插入视频

插入视频的方式有三种，即插入文件中的视频、来自网站的视频、剪贴画视频。PowerPoint 2010 支持的影片文件格式有 avi、asf、wmv、mpg 等。插入视频的操作方法与插入声音的操作方法类似。

3. 录制旁白

旁白是指演讲者对演示文稿的解释，即幻灯片的配音。要录制旁白，计算机需要有声卡和麦克风。录制旁白的方法是：通过选择"幻灯片放映"选项卡的"设置"组的"录制幻灯片演示"按钮，在其下拉菜单中选择相应命令来实现。

4. 动画效果

用户可以为幻灯片上的文本、图片、声音、影片等多媒体对象设置动画效果，以突出重点,控制信息的流程,并提高演示文稿的趣味性。动画效果的设置包括幻灯片内的动画设计和幻灯片间的切换效果。

（1）幻灯片内的动画设计

幻灯片内的动画设计是指在演示一张幻灯片时,随着演示的进展,逐步显示不同层次对象的内容。设置幻灯片内的动画效果一般在普通视图中进行。

用户可以通过"动画"选项卡的"动画"组中相应命令,或选择"高级动画"组中"添加动画"命令,在其下拉菜单中选择相应命令,设置各对象的动画效果。还可以利用"高级动画"组中的"动画窗格"进一步设置各对象的动画效果。利用"动画窗格"设置动画的方法是:先选中要设置动画的对象,选择"动画"选项卡的"高级动画"组中的"动画窗格"命令,弹出"动画窗格",如图 5-3 所示。利用该窗格可以设置幻灯片中各个对象的动画效果,包括对象的动画和声音效果、各对象间的播放顺序和时间、启动动画方式等内容。

（2）幻灯片间的切换效果

幻灯片间的切换效果是指在幻灯片的放映过程中,由一张幻灯片切换到另一张幻灯片时如何变换。设置幻灯片间的切换效果的方法是:先选择要进行切换的幻灯片,再通过选择"切换"选项卡下的相应命令来实现。

图 5-3　动画窗格

六、演示文稿的放映

1. 选择放映方式

在演示文稿放映前,可以利用"幻灯片放映"选项卡下的相应命令,根据需要设置不同的放映方式。设置放映方式的常用方法是:选择"幻灯片放映"选项卡的"设置幻灯片放映"命令,弹出"设置放映方式"对话框,在此对话框中可设置放映类型、放映范围、换片方式等内容。

（1）设置放映类型

PowerPoint 2010 提供了三种放映方式,即演讲者放映(全屏幕)、观众自行浏览(窗口)、在展台浏览(全屏幕)。

① 演讲者放映(全屏幕)。这是最常用的方式,通常用于演讲者播放演示文稿。它以全屏幕方式显示。用户可以通过快捷菜单或按 PageDown、PageUp 键显示不同的幻灯片。系统还提供了绘图笔进行勾画。

② 观众自行浏览(窗口)。以这种方式放映时,演示文稿显示在窗口中。可以利用右键快捷菜单中的命令编辑、复制、移动、打印幻灯片。

③ 在展台浏览(全屏幕)。以全屏幕方式在展台上演示,可以自动运行演示文稿。如在展览会场或会议中,需要运行无人管理的幻灯片时,可设置此方式。采用这种放映方式,运行时大部分菜单和命令都不能用,但可以在每次放映完毕后重新开始下一轮放映。

在放映类型选项中,除了可以设置上述三种放映方式外,还可以设置一些其他的功能,包括循环放映,按 Esc 键终止放映;放映时不加旁白;放映时不加动画等。

(2)设置放映范围

在放映幻灯片时,系统默认的是播放演示文稿中的所有幻灯片。如果用户需要播放其中的部分幻灯片,可在"设置放映方式"对话框中设置放映范围。

(3)设置换片方式

在设置换片方式时,可以选择人工方式或自动方式。如果用户设置的是人工切换幻灯片方式,则在幻灯片放映时,单击鼠标左键会继续放映;如果用户设置的是根据排练时间自动切换幻灯片的方式,则无须用户操作,可按照设置好的时间自动放映。设置排练时间可以通过选择"幻灯片放映"选项卡中的"排练计时"命令来实现。

2. 控制幻灯片放映

在幻灯片放映过程中,用户可以通过在幻灯片上右击弹出的快捷菜单控制幻灯片的放映。

七、演示文稿的打包

如果需要在没有安装 PowerPoint 2010 的计算机上播放演示文稿,可以利用 PowerPoint 2010 的打包功能来实现。通过打包演示文稿,可以将播放演示文稿所需的相关文件、程序以及演示文稿本身形成一个文件,然后将打包文件复制到其他计算机上播放。

打包演示文稿的方法是:打开要打包的演示文稿,选择"文件"选项卡的"保存并发送"选项下的"将演示文稿打包成 CD"命令,单击"打包成 CD"按钮(如图 5-4 所示),打开"打包成 CD"对话框,在此对话框中进行相应设置即可。

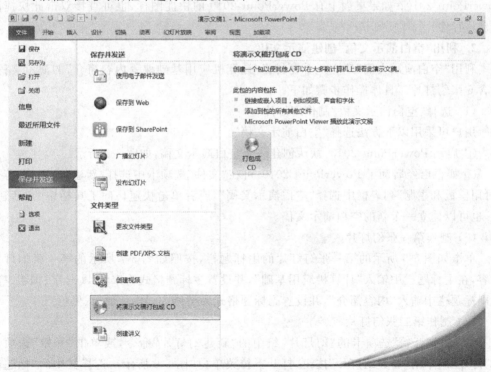

图 5-4 将演示文稿打包成 CD

实　　验

实验 5-1　演示文稿的建立和编辑

一、实验目的

1. 掌握 PowerPoint 2010 的运行方式和演示文稿制作的基本知识。
2. 掌握 PowerPoint 2010 的基本操作界面的组成及其主要组成部分的作用。
3. 掌握用 PowerPoint 2010 建立、打开、保存演示文稿的操作方法。
4. 掌握演示文稿的基本编辑方法，包括插入和编辑文本，插入、复制、删除、移动幻灯片，插入图片对象等操作。
5. 掌握演示文稿的文字和段落的格式设置，如字体、字号、颜色设置，段落的格式化，编辑文本框等操作。
6. 掌握幻灯片主题设置和新幻灯片版式设置的方法。
7. 掌握幻灯片的放映过程的控制。

二、实验内容和步骤

1. 启动 PowerPoint 2010

选择"开始"菜单中的"程序"子菜单下的 Microsoft PowerPoint 命令，即可启动 PowerPoint 2010；如果桌面上有 PowerPoint 2010 的快捷图标，也可直接双击此快捷图标启动该程序。

2. 利用"空白演示文稿"创建演示文稿

利用"空白演示文稿"建立一个题材为"计算机应用基础课程内容简介"的演示文稿，它包含 6 张幻灯片。具体操作步骤如下。

（1）选择"空白演示文稿"制作幻灯片

用户可采用以下方法选择"空白演示文稿"。

① 启动 PowerPoint 2010，默认创建一个空白演示文稿，如图 5-5 所示。

② 如果已经启动了 PowerPoint 2010，可在"文件"选项卡中选择"新建"命令，在打开的"可用模板和主题"列表框中选择"空白演示文稿"，或者单击快速访问工具栏中的"新建"按钮，也可以建立一个新的空白演示文稿。

（2）制作第一张幻灯片

单击如图 5-5 所示的第一张幻灯片的主标题栏，按照如图 5-7 所示的第一张幻灯片的内容，在主标题栏中输入"计算机应用基础"，并设置主标题格式为宋体 44 号字、加粗、黑色；在副标题栏中输入"内容简介"，并设置副标题格式为楷体 32 号字、加粗、黑色。

（3）制作第二张幻灯片

① 选择"开始"选项卡的"幻灯片"组中的"新建幻灯片"命令，或单击"开始"选项卡的"幻灯片"组中的"新建幻灯片"按钮，打开下拉菜单（如图 5-6 所示），选择其中的"标题和内容"版式。

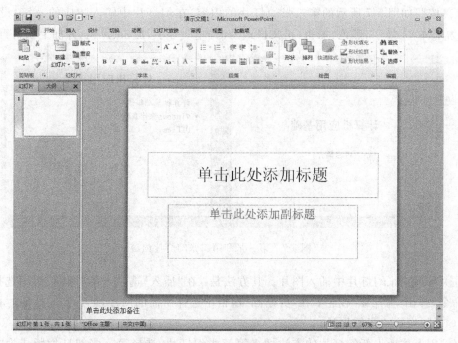

图 5-5　新建空白演示文稿

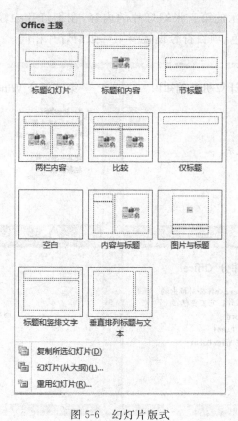

图 5-6　幻灯片版式

② 按照如图 5-7 所示的第二张幻灯片的内容,在幻灯片中输入相应的文字,设置标题格式为宋体 44 号字、黑色、加粗,正文格式为楷体 32 号字、加粗、黑色,并加上项目符号。

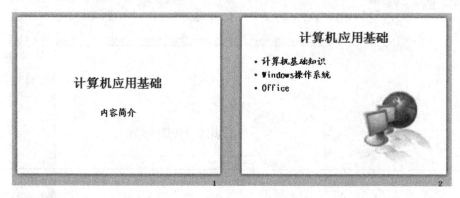

图 5-7　第一张和第二张幻灯片内容

③ 在第二张幻灯片中插入图片。其方法是:在"插入"选项卡的"图像"组中选择"剪贴画"命令,弹出"剪贴画"窗格;在"剪贴画"窗格中选择所需的图片,插入到幻灯片的右下方。

(4) 制作第三张幻灯片

① 用上述插入新幻灯片的方法插入第三张幻灯片,选择第三张幻灯片版式为"标题和内容"。

② 按照如图 5-8 所示的第三张幻灯片的内容,在幻灯片中输入相应的文字,其中标题和正文的字号、字体、颜色、项目符号设置与第二张幻灯片相同。

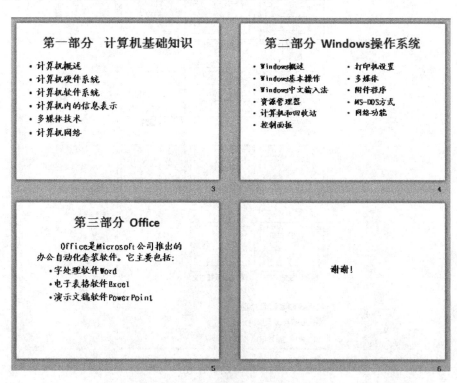

图 5-8　第三张到第六张幻灯片内容

（5）制作第四张幻灯片

① 用上述插入新幻灯片的方法插入第四张幻灯片，选择第四张幻灯片的版式为"两栏内容"。

② 按照如图5-8所示的第四张幻灯片的内容，在幻灯片中输入相应的文字，其中标题和正文的字号、字体、颜色、项目符号设置与第二张幻灯片相同。

（6）制作第五张幻灯片

采用复制第三张幻灯片后再修改其中内容的方法制作第五张幻灯片，其操作步骤如下。

① 在幻灯片浏览视图中选中第三张幻灯片。

② 单击"开始"选项卡的"剪贴板"组中的"复制"命令。

③ 将插入点移到第四张幻灯片的后面。

④ 选择"开始"选项卡的"剪贴板"组中的"粘贴"命令，则在第四张幻灯片后插入一张幻灯片，其内容与第三张幻灯片的内容完全一样。

⑤ 按照如图5-8所示的第五张幻灯片的内容，修改新添加的幻灯片中的内容。

注意：复制幻灯片也可采用其他的方法进行（参见本章学习指导中的相应内容）。

（7）制作第六张幻灯片

① 在第五张幻灯片后插入一张新幻灯片，选择"空白"版式。

② 选择"插入"选项卡的"文本"组中的"文本框"按钮，在其下拉菜单中选择"横排文本框"命令，在幻灯片中添加一个文本框。

③ 在文本框中输入如图5-8所示的第六张幻灯片的文字，并将文字格式设置为楷体32号字、加粗、黑色。

3. 设置"主题"

为上述新演示文稿设置"主题"，其操作步骤如下。

（1）单击"设计"选项卡的"主题"组的下拉按钮，打开幻灯片"所有主题"列表框，如图5-9所示。

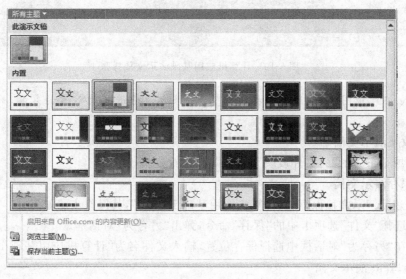

图5-9 "所有主题"列表框

（2）在"所有主题"列表框中选择所需的主题，例如选择"暗香扑面"主题，即可得到所选主题的修饰效果。

（3）在此主题基础上，可根据需要调整演示文稿中幻灯片的标题和正文的位置和格式，还可以通过"设计"选项卡的"主题"组中的"颜色"下拉菜单设置配色方案。

注意：如果不希望对所有幻灯片都采用主题，而只对选定的幻灯片采用，则可选中要套用主题的幻灯片，右击选中的主题，在弹出的下拉菜单中选择"应用于选定的幻灯片"。

4. 观察演示文稿

在上述新演示文稿的设置完成后，可切换到幻灯片浏览视图，观察整个演示文稿的全貌，如图 5-10 所示。

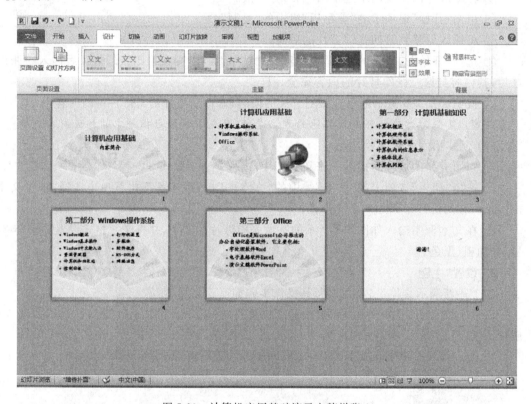

图 5-10　计算机应用基础演示文稿样张 1

注意：在此视图中，还可以根据用户需要，很方便地进行幻灯片的复制、删除、移动等操作。

5. 放映演示文稿

单击屏幕下方的"幻灯片放映"按钮，即可观看放映效果。

6. 保存演示文稿

将上述新演示文稿保存为"计算机应用基础1.pptx"，其操作步骤如下。

（1）选择"文件"选项卡中的"保存"命令，弹出"另存为"对话框。

（2）在"另存为"对话框中选择保存位置，输入文件名为"计算机应用基础1"，文件类型为"PowerPoint 演示文稿"。

（3）单击"保存"按钮。

三、实验作业

1．以自我推荐为目的制作一个演示文稿，题目为"个人简介"。

【操作要求】

（1）内容包括姓名、学历、经历、兴趣爱好、特长、所学课程等。

（2）至少包含 5 张幻灯片，其中应体现出封页、主要目录和部分详细内容。

（3）选用任一种设计模板或主题作为背景。

（4）给每张幻灯片插入页码，位置居右。

（5）在幻灯片中插入艺术字。

（6）在幻灯片中插入剪贴画，调整其大小，使其位置恰当，图片内容不限。

（7）以文件名"个人简介.pptx"保存演示文稿。

2．制作一份演示文稿，内容为某公司的"新产品发布简报"。

【操作要求】

（1）文稿中包含产品介绍的资料信息。

（2）文稿中包含产品的清晰的图片。

（3）文稿中有说明产品性能指标的表格。

（4）文稿中有专家或用户对该产品的评价。

（5）为演示文稿应用主题。

（6）以文件名"新产品发布简报.pptx"保存演示文稿。

实验 5-2　演示文稿的个性化

一、实验目的

1．掌握幻灯片背景的设置方法。

2．掌握母版的使用方法。

3．掌握在演示文稿中插入超链接的方法。

4．掌握在演示文稿中插入声音、影片等多媒体对象的方法。

5．掌握动作按钮的制作和使用方法。

6．掌握幻灯片动画效果设置的方法。

7．掌握幻灯片切换方式设置的方法。

8．掌握演示文稿的放映技巧。

二、实验内容和步骤

对实验 5-1 中的演示文稿文件"计算机应用基础 1.pptx"按下列内容和操作步骤进行设置。

1．设置幻灯片的背景

设置首页幻灯片的背景填充效果，其操作步骤如下。

（1）启动 PowerPoint 2010，打开实验 5-1 制作的演示文稿文件"计算机应用基础 1.pptx"。

（2）单击第一张幻灯片，选择"设计"选项卡的"背景"组中的"背景样式"按钮，在其下拉列表框中选择"设置背景格式"命令，系统会弹出"设置背景格式"对话框，如图 5-11 所示。

图 5-11 "设置背景格式"对话框

（3）在"设置背景格式"对话框中单击"纹理"按钮，在其下拉列表框中选择"蓝色面巾纸"选项，如图 5-12 所示。

图 5-12 "纹理"下拉列表框

（4）在"设置背景格式"对话框中，单击"关闭"按钮，则设置的背景效果将只应用于当前幻灯片。若单击"重置背景"按钮，则可以取消当前设置的背景效果。

注意：在设置幻灯片背景时，如果要对所有的幻灯片设置同一背景，则应在"设置背景格式"对话框中单击"全部应用"按钮。另外，除了选择上面的纹理效果作为背景外，还可以选择某种颜色或某个图片作为背景。

2．应用母版功能

应用幻灯片母版的功能，在每张幻灯片右上角设置一个小图片，其操作步骤如下。

（1）选择"视图"选项卡的"母版视图"组中的"幻灯片母版"命令，弹出幻灯片母版编辑窗口，在选项卡区域将出现"幻灯片母版"选项卡。

（2）如果要插入剪贴画，则可选择"插入"选项卡的"图像"组中的"剪贴画"命令，弹出"剪贴画"窗格，在其中选择所需的图片；如果插入的图片来自图片文件，则选择"插入"选项卡的"图像"组中的"图片"命令，弹出"插入图片"对话框，在其中选择所需的图片。然后单击"插入"按钮。此时，被选择的图片就会出现在幻灯片的母版中，如果对图片的位置和大小不满意，可进行调整，调整后的效果如图 5-13 所示。

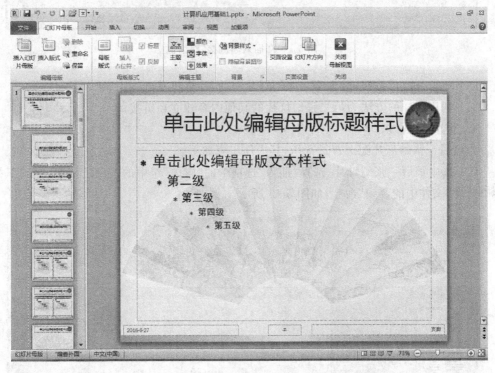

图 5-13　幻灯片母版编辑窗口

（3）上述设置完成后，在"幻灯片母版"选项卡中，单击"关闭母版视图"按钮，即可回到幻灯片视图。这时，会发现每一张幻灯片右上角有一张插入的图片。

3．建立超链接

对第二张幻灯片的正文部分的每一行都建立超链接，分别链接到后面对应内容的幻灯片，如"计算机基础知识"链接到第三张幻灯片。其操作步骤如下。

（1）选中"计算机基础知识"，选择"插入"选项卡的"链接"组中的"超链接"命令，或者单击鼠标右键选择"超链接"命令，弹出"插入超链接"对话框。

（2）在"插入超链接"对话框中单击"本文档中的位置"选项，然后在"请选择文档中的位置"列表框中选择"3. 第一部分 计算机基础知识"选项，如图 5-14 所示。

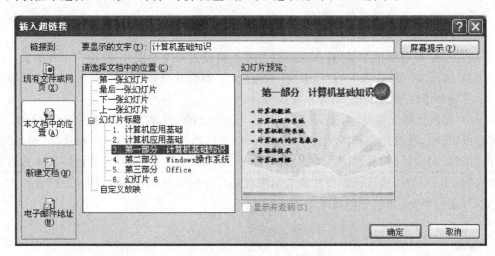

图 5-14 "插入超链接"对话框

（3）单击"确定"按钮，就为第二张幻灯片中的"计算机基础知识"建立了超链接。

（4）利用同样的方法为第二张幻灯片的其他内容建立超链接。

4. 设置背景音乐

为最后一张幻灯片配上背景音乐，其操作步骤如下。

（1）选中最后一张幻灯片，选择"插入"选项卡的"媒体"组中的"音频"按钮，在其下拉菜单中选择"文件中的音频"命令，如图 5-15 所示。

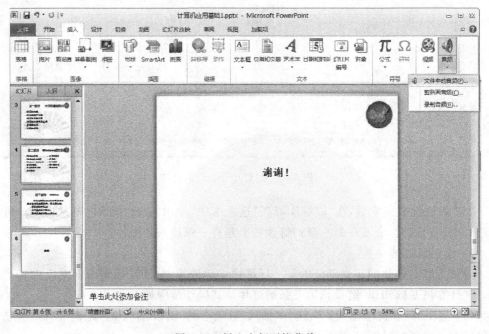

图 5-15 插入音频下拉菜单

（2）在弹出的"插入音频"对话框中选择所需插入的声音文件，然后单击"插入"按钮，在幻灯片中出现声音图标和播放工具栏，在选项卡中出现"音频工具"选项卡。

（3）设置音频播放方式。选择"音频工具"的"播放"选项卡，在其中的"音频选项"组中，设置音频播放方式，如图 5-16 所示。

图 5-16　设置音频播放方式

① 设置播放开始方式。默认情况下为单击时播放音频文件。如果要在放映时自动播放音频，则可在"音频选项"组中的"开始"下拉菜单中，选择"自动"选项。如果需要从某张幻灯片开始跨幻灯片连续播放，则可在"音频选项"组中的"开始"下拉菜单中，选择"跨幻灯片播放"。

② 设置循环播放。如果要在幻灯片放映时循环播放音频，则可在"音频选项"组中勾选"循环播放，直到停止"复选框。

③ 设置音频图标。如果要将音频图标在幻灯片播放时隐藏，则在"音频选项"组中勾选"放映时隐藏"复选框。

注意：用上述类似的方法也可插入影片。

5. 设置动作按钮

为第三张到第五张幻灯片制作返回第二张幻灯片的动作按钮。

（1）为第三张幻灯片制作动作按钮

① 选中第三张幻灯片，选择"插入"选项卡的"插图"组中的"形状"按钮，在其下拉列表框中将出现多种动作按钮图标（如图 5-17 所示），在其中单击所需要的动作按钮图标。

② 将鼠标移到幻灯片窗口中，按下鼠标左键并拖动，画出所选的动作按钮。此时，弹出"动作设置"对话框，如图 5-18 所示。

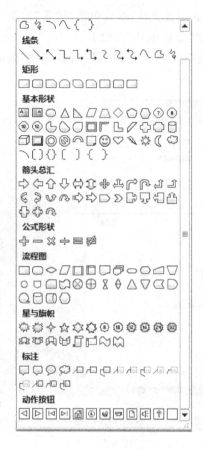

图 5-17 动作按钮图标

图 5-18 "动作设置"对话框

③ 在"超链接到"下拉列表框中选择"幻灯片"选项,在打开的"超链接到幻灯片"对话框中,选择"2.计算机应用基础"选项,然后单击"确定"按钮。

④ 在"动作设置"对话框中单击"确定"按钮。

(2) 为其他幻灯片制作动作按钮

用上述方法可以为其他幻灯片制作动作按钮,或者也可采用复制动作按钮的方法实现。

6. 设置动画效果

为第二张到第六张幻灯片设置动画效果。

(1) 为第二张幻灯片设置动画效果

① 选中第二张幻灯片,选择"动画"选项卡"高级动画"组中的"动画窗格"命令,打开"动画窗格"。

② 在第二张幻灯片中选择标题"计算机应用基础",在"动画"组中选择"飞入"选项或在"添加动画"下拉列表框中选择"进入"下的"飞入"选项,在"动画"组的"效果选项"的"方向"下拉列表框中选择"自左侧"选项,在"计时"组的"开始"下拉列表框中选择"单击时"选项,即可得到从左侧飞入的动画,如图 5-19 所示。单击"预览"按钮,可预览所设置的动画。

③ 用上述方法对第二张幻灯片中的正文和图片设置动画效果。

④ 在"动画窗格"中,可以单击"重新排序"按钮来设置幻灯片中各个对象的动画顺序;

图 5-19 设置动画效果

还可以在"动画窗格"的列表框中右击某个动画选项,在弹出的下拉菜单中选择"效果"选项,打开"效果设置"对话框,如图 5-20 所示。在此对话框中,可以进一步设置对象的动画效果。

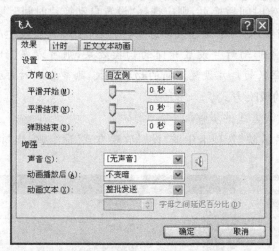

图 5-20 "设置效果"对话框

(2)为其他幻灯片设置动画效果

用上述方法可为第三张到第六张幻灯片设置动画效果。

7. 设置幻灯片的切换方式

为第一张幻灯片设置幻灯片的切换方式,其操作步骤如下。

(1)选中第一张幻灯片,单击"切换"选项卡中的"切换到此幻灯片"组的下拉按钮,打开幻灯片切换效果下拉列表框,如图 5-21 所示。

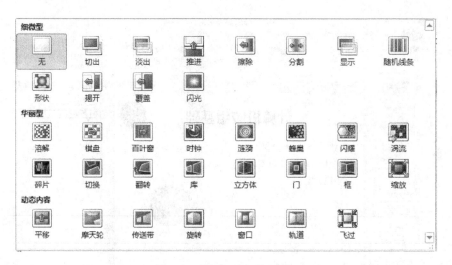

图 5-21 "幻灯片切换"窗格

（2）在幻灯片切换效果下拉列表框中，选择某一种切换效果，例如"百叶窗"选项。如果要在换页时设置声音，则在"切换"选项卡"计时"组的"声音"下拉列表框中选择所需要的声音。如果需要循环播放到下一声音开始时，则可在"声音"下拉列表框中选中"播放下一段声音之前一直循环"复选框。

（3）如果要在单击鼠标时切换，则在"计时"组的"换片方式"中选择"单击鼠标时"复选框；如果需要经过预定时间后换页，则应选择"设置自动换片时间"复选框，并设置时间；如果两种换页方式都需要，则两个复选框都选中，则系统会以较早发生的那个功能为准。

注意：如果要对全部幻灯片设置相同的切换效果，则可以在"计时"组中单击"全部应用"按钮。如果要对每张幻灯片设置不同的切换方式，则要分别对每张幻灯片进行设置。

8. 设置幻灯片的放映方式

设置幻灯片的放映方式的步骤如下。

（1）选择"幻灯片放映"选项卡中的"设置放映方式"命令，弹出"设置放映方式"对话框，如图 5-22 所示。

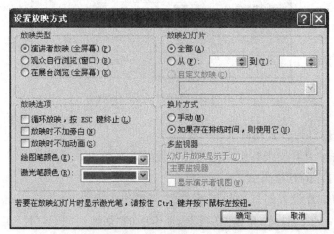

图 5-22 "设置放映方式"对话框

（2）在"设置放映方式"对话框中根据需要选择放映类型。

（3）如果需要指定幻灯片的放映范围，可在"放映幻灯片"选项区域中进行设置。

（4）在"换片方式"选项中可设置换片方式。

（5）如果在放映时要使用绘图笔，可在"设置放映方式"对话框中的"放映选项"栏中的"绘图笔颜色"下拉列表框中选择绘图笔的颜色。

（6）如果要设置循环放映，可选中"放映选项"栏中"循环放映，按 Esc 键终止"复选框。

（7）设置完成后，单击"确定"按钮。

9. 观察演示文稿

在上述设置完成后，可切换到幻灯片浏览视图，观察整个演示文稿的全貌，如图 5-23 所示。

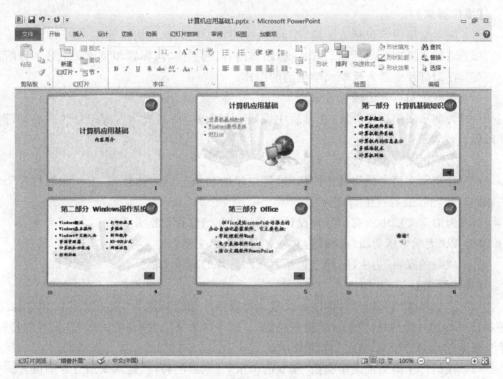

图 5-23　计算机应用基础演示文稿样张 2

10. 放映演示文稿

按照上述实验步骤制作完成演示文稿后，可单击屏幕下方的"幻灯片放映"按钮，即可观看放映效果。在放映演示文稿时，可单击鼠标右键弹出快捷菜单，选择其中的命令项控制幻灯片的放映。

注意：对于制作好的演示文稿，如果希望其中的部分幻灯片在放映时不显示出来，则可以将其暂时隐藏，操作步骤如下。

① 在"普通视图"的大纲窗格中，按住 Ctrl 键，分别单击需要隐藏的幻灯片。

② 选择"幻灯片放映"选项卡下的"隐藏幻灯片"命令，或右键单击幻灯片，在弹出的快捷菜单中选择"隐藏幻灯片"命令。在隐藏幻灯片后，相应的幻灯片序号上有一条删除命令。

PowerPoint 2010

如果要取消隐藏,则可选择相应的幻灯片,再执行一次上述操作即可。

11. 保存演示文稿

将演示文稿保存为"计算机应用基础2.pptx",其操作步骤如下。

(1) 选择"文件"选项卡中的"另存为"命令,弹出"另存为"对话框。

(2) 在"另存为"对话框中选择保存的位置,输入文件名为"计算机应用基础2",文件类型为"PowerPoint 演示文稿"。

(3) 单击"保存"按钮。

三、实验作业

1. 以"大学生活剪辑"为主题制作一个演示文稿。

【操作要求】

(1) 演示文稿内容包括入学篇、军训篇、学习篇、社团篇、生活篇等。

(2) 演示文稿中包括标题幻灯片、标题和内容、两栏内容、标题和竖排文字等多种版式。

(3) 在幻灯片中插入反映大学生活的图片。

(4) 在标题幻灯片中插入音乐。

(5) 为演示文稿设置母版,在母版中设置一幅图片,使其成为所有幻灯片共有的图标;在母版上设置页脚。

(6) 为演示文稿设计背景。

(7) 在演示文稿中制作动作按钮,设置按钮的动作分别为链接到"上一张幻灯片"、"下一张幻灯片"和"最后一张幻灯片"。

(8) 为演示文稿中所有幻灯片设计动画效果和幻灯片切换方式。

(9) 以"大学生活剪辑.pptx"为文件名保存演示文稿。

2. 以"我的家乡"为主题,建立包括六张幻灯片的演示文稿。

【操作要求】

(1) 建立包含六张幻灯片的演示文稿。要求第一张总标题为"我的家乡";第二张为使用项目符号的各子标题:"家乡的地理位置"、"家乡的人文"、"家乡的山水"、"家乡的特产";第三张至第六张分别对以上子标题做介绍。

(2) 在幻灯片浏览视图中交换"家乡的山水"、"家乡的特产"这两张幻灯片的位置。

(3) 更改第二张幻灯片的项目符号,采用图形项目符号。

(4) 找一幅适合主题的图片,插入到"家乡的山水"幻灯片中。

(5) 为介绍"家乡的地理位置"的文字设置动画效果:从上部飞入;为"家乡的山水"中的图片设置动画效果:从右侧飞入。

(6) 在幻灯片浏览视图中设置幻灯片的切换方式。

(7) 为第二张幻灯片设置超链接,使之能分别链接到相应内容所在的幻灯片;在第三张至第六张幻灯片中设置动作按钮,使它们都链接至第二张幻灯片。

(8) 放映幻灯片,分别利用链接使它们能转到不同的幻灯片。

(9) 以文件名为"我的家乡.pptx"保存演示文稿。

第 6 章　　Access 2010

Access 2010 是 Microsoft Office 2010 套件的核心应用程序之一，是目前较为流行的桌面数据库系统，也是一个典型的开放式数据库系统，它充分利用了 Windows 操作平台的优越性，界面友好、操作简单，目前已成为公司、企业、政府机关普遍使用的办公数据处理软件。

Access 2010 提供了表、查询、窗体、报表、宏和模块等六种用来建立数据库系统的对象；提供了多种向导、生成器和模板，实现了数据存储、数据查询、界面设计、报表生成等操作的规范化过程，为建立功能完善的数据库管理系统提供了方便。

学 习 指 导

一、概述

1. Access 2010 窗口

Access 2010 是一种关系型数据库管理系统，不但能存储和管理数据，还能编写数据库管理软件，可以通过 Access 2010 提供的开发环境及工具方便地构建数据库应用程序。Access 2010 与 Office 其他组件窗口类似，如图 6-1 所示，包括标题栏、选项卡功能区、状态栏、导航栏和数据库对象窗口，其中，选项卡功能区是操作的核心，包含多组命令，Access 2010 的默认选项卡有"文件"、"开始"、"创建"、"外部数据"以及"数据库工具"。

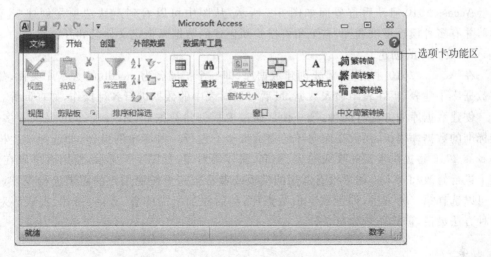

图 6-1　Access 2010 窗口图

2. Access 2010 的基本对象

Access 2010 提供了六种数据库对象，包括表、查询、窗体、报表、宏和模块。

表是数据记录的集合，是数据库最基本的组成部分。表的第一行为各个字段的名称，其他行表示各个记录。表中的各列是字段，对字段属性（字段名、类型、长度、精度）的描述，就是对关系表数据结构的定义。

查询是数据库系统的核心功能，是基于表操作的，查询的目的主要是对数据进行分类和筛选，找出满足条件的记录，从而方便地对数据进行查看、更新和分析。Access 2010 提供了强大的数据检索功能，既可以针对一个表中的一个字段或多个字段设定条件进行查询；也可以针对多个表中的一个字段或多个字段设定条件进行查询；甚至可以在筛选出符合条件的记录所构成的查询文件的基础上再次进行查询。

窗体是指由用户自己设计的对话框界面，其主要用途是作为数据输入和显示的控制界面。它可以对表中的数据进行添加、修改、删除等操作，也可以使显示数据的方式适合用户的工作习惯。

报表是对数据库中的数据进行统计分析后的显示形式。报表中的数据来源于表或查询的结果，它是以打印格式展示数据的有效方式。Access 2010 提供了许多默认的报表格式模板，可以以它们为基础建立自己需要的显示或打印格式的报表。

宏是由一个或多个操作组成的集合，其中每个操作都实现特定的功能。Access 2010 中提供了许多新的宏操作，宏对于执行重复性的任务很有帮助，这样就不必重复某些操作命令，也不必编写复杂的代码或者学习复杂的程序设计语言。

模块是开发人员利用 VBA（Visual Basic for Application）编写的程序模块，是应用程序开发人员的工作环境。模块是一些代码的集合，由变量的声明和过程构成，通常是以函数的形式出现，主要用来建立复杂的程序。Access 中，模块分为类模块和标准模块两种类型。

二、数据库

1. 数据库的启动

Access 2010 启动后首界面如图 6-2 所示，从图中可以看到默认选项是创建"空数据库"，并有多种模板可供选择，右下角可以给新创建的数据库指定文件名和存储路径。

2. 数据库的创建

在 Access 2010 中，首先需要创建数据库，即一个扩展名为 .accdb 的数据库文件，然后，在数据库中建表，再在表中输入数据，最后可以对表中的数据进行各种操作，如查询等。

创建数据库的方法有两种，第一种是通过模板创建数据库，Access 2010 提供了多个比较标准的数据库模板，在数据库向导的提示步骤下进行一些简单的操作，如选择学生模板。Access 2010 将提供丰富的现成的表、查询、窗体等对象，如图 6-3 所示，使用者可以在此基础上进行修改和录入。如果没有适用的模板或者希望完全按照用户的需求进行设计，那么就可以选择第二种方法，即创建空白数据库，然后添加所需的表、查询、窗体、报表等对象。这种方法灵活，但操作较为复杂。

三、表

表是数据库中用来存储和管理数据的对象，是一种有关特定实体的数据集合。表是数

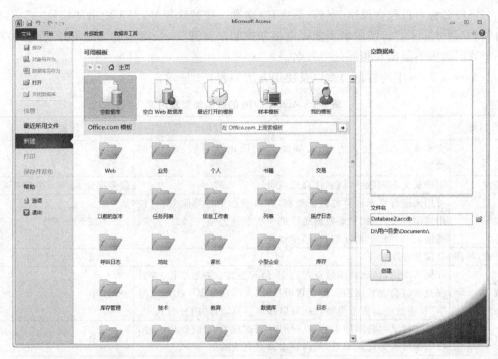

图 6-2　Access 2010 启动后首界面图

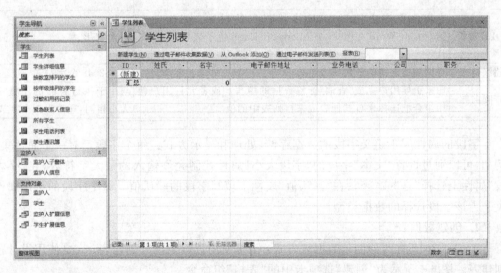

图 6-3　利用学生模板创建数据库图

据库的基础,也是数据库中其他对象的数据来源。表由数据字段(表中的列)和数据记录(表中的行)组成,表的基本操作包括数据表的创建与修改,对记录和字段的添加、删除、复制操作以及表与表之间建立关联关系。

1. 设置字段

创建数据表的过程就是设置字段的过程,也是确定表的数据结构的过程。设置字段包括给字段命名、设置字段数据类型、设置字段各种属性等。

字段名称可以包含汉字、字符、数字、空格和一些特殊符号,但不能出现句号"."、感叹号"!"和方括号"[ ]"。字段名不能以空格和控制字符开头,长度不能超过 64 个字符。在同一个数据表中不能出现相同的字段名。

Access 2010 中的数据类型以及使用方法如表 6-1 所示。

表 6-1　Access 2010 的数据类型及用途

数据类型	用　　途	字段大小
文本	文本或文本与数字的组合,例如:地址、电话号码、学号、邮编等	最多 255 个字符
备注	用于长文本和数字,例如注释或说明	最多存储 65 535 个字符
数字	可用来进行算术运算的数字数据,涉及货币的计算除外(可使用货币类型)。数字型数据还要进一步细分类型,例如:字节、整型、长整型、单精度型、双精度型等	1、2、4 或 8 个字节
日期/时间	日期和时间	8 个字节
货币	存储货币值,精确到小数点左边 15 位和小数点右边 4 位,并且在显示时会在数据前面出现货币符号"￥",在数据中出现逗号","和小数点。货币类型数据可以参加运算,自动四舍五入	8 个字节
自动编号	在添加记录时自动插入的唯一顺序(每次递增 1)或随机编号,该数据可视为记录编号,其内容永远是只读的	4 个字节
是/否	字段中只包含两个值中的一个。例如"是/否"、"真/假"、"开/关"等	1 位
OLE 对象	在其他程序中使用 OLE 协议创建的对象。例如一个 Microsoft Word 文档、一个 Microsoft Excel 电子表格、一幅图片等	最大 1GB
超级链接	存储超级链接的地址	最多 2048 个字符
查阅向导	用来引导用户完成"查询"标签数据的填写。或者允许用户使用组合框选择来自其他表或来自列表中的值	与用于执行查阅的主键字段大小相同,通常为 4 个字节

字段的属性用于定义字段的数据存储、处理和显示方式。每个字段都有一个属性集合,例如,可以通过设置"文本"字段的"字段大小"属性控制允许输入的最大字符数,在"必填字段"属性上选择"是"或"否"、在"默认值"属性上填写字段的默认值。每个字段的可用属性取决于为该字段选择的数据类型。

2. 创建数据表

Access 2010 有两种创建数据表方式:一是使用数据表视图创建表;二是使用设计视图创建表。图 6-4 所示为"创建"选项卡中的"表格"组命令。

(1) 使用数据表视图创建表

单击"创建"选项卡中的"表格"组中的"表"命令,就是通过数据表视图创建表。

数据表视图是一种以自由的、电子表格的方式创建表的方法。这种方法的优点是直接在表格中输入数据,如图 6-5 所示,而不是先定义表的结构。Access 2010 在保存表的同时,自动识别每个字段的数据类型,建立表的结构。缺点是不能指定字段的大小和默认值等参数,因此需要在"设计视图"中修改表的结构。

图 6-4　"创建"选项卡中的"表格"组

图 6-5　数据表视图创建表

（2）使用设计视图创建表

单击"创建"选项卡中的"表格"组中的"表设计"命令，就是通过设计视图创建表。

设计视图是最常用的创建表的方法，设计视图分为上下两部分，上半部分是字段输入区，从左到右分别为字段选定器、字段名称列、数据类型和说明列；下半部分是字段属性区，在字段属性区中可以设置字段的属性值。在字段输入区的"字段名称"列输入各字段的名称，单击"数据类型"列，并单击各字段右边的下箭头键，在弹出的下拉菜单中选择字段类型，分别修改每个字段的属性，如图 6-6 所示。这种方法可以对表的定义进行最大限度的控制，"说明"列的信息不是必需的，但它能增加数据的可读性。之后，为字段确定默认值、明确该字段是否为必填字段、该字段是否允许是空字符串、建立索引是否可以有重复等，如果是数字型字段，还要明确是整型还是实型，以及小数点后保留几位。

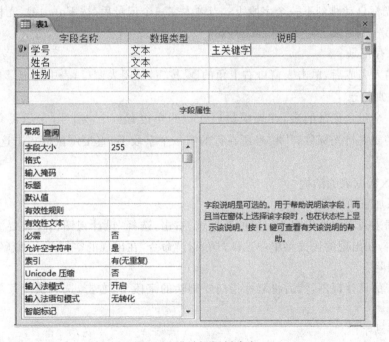

图 6-6　设计视图创建表

定义完全部字段后，单击"字段名称"列左边的字段选定器，然后单击工具栏上的" 🔑 "按钮，给所建表定义一个主关键字。例如，定义"学号"为主关键字。

对于关系数据库设置主关键字是必须的步骤，如果用户不定义关键字，当保存文件时系统将弹出创建主键提示框。

3. 导入链接数据创建表

"导入表"是从外部数据库或者数据文件引入数据，然后对其进行编辑，从而建立新表。新表仅仅是原数据载体的副本，引入后对数据所做的任何修改只影响该表。"链接表"与"导入表"类似，也要指定数据源。不同之处在于该数据表要与原有数据源建立一个动态的链接关系。对于链接表的数据所做的任何修改都会在数据源中反映出来。如图 6-7 所示，可以导入链接的数据有 Excel 文件、Access 文件、ODBC 数据库、文本文件、XML 文件等。

图 6-7　导入链接数据创建表

4. 向表中输入数据

在数据表列表中双击想要编辑的数据表，数据表即被打开，可以开始输入数据了。

（1）为空表添加记录

打开一个空表后，光标停在第一个记录的第一个字段上。输入完一个字段的数据后，按 Enter 键，光标自动跳到下一个字段上；当输入完一个记录后，按 Enter 键，光标会跳到下一个记录的第一个字段上。

（2）保存记录

数据输入完成后，单击表窗口右上角的 ✖ 按钮，关闭表窗口，表中的记录自动保存。

（3）追加记录

打开一个包含记录的表，在表中最后一行的左边有一个 ｜✳｜ 号，它是表文件的结束标记。这时需要先将光标移到 ｜✳｜ 号所在行的第一个字段上，直接用鼠标单击这个字段，输入数据。

5. 修改数据表的结构

（1）添加新的字段

在数据表列表中选中想要编辑的数据表，右击，选择"设计视图"，在需要添加新字段的位置上右击，在出现的快捷菜单中选取"插入行"命令，在出现的空行上添加新字段即可。

（2）删除字段

打开表的设计视图，然后将鼠标指向要删除的字段上，右击，选取快捷菜单上"删除行"命令。

（3）移动字段

移动字段也是在"设计视图"中完成，首先将鼠标指针指向要移动的字段的行选定器（最左边的黑色箭头），然后按住鼠标左键，移动鼠标到适当的位置，松开按键，该字段就会出现在新的位置上。

（4）改变字段名

创建数据表之后，可以随时修改字段名而不会影响字段中的数据。打开"设计视图"，直接修改字段名。

（5）改变字段的大小

改变字段的大小时，首先打开该数据表的设计视图窗口，然后选中字段，在"字段属性"中的"字段大小"中改变字段的大小值。

注意：当数据表中已经输入了数据，这时要将"字段大小"从大调到小就可能失去数据。如果是文本型字段，Access 2010 会自动删除超出新界限的字符。如果将单、双精度型改为整型，Access 2010 会自动取整，舍去小数部分。

四、查询

查询是指根据用户指定的一个或多个条件，在数据库中查找满足条件的记录，并将其显示出来作为一个新文件保存起来。查询可以建立在表的基础上，也可以建立在其他的查询的基础上。查询到的数据记录集合称为查询的结果集。结果集以二维表的形式显示，但它们不是基本表。

1. 查询的分类

在 Access 2010 中出现的查询类型有选择查询、参数查询、交叉表查询、操作查询和 SQL 查询五种。

选择查询是最常用的查询方法，根据用户提供的条件，从一个或多个数据表中检索数据，并在数据表中显示结果。选择查询可以对查询出来的数据进行分组、计数、求平均值和统计等操作。

参数查询是一种动态查询。在执行参数查询时显示"参数查询"对话框，提示用户输入参数，然后根据用户输入的参数查询相应的记录。每次查询时输入的参数可以是不同的，所以参数查询具有很强的灵活性。

交叉表查询可以显示来源于表中某个字段的统计值（求和、平均），并且将它们分组，分别列在数据表的左侧和上方，构成一个二维表格。

操作查询是在一次查询操作中，根据不同的条件更改多条记录的查询方法。它分为删除查询、更新查询、追加查询和生成表查询。

SQL 查询是用户使用 SQL（Structured Query Language，结构化查询语言）语句创建的查询。所有 Access 2010 查询都是基于 SQL 语句的，每个查询都对应一条 SQL 语句。在查询设计视图中所做的查询设计，在其"SQL"视图中均能找到对应的 SQL 语句。常见的 SQL 查询包括联合查询、传递查询、数据定义查询和子查询。

2. 创建查询文件

打开数据库窗口，在"创建"选项卡下有"查询"组，给出了两种创建查询的方式：使用设计视图创建查询和使用查询向导创建查询，如图 6-8 所示，使用设计视图创建选择查询是最常见的一种创建查询的方法。

图 6-8　创建查询的两种方式

（1）选择字段

选择字段是指将字段从数据表字段列表中选择到查询的设计网格里，使其在查询文件中有效。选择字段并添加到设计网格的字段行上有三种方法：一是双击选中的字段；二是将字段列表中的字段拖动到设计网格中；三是单击设计网格中字段行上的向下箭头，从下拉列表中选择需要的字段。这样一个一个字段的操作,直到完成选择。

如果选择字段的同时出现了错误,可以将光标定位在错误字段所在的列,选择"查询工具/设计"选项卡中的"查询设置"组中的"删除列"命令来清除错误的字段。

（2）排序

在查询中可以根据字段内容按升序或者降序对记录进行排序。将光标放在要排序的字段上的"排序"行中单击,这时可以看到一个向下的箭头,单击这个箭头可以看到一个下拉式菜单,菜单中有"升序"、"降序"选项,单击某个选项就可以确定排序方式。

（3）显示

在设计网格中每一列的"显示"行都有一个复选框,在选择字段时复选框的默认值为有效,复选框有效的含义是指在显示查询结果时显示该字段,而复选框无效的含义是指在显示查询结果时不显示该字段。

（4）条件

设计网格中的"条件"用来指定筛选条件,根据此条件筛选出用户所需要的一批记录,从而使工作范围限定在更小、定义更为精确的记录上。

每个字段可以使用位于第一个条件行下面的各行指定条件。这些附加的条件行与第一个条件行的关系为"或",表示当字段的取值匹配了条件区中任何一行时都会显示该记录。如果有多个字段同时使用条件,各字段条件之间的关系则为"与",表示各字段的取值匹配了所有条件才会显示该记录。

3. 修改查询

创建查询文件后,如果要改变查询条件,比如,增加和删除字段、改变字段位置,重新排列次序等,可以在数据库窗口中的导航窗格中右击选定的查询文件名,在弹出的快捷菜单中选择"设计视图"命令,即可在查询的"设计视图"中对查询进行修改。

4. 使用查询

创建查询的目的就是为了通过使用查询获得所希望的结果,在查询中可以查看数据表中保存的数据,也可以有选择地显示表中某些字段的数据,甚至可以显示外部数据库中多个数据表中的数据。

Access 2010 的查询包括五种视图,如图 6-9 所示,即数据表视图、数据透视表视图、数据透视图视图、SQL 视图和设计视图,在"开始"选项卡的"视图"组中,可以分别选择这五种视图的显示方式,其中常用的数据表视图用来显示查询的结果数据,为系统默认的显示方式,设计视图用来对查询设计进行修改,SQL 视图用来显示与设计视图等效的 SQL 语句。

图 6-9　查询的五种视图

5. 高级查询

所谓高级查询就是在查询过程中使用通配符、比较操作符、参数和计算公式等,这样可以使查询功能更强、操作更加方便。

（1）通配符

在创建查询时,可能会遇到一些特殊情况,比如,仅知道要查找的部分内容,或者要查找以指定的字母为开头的内容,或者符合某种样式的指定内容,在这种情况下就要借助通配符。Access 2010 提供了一些通配符,它们可以用占位符或者指定一个文本字段的开始或结束字符。常用的通配符及使用方法如表 6-2 所示。

表 6-2　Access 2010 的通配符

符号	使　用	示　例	结　果
*	与任何个数的字符匹配。它可以在字符串中当成第一个或最后一个字符使用	*h*	可以找到 what、white 和 why
?	与任何单个字母的字符匹配	B?ll	可以找到 ball、bell、bill
[ ]	与方括号内任何单个字符匹配	B[ae]ll	可以找到 ball、bell 但找不到 bill
!	匹配任何不在括号之内的字符	B[! ae]ll	可以找到 bill、bull 但找不到 ball、bell
~	与范围内的任何一个字符匹配。必须以递增排序次序来指定区域(A 到 Z,而不是 Z 到 A)	J[a~o]n	可以找到 Jan、Jon 但找不到 Jun
#	与任何单个数字字符匹配	3#3	可以是 333、343、323

（2）比较操作符

比较操作符可以指定查询中的准则,Access 2010 根据用户定义的准则确定查询结果。比较操作符是用来连接代数表达式。比较操作符的两侧可以是文本、数字或代数表达式,也可以是日期和时间值。Access 2010 中常用的比较操作符与 Excel 相同。

（3）创建带有参数的通用查询

为了使查询更加灵活,Access 2010 设计了一种带有参数的通用查询。所谓参数,也是一种准则,不同之处在于参数是在运行查询时输入的,而准则是在创建查询时定义的。

创建了带有参数的通用查询以后,在运行查询时 Access 2010 会提示"输入参数值"输入框,用户输入参数以后,Access 2010 会将输入的值插入到指定的位置,然后根据参数的要求进行查询,建立输出数据表文件。

（4）查询中的计算

Access 2010 还提供丰富的计算功能。为了保存计算结果,必须在查询文件中添加计算结果字段。如果要计算"学生表"中每个学生的总成绩和平均成绩,在查询设计网格最后一个字段的右边连续两个空白列字段行中,分别输入表达式:

总成绩：[成绩 1]+[成绩 2]+[成绩 3]
平均成绩：([成绩 1]+[成绩 2]+[成绩 3])/3

运行查询即可得到查询结果。

五、窗体

窗体是 Access 2010 的基本数据库对象,作为控制数据访问的用户界面,窗体使得用户与 Access 之间产生了连接。Access 窗体有四种大的类型：数据操作窗体、控制窗体、信息显示窗体和交互信息窗体。依据数据记录的显示方式和显示关系,可将 Access 提供的窗体分为纵栏式窗体、多个项目窗体、数据表窗体、分割窗体、主/子窗体、数据透视表窗体和数据透视图窗体。窗体主要用来建立数据输入、输出以及搜索的人机交互的界面。多数窗体都与数据库中的一个或多个表以及查询进行绑定,并以特定布局显示数据。窗体本身并不包含数据,数据仍存储在数据库的表中,窗体只是引用了基础表和查询中的数据记录,为用户提供了按照各自习惯管理数据的环境。在窗体中,可以利用记录向导按钮移动记录,也可以编辑记录中的数据。

1. 窗体的视图

窗体的视图是指窗体在具有不同功能应用范围下呈现的外观表现形式。在 Access 2010 中窗体有六种视图,分别是窗体视图、设计视图、布局视图、数据表视图、数据透视表视图和数据透视图视图。

2. 窗体的结构

窗体一般由页眉、主体和页脚三部分组成。

页眉位于窗体的上方,一般要体现记录的公共信息,如标题、通用标志等。

主体位于窗体中间,是窗体的主要部分,用来放置 Access 2010 提供的各种控件,显示来自数据表或查询中的数据。

页脚位于窗体的下方,可以包含记录的总计信息和命令按钮等其他信息。

3. 控件

控件是窗体中用于显示数据、执行操作或装饰窗体的对象。窗体中的所有信息都包含在控件中。例如,在窗体中使用文本框显示数据,使用命令按钮打开另一个窗体,或者使用线条或矩形来分隔与组织控件以增强它们的可读性。窗体中的控件按用途及与数据源的关系可分为绑定型、未绑定型和计算型三种。

绑定型控件有数据源,主要用于显示、输入及更新数据表或查询中的字段,并且与数据源中的字段相关联。未绑定型控件则没有数据来源,主要用于显示信息、线条、矩形及图像等。计算型控件是以表达式作为数据源,表达式可以使用窗体数据源中的字段值,也可以使用窗体上其他控件中的数据。

4. 创建窗体

Access 2010 创建窗体的方式非常丰富,如图 6-10 所示。

(1) 窗体,创建一个窗体,在该窗体中一次只输入一条记录的信息。这种方法创建的窗体简单快捷,可以逐条查看表或者查询的记录。

图 6-10　创建窗体的方法

(2) 窗体设计,在设计视图中新建一个空窗体,可以对该窗体进行高级设计更改。

(3) 空白窗体,创建不带控件或格式的窗体。

(4) 窗体向导,通过向导创建简单的可自定义窗体。

(5) 导航,允许用户创建可以浏览其他表单和报表的窗体。

(6) 其他窗体,可以选择创建多个项目、数据表、分割窗体等不同窗体。

六、报表

报表和表、查询、窗体都属于 Access 2010 的基本组件。报表主要用来输出数据表和查询中的数据,其输出的表格方式可以由用户自己设定。在报表中使用控件,可以在报表与数据源之间建立连接。控件用于显示提示信息及数值、显示标题、可视化地组织数据,以及美化报表的装饰线条等。在报表中能够控制每个对象的大小和显示方式,并可以按照用户所需的方式显示相应的内容。根据报表中字段数据的显示位置,Access 2010 报表分为三种类型:纵栏式报表、表格式报表和标签报表。

1. 报表的视图

报表操作共分四种视图方式:报表视图、打印预览视图、布局视图和设计视图。报表视图是显示视图,用以查看报表的显示效果。打印预览视图分页显示需要打印的全部数据,用于观察报表的打印效果。布局视图可以查看报表版面设计和打印效果,用户可以重新编辑各控件,但不能添加控件。设计视图是常用的视图方式,主要用于创建和编辑报表的内容和结构。

2. 报表窗口的组成

报表窗口的内容是以节划分的,每一节的设计都有特定的目的,在打印时按一定的顺序打印在页面或报表上。在"设计视图"中,节代表着不同的区,报表的每一节只能被指定一次。在打印报表中,有的节可以指定很多次。可以通过放置控件来确定在每一节中显示内容的位置,如标签和文本框。通过对使用共享值的记录进行分组,可以进行一些计算或简化报表使其易于阅读。

在默认方式中,报表的窗体分为页面页眉、主体、页面页脚三个部分。在"设计视图"下,单击"设计"选项卡的"页眉/页脚"组的"标题"按钮,可以添加"报表页眉"和"报表页脚",分组后还可以添加"组页眉"和"组页脚"。

报表页眉只在报表头显示,打印在第一页的页眉以前。主要用来放置报表标题、打印日期、公司名称等。页面页眉显示在报表中每页的最上方,用来显示列标题、日期、页码等。

主体包含报表数据,其数据来源是数据表记录,每个记录按顺序放置在主体中。在主体中,除了放置字段列表外,还可以放置带有附加标签的文本框和各种控件。

报表页脚只显示在报表末尾,打印在最后一页的页脚以后。主要用来放置报表汇总、总计、打印日期等。页面页脚显示在报表中每页的最下方,用来显示页面摘要、日期、页码等。

3. 创建报表

在创建数据报表时,Access 2010 提供了"报表"、"报表设计"、"空报表"、"报表向导"和"标签"五种方法,如图 6-11 所示。

(1) 报表,可以为用户主动创建报表,是创建报表最快速、简单的方法,一般不完全符合用户要求,还需要进行修改。

图 6-11 创建报表的方法

(2) 报表设计,在设计视图中新建一个空报表,可以对该报表进行高级设计更改。

(3) 空报表,在布局视图中新建一个空报表。

(4) 报表向导,利用向导方式使用户快速、方便地生成不同类型的报表。报表向导会提示用户回答有关报表生成的一些问题,然后基于用户的回答生成报表。

(5) 标签,使用标签向导可以创建和打印可容纳标签的报表。

实验 6-1 Access 2010 数据库中表的建立与维护

一、实验目的

1. 熟悉 Access 2010 的窗口,掌握基本操作。

2.掌握数据库和表的创建和编辑方法。

3.掌握表属性的设置方法。

二、实验内容和步骤

1. 数据库的创建

创建一个新的空数据库 Mydb.accdb。

（1）启动 Access 2010，可以使用如下方法：

① 选择"开始"按钮|"所有程序"|Microsoft Office|Microsoft Access 2010，启动 Access 2010。

② 双击桌面快捷方式。

③ 双击某一个已经建立的数据库文件。

（2）在如图 6-2 所示的 Access 2010 启动后首界面图中，选择如图 6-12 所示的创建"空数据库"，首界面图的右下角是设置数据库文件名和路径的区域，如图 6-13 所示，将文件名设置为 Mydb.accdb，路径设为"D:\实验 6\"，然后单击"创建"按钮，则创建了一个空数据库。

图 6-12　创建"空数据库"

图 6-13　"创建新数据库"对话框

2. 使用数据表视图、设计视图创建表

使用数据表视图、设计视图两种方法来创建表，分别创建"课程表"、"学生表"、"成绩表"。

（1）通过数据表视图创建"课程表"

"课程表"结构如表 6-3 所示。

表 6-3　"课程表"结构

字 段 名 称	数 据 类 型	字 段 大 小
课程编号	文本	8
课程名称	文本	50
学分	数字	—

① 创建数据库 Mydb 之后，系统已经建立了一个表"表 1"，默认视图为"数据表视图"，选中 ID 列，在"表格工具/字段"选项卡中"属性"组中单击"名称和标题"按钮，出现"输入字段属性"对话框，如图 6-14 所示。在"名称"框中输入"课程编号"，单击"确定"；在"表格工具/字段"选项卡"格式"组中，将"数据类型"改为"文本"，并把"属性"组中"字段大小"设置为8，如图 6-15 所示。

图 6-14 "输入字段属性"对话框

图 6-15 "表格工具/字段"选项卡

② 在"表1"的设计视图中,单击如图 6-16 所示的"单击以添加",在弹出菜单中选择"文本",接着输入字段名"课程名称",并在"表格工具/字段"选项卡中,将字段大小设置为 50。

③ 继续单击"单击以添加",选择"数字",输入字段名"学分"。

④ 按照图 6-17 所示输入数据。

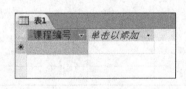

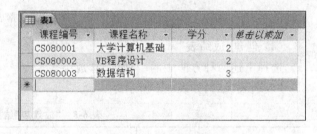

图 6-16 "单击以添加"对话框　　　　　　　图 6-17 输入数据图

⑤ 单击左上角保存按钮,在弹出的对话框中输入表名称为"课程",如图 6-18 所示。单击"确定"按钮,表"课程"创建完成。

(2) 通过设计视图创建"学生表"

"学生表"结构如表 6-4 所示。

图 6-18 "保存表名称"对话框

表 6-4 "学生表"结构

字 段 名 称	数 据 类 型	字 段 大 小
学号	文本	8
姓名	文本	25
性别	文本	2
民族	文本	4
院系	文本	30
出生日期	日期/时间	—

① 在“创建”选项卡中单击“表设计”按钮，进入表设计视图，如图6-6所示。

② 按照表6-4所示的学生表结构，在“字段名称”列中分别输入“学号”、“姓名”、“性别”、“民族”、“院系”和“出生日期”；设置“学号”字段的数据类型为“文本”、字段大小为8；“出生日期”字段的数据类型为“日期/时间”、格式为“短日期”；其余四个字段的数据类型也为“文本”，字段大小按表6-4中的数据进行设置。

③ 选择“学号”字段，单击“表格工具/设计”选项卡中主键按钮 ，设置该字段为主键。

④ 单击左上角保存按钮，输入表名称为“学生”后，单击“确定”按钮。

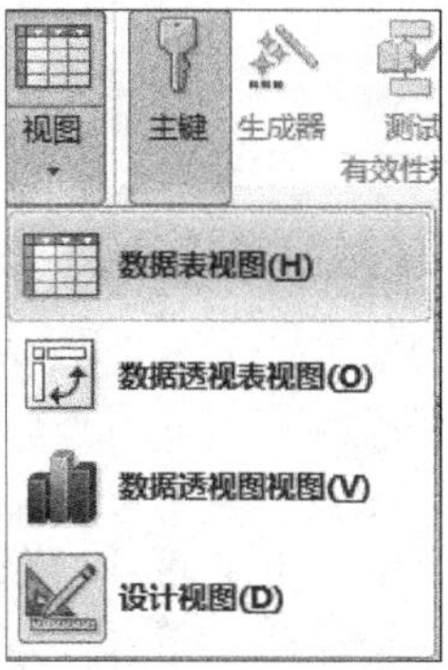

图6-19 “表格工具/设计”选项卡下的视图

⑤ 单击“表格工具/设计”选项卡中的视图按钮，选择“数据表视图”，如图6-19所示，然后在“数据表视图”下输入数据，结果如图6-20所示。

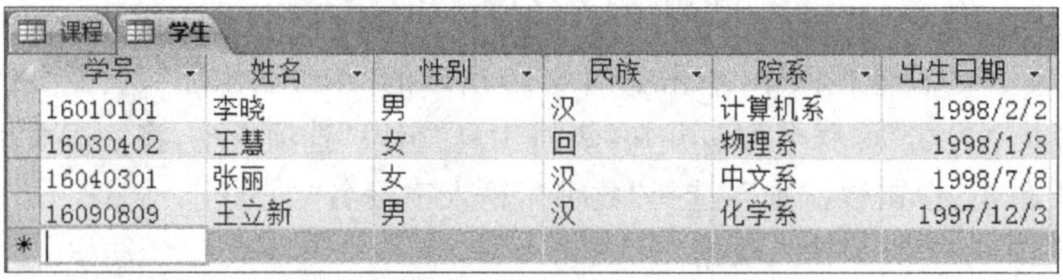

学号	姓名	性别	民族	院系	出生日期
16010101	李晓	男	汉	计算机系	1998/2/2
16030402	王慧	女	回	物理系	1998/1/3
16040301	张丽	女	汉	中文系	1998/7/8
16090809	王立新	男	汉	化学系	1997/12/3

图6-20 “学生表”数据表视图

(3) 创建“成绩表”

选择上述两种方法中的一种创建“成绩表”。

“成绩表”结构如表6-5所示。

表6-5 “成绩表”结构

字段名称	数据类型	字段大小
学号	文本	8
课程编号	文本	8
分数	数字	整型

图6-21所示为“成绩表”设计视图，图6-22所示为“成绩表”数据表视图。

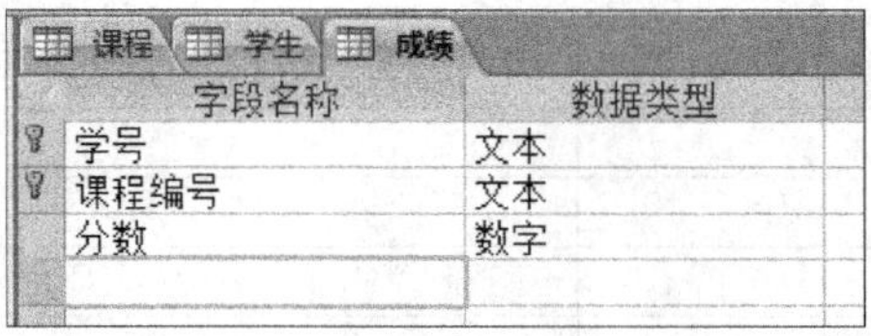

字段名称	数据类型
学号	文本
课程编号	文本
分数	数字

图6-21 “成绩表”设计视图

学号	课程编号	分数
16010101	CS080001	99
16010102	CS080001	95
16010102	CS080002	0
16090809	CS080001	89
16090809	CS080002	97
16090809	CS080003	90

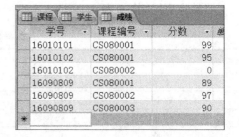

图6-22 “成绩表”数据表视图

3. 创建数据表之间的关系

在一个数据库中,表与表之间往往存在联系。用户可以通过创建数据表之间的关系,从而将多张表中的信息合并在一起。下面来定义 Mydb 数据库中三张表之间的关系。

① 单击"数据库工具"选项卡中"关系"组中的"关系"按钮,弹出如图 6-23 所示的"显示表"对话框。

② 将"课程表"、"成绩表"、"学生表"依次添加到"关系"窗口中,关闭"显示表"对话框。

③ 首先创建课程表和成绩表之间的关系,鼠标按住"课程表"的主键"课程编号"拖至"成绩表"的"课程编号",会弹出"编辑关系"对话框,如图 6-24 所示。单击"创建"按钮,在"关系"窗口中可以看到"课程表"与"成绩表"通过各自的"课程编号"字段建立了关系,创建好的关系如图 6-25 所示。

图 6-23 "显示表"对话框

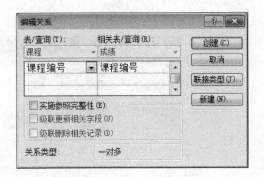

图 6-24 "编辑关系"对话框

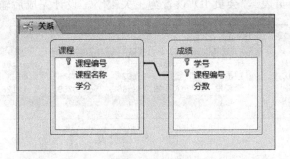

图 6-25 "课程表"与"成绩表"之间的关系

④ 参照以上步骤,创建"成绩表"与"学生表"之间的关系。创建好的关系如图 6-26 所示。

⑤ 单击"保存"按钮,保存当前设置好的表间关系。选择"关系工具/设计"选项卡上的"关系"组中的"关闭"命令,关闭创建的表关系。

三、实验作业

1. 新建一个数据库,设计并完成三个表,定义表之间的关系。

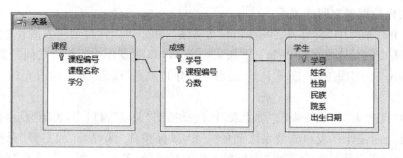

图 6-26　表与表之间的关系

【操作要求】

（1）新建一个空白数据库 shop.accdb。

（2）使用"数据表视图"创建如图 6-27 所示的表，修改字段名称，设置字段数据类型及大小，然后将该表保存为"商品表"，字段"商品编号"设置为主键。设计完成后输入若干商品数据。

商品编号	商品名称	型号	单价	进货数量	库存数量
100001	英雄牌钢笔	B001	22	200	120
100002	晨光签字笔	M7	3	300	80
200001	白猫洗衣粉	7980	13	200	150
200050	黑人牙膏	P120	8	80	55
*					

图 6-27　商品表

（3）使用"设计视图"创建如图 6-28 所示的表，添加字段，设置字段数据类型及大小，然后将该表保存为"会员表"，"会员 ID"设置为主关键字。设计完成后输入若干会员数据。

会员ID	姓名	通讯地址	电话号码	电子邮件
0001	张三	民富园2-3-2	83921234	zhang@126.com
0002	魏丽	奎园23-1-502	79803456	wl@163.com
0052	李晓彤	太阳城12-2-302	56230789	lxt@126.com
*				

图 6-28　会员表

（4）使用"设计视图"创建如图 6-29 所示的交易记录表，添加字段，设置字段数据类型及大小，然后将该表保存为"交易记录表"，"记录号"设置为主关键字。设计完成后输入若干交易记录。

（5）给会员表中增加一个字段"性别"，数据类型为"文本"，长度为 2。并为会员表中的各条会员记录设置性别。

（6）创建表之间的关系。

2. 新建一个数据库，设计并创建 3 个表，定义表之间的关系。

【操作要求】

（1）新建数据库 lib.accdb。

记录号	会员ID	交易时间	商品编号	数量
000001	0001	2016/9/1	100001	8
000002	0001	2016/9/1	100002	10
000003	0002	2016/9/5	100001	5
000004	0002	2016/9/7	100002	20
000005	0002	2016/9/7	200001	1
000006	0002	2016/9/7	200050	1
000007	0052	2016/9/7	200001	2

图 6-29　交易记录表

（2）建立"书目表"，字段有"书号"、"书名"、"作者"、"定价"、"出版社"、"出版日期"等，根据字段值设置数据类型和长度，并输入数据。

（3）建立"读者表"，字段有"学号"、"姓名"、"性别"、"院系"、"班级"等，根据字段值设置数据类型和长度，并输入数据。

（4）建立"读者借阅信息表"，字段有"记录编号"、"学号"、"书号"、"借阅日期"、"应还日期"等，根据字段值设置数据类型和长度，并输入数据。

（5）创建表之间的关系。

实验 6-2　查询的创建

一、实验目的

1. 掌握选择查询的创建方法。
2. 掌握操作查询的创建方法。

二、实验内容和步骤

1. 选择查询的创建

选择查询（Select）是最常见的查询类型，它从一张或多张的表中检索数据，并且在可以更新记录（还有一些限制条件）的数据表中显示结果。也可以使用选择查询来对记录进行分组，并且对记录作总计、计数、平均值以及其他类型的总和的计算。

Access 2010 提供了两种方法创建选择查询，分别为"查询向导"和"查询设计"。

打开 Mydb. accdb 数据库。创建两个选择查询："学生信息查询"和"成绩查询"。

（1）创建"学生信息查询"。在"学生信息表"中查询"性别"为"女"的记录。

① 打开 Mydb. accdb 数据库，单击"创建"选项卡中"查询"组中的"查询向导"按钮，出现如图 6-30 所示的"新建查询"对话框，选择"简单查询向导"选项，然后单击

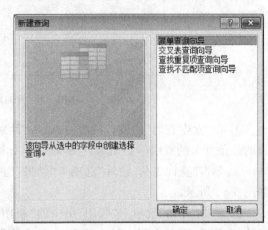

图 6-30　查询向导对话框 1

"确定"按钮。

② 如图 6-31 所示,在出现的"简单查询向导"对话框 2 中,在"表/查询"列表中选择"学生"表,在"可用字段"列表中分别选择需要查询的字段"学号"、"姓名"、"性别"和"院系",然后依次单击">"按钮,将其添加到"选定字段"列表框中,然后单击"下一步"按钮。

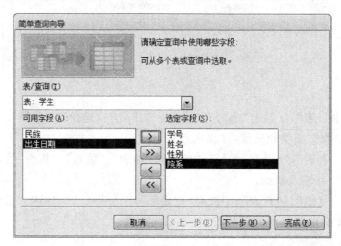

图 6-31　查询向导对话框 2

③ 如图 6-32 所示,在出现的"简单查询向导"对话框 3 的"指定标题"文本框中,输入查询标题为"女生查询",选择"修改查询设计"单选钮,然后单击"完成"按钮。

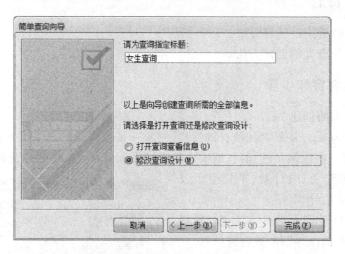

图 6-32　查询向导对话框 3

④ 在"女生查询"的设计视图中,单击"性别"列下的"条件"行,输入条件:"女",需要注意的是条件里的双引号必须为英文双引号,如图 6-33 所示。

⑤ 单击"查询工具/设计"选项卡"结果"组中的"运行"按钮,可以看到查询的运行结果,如图 6-34 所示。

⑥ 单击"开始"选项卡"视图"组中的"视图"下的"SQL 视图",系统会弹出如图 6-35 所示的"女生查询"的 SQL 视图,观察"女生查询"对应的 SELECT 语句。

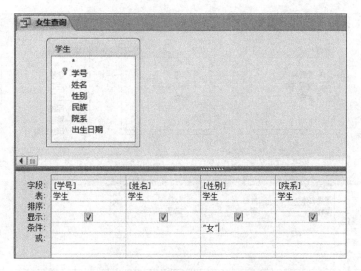

图 6-33 "女生查询"设计视图

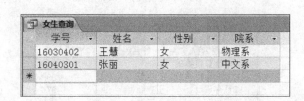

图 6-34 "女生查询"运行结果

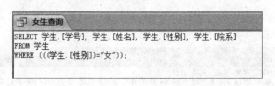

图 6-35 查询的 SQL 视图

（2）建立"成绩查询"，要求查询每个男学生及其选修课程的情况，列出学生名、所在院系、选修课程名和成绩，查询结果如图 6-37 所示。

① 单击"创建"选项卡中"查询"组中的"查询设计"按钮，出现如图 6-23 所示的"显示表"对话框，分别选择"课程"、"成绩"、"学生"表，单击"添加"按钮，然后单击"关闭"按钮。

② 在"查询1"设计视图中可以看到表和表之间的关系。然后在设计视图下方区域中分别选择"课程表"的"课程名称"字段，"学生表"的"姓名"字段，"成绩表"的"分数"字段，设计效果如图 6-36 所示。

③ 单击"保存"按钮，命名为"成绩查询"。

④ 单击"查询工具/设计"选项卡"结果"组中的"运行"按钮，成绩查询结果如图 6-37 所示。

⑤ 单击"开始"选项卡"视图"组中的"视图"下的"SQL 视图"，系统会弹出如图 6-38 所示的"成绩查询"的 SQL 视图，观察"成绩查询"对应的 SELECT 语句。

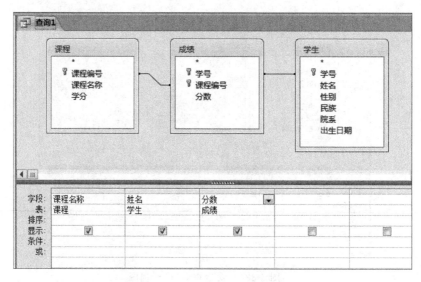

图 6-36　"成绩查询"设计视图

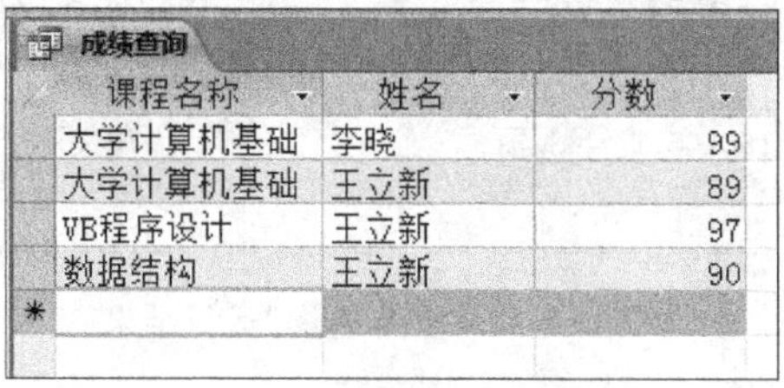

图 6-37　"成绩查询"运行结果

图 6-38　"成绩查询"SQL 视图

2. 操作查询的创建

操作查询是仅在一个操作中更改许多记录的查询,共有四种类型:删除(Delete)、更新(Update)、追加(Insert)与生成表(Create)。

创建三个操作查询:"添加学生查询"、"更新课程查询"、"删除查询"。

(1) 使用 INSERT 语句来建立"添加学生查询",将一个新学生"王小丽"的记录插入到"学生"表中。

① 单击"创建"选项卡中"查询"组中的"查询设计"按钮,出现如图 6-23 所示的"显示表"对话框,选中"学生"表,单击"添加"按钮,然后单击"关闭"按钮。

② 单击"查询工具/设计"选项卡"查询类型"组中的"追加"按钮,出现如图 6-39 所示的"追加"对话框,在"追加到表名称"列表中选择"学生"表,单击"确定"按钮。

③ 单击"查询工具/设计"选项卡"结果"组中的"视图"下的"SQL 视图"按钮,在出现的SQL 语句输入界面中输入如下语句。

图 6-39 "追加"对话框

```
INSERT INTO 学生(学号,姓名,性别,民族,院系,出生日期)
VALUES("16010108","王小丽","女","汉","计算机系","1998 - 6 - 12")
```

④ 单击"保存"按钮,命名为"追加学生查询"。

⑤ 单击"查询工具/设计"选项卡"结果"组中的"运行"按钮,在出现的对话框中单击 "是"。打开"学生"表,可以看到新增了一条记录。如图 6-40 所示。

学生						
学号	姓名	性别	民族	院系	出生日期	单
⊞ 16010101	李晓	男	汉	计算机系	1998/2/2	
⊞ 16010108	王小丽	女	汉	计算机系	1998/6/12	
⊞ 16030402	王慧	女	回	物理系	1998/1/3	
⊞ 16040301	张丽	女	汉	中文系	1998/7/8	
⊞ 16090809	王立新	男	汉	化学系	1997/12/3	
*						

图 6-40 运行"追加学生查询"后的学生表

注意:语句中所有的标点符号都是英文标点符号。

(2) 使用 UPDATE 语句创建"更新课程查询",将"课程"表中的 CS080002 课程学分改成 3。

① 单击"创建"选项卡中"查询"组中的"查询设计"按钮,出现如图 6-23 所示的"显示 表"对话框,选中"课程"表,单击"添加"按钮,然后单击"关闭"按钮。

② 单击"查询工具/设计"选项卡"查询类型"组中的"更新"按钮。

③ 单击"查询工具/设计"选项卡"结果"组中的"视图"下的"SQL 视图"按钮,在出现的 SQL 语句输入界面中输入如下语句:

```
UPDATE 课程 SET 学分 = 3
WHERE 课程编号 = "CS080002";
```

④ 单击"保存"按钮,命名为"更新课程查询"。

⑤ 单击"查询工具/设计"选项卡"结果"组中的"运行"按钮,在出现的对话框中单击 "是"按钮。打开"课程"表,可以看到更新后的记录。如图 6-41 所示。

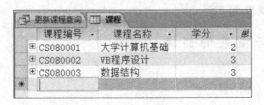

图 6-41 运行"更新课程查询"后的"课程"表

(3) 使用 DELETE 语句创建"删除查询",将"成绩"表中"分数"为 0 的记录删除。

① 单击"创建"选项卡中"查询"组中的"查询设计"按钮,出现如图 6-23 所示的"显示表"对话框,选中"成绩"表,单击"添加"按钮,然后单击"关闭"按钮。

② 单击"查询工具/设计"选项卡"查询类型"组中的"删除"按钮。

③ 单击"查询工具/设计"选项卡"结果"组中的"视图"下的"SQL 视图"按钮,在出现的 SQL 语句输入界面中输入如下语句:

```
DELETE *
FROM 成绩
WHERE 分数 = 0;
```

④ 单击"保存"按钮,命名为"删除成绩查询"。

⑤ 单击"查询工具/设计"选项卡"结果"组中的"运行"按钮,在出现的对话框中单击"是"按钮。打开"成绩"表,可以看到 0 分的记录已经被删除。如图 6-42 所示。

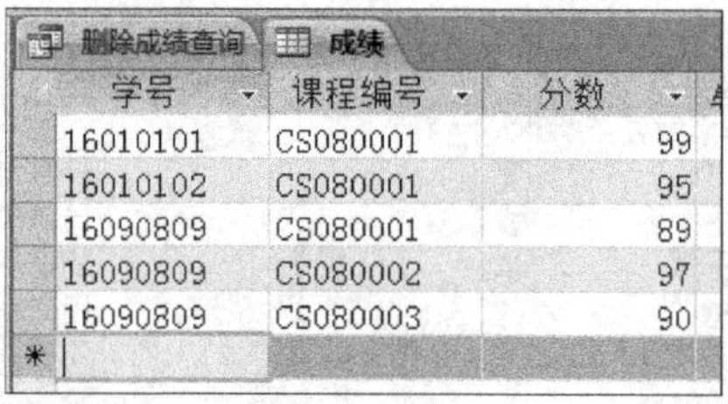

图 6-42　运行"删除成绩查询"后的"成绩"表

三、实验作业

1. 对实验 6-1 中建立的 shop.accdb 建立如下查询。

【操作要求】

(1) 建立选择查询,查找交易记录表中会员"张三"的交易记录。

(2) 建立追加查询,将自己的信息添加到会员表中。

(3) 建立更新查询,将商品表中编号为 100002 的商品的进货数量更新为 500。

2. 对实验 6-1 中建立的 lib.accdb 建立如下查询。

【操作要求】

(1) 建立选择查询,分别查找出版社名为"清华大学出版社"的所有记录和某个学生的借阅记录。

(2) 建立追加查询,为书目表中添加若干记录。

(3) 建立删除查询,删除定价小于 20 元的所有书籍记录。

(4) 练习使用更新查询。

实验 6-3　窗体与报表的创建

一、实验目的

1. 掌握窗体的创建方法。

2．掌握报表的创建方法。

二、实验内容和步骤

1．窗体的创建

利用"窗体向导"创建"学生"窗体，如图 6-47 所示，并通过窗体进行学生成绩查询与管理，操作步骤如下。

① 打开 Mydb.accdb 数据库，单击"创建"选项卡的"窗体"组中的"窗体向导"按钮，在如图 6-43 所示的"窗体向导"对话框中，在"表/查询"下拉列表中，首先选择"表：学生"，在可用字段列表中会列出"学生表"的各个字段，选择所有字段，并将它们添加到"选定的字段"列表中；然后选择"表：课程"，按照上述方法将"课程名称"和"学分"字段添加到"选定的字段"列表中；最后选择"表：成绩"按照上述方法将"分数"字段添加到"选定的字段"列表中。

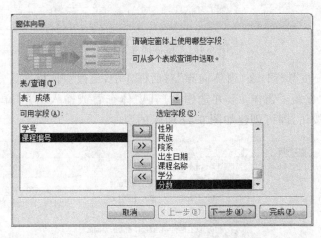

图 6-43 "窗体向导"对话框 1

② 单击"下一步"按钮，在"窗体向导"对话框 2 中，"请确定查看数据的方式"列表框中选择"通过 学生"，并选中"带有子窗体的窗体"单选钮，如图 6-44 所示。

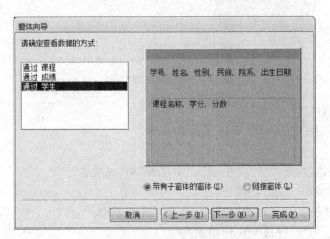

图 6-44 "窗体向导"对话框 2

③ 单击"下一步"按钮,在"窗体向导"对话框 3 中,选中"数据表"单选钮。如图 6-45 所示。

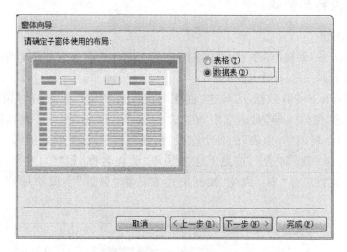

图 6-45 "窗体向导"对话框 3

④ 单击"下一步"按钮,在"窗体向导"对话框 4 中,更改窗体标题为"学生信息窗体",更改子窗体标题为"成绩子窗体 1",并选中"打开窗体查看或输入信息"单选钮,如图 6-46 所示。单击"完成"按钮,即可创建如图 6-47 所示的窗体。

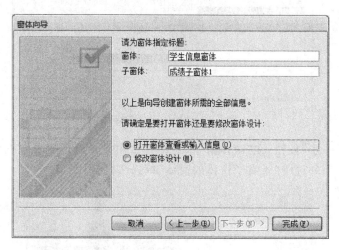

图 6-46 "窗体向导"对话框 4

2. 报表的创建

使用"报表向导"创建如图 6-48 所示的报表。

(1) 要求

① 报表使用字段来源于"学生表"、"课程表"和"成绩表"。

② 查看数据的方式选择"课程表"。

③ 需要计算的汇总字段为"成绩",汇总方式为平均。

④ 报表标题为"课程成绩统计报表"。

⑤ 其他设置采用默认方式。

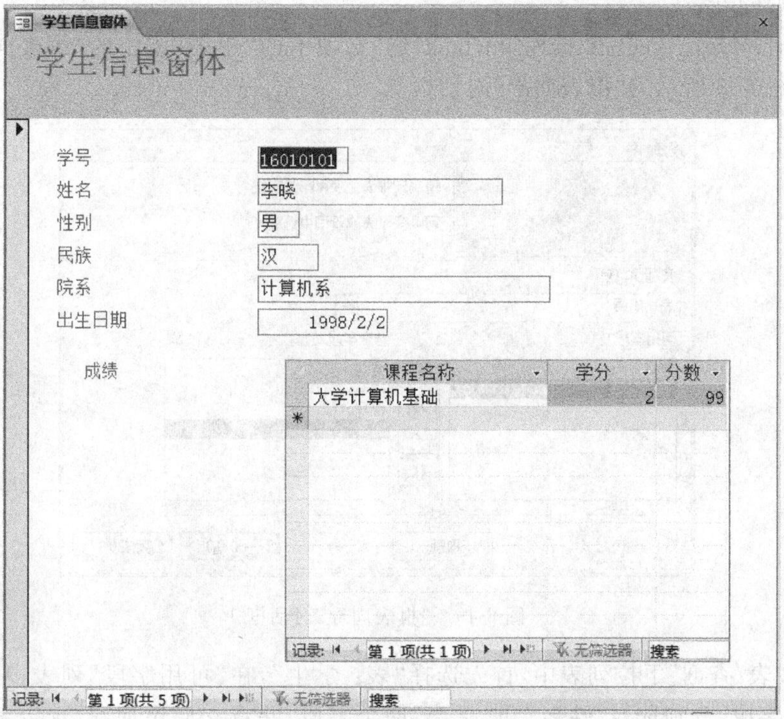

图 6-47　学生信息窗体

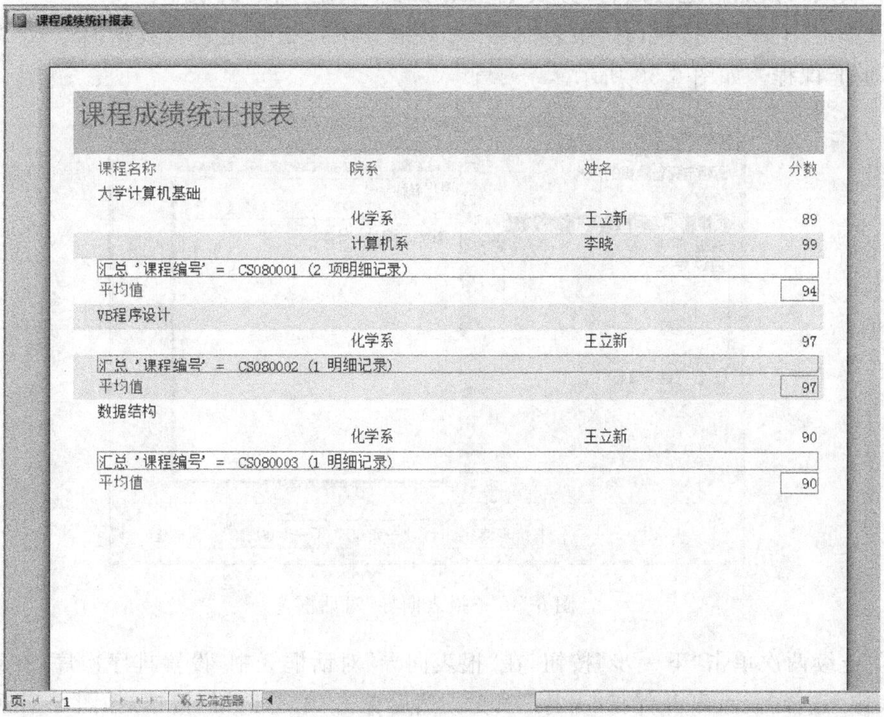

图 6-48　课程成绩统计报表

（2）操作步骤

① 打开 Mydb.accdb 数据库，单击"创建"选项卡的"报表"组中的"报表向导"按钮，将会弹出如图 6-49 所示的"报表向导"对话框 1。

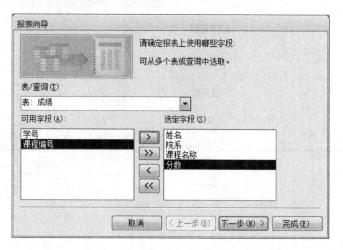

图 6-49　"报表向导"对话框 1

② 在"表/查询"下拉列表中，首先选择"表：学生"，在"可用字段"列表中会列出"学生表"的各个字段，分别选择"姓名"和"院系"两个字段，并将它们添加到"选定字段"列表中；然后选择"表：课程"，按照上述方法将"课程名称"字段添加到"选定字段"列表中；最后选择"表：成绩"，按照上述方法将"分数"字段添加到"选定字段"列表中。

③ 单击"下一步"按钮，在"报表向导"对话框 2 中，"请确定查看数据的方式"列表框中选择"通过 课程"，如图 6-50 所示。

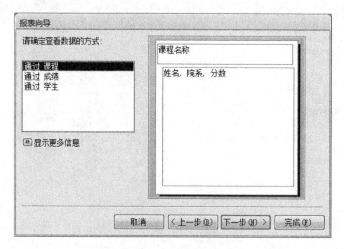

图 6-50　"报表向导"对话框 2

④ 连续两次单击"下一步"按钮，在"报表向导"对话框 3 中，设置排序次序，在第一个下拉列表中，选择"院系"，并保持"升序"不变。然后单击"汇总选项"按钮，如图 6-51 所示。

⑤ 在弹出"汇总选项"对话框中，选中"平均"下的复选框和"计算汇总百分比"左端的复选框，单击"确定"按钮返回，如图 6-52 所示。

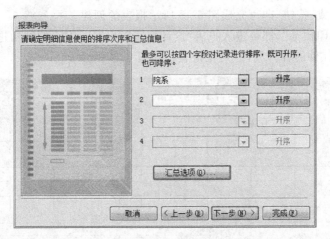

图 6-51 "报表向导"对话框 3

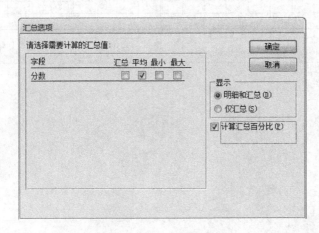

图 6-52 "汇总选项"对话框

⑥ 连续两次单击"下一步"按钮,在弹出的"报表向导"对话框 4 中,更改报表标题为"课程成绩统计报表",并选中"预览报表"单选钮,如图 6-53 所示。

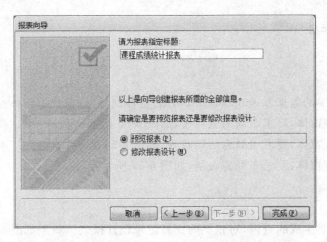

图 6-53 "报表向导"对话框 4

⑦ 单击"完成"按钮,即可完成图 6-48 所示报表的创建。

⑧ 关闭"打印预览",即可进入报表"设计视图",可以对报表的结构进行编辑,添加控件和表达式,设置控件的各种属性,美化报表。如图 6-54 所示。

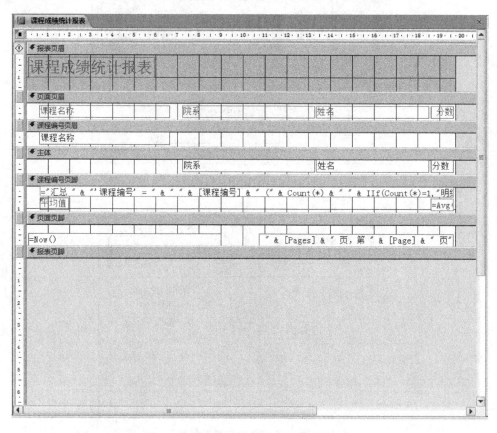

图 6-54 课程成绩统计报表的"设计视图"

还可以通过"布局视图"查看报表的版面设置,并可以移动、删除控件,设置控件的属性,但不能添加控件。

三、实验作业

1. 窗体设计

【操作要求】

根据实验 6-1 的数据库 shop.accdb,利用"窗体向导"创建以下窗体。

① 商品管理窗体,要求布局为纵栏表,如图 6-55 所示。

② 会员管理窗体,要求布局为两端对齐,如图 6-56 所示。

③ 交易管理窗体,要求布局为表格,如图 6-57 所示。

2. 报表设计

【操作要求】

根据实验 6-2 生成的查询,对张三的交易记录设计报表。效果如图 6-58 所示。

3. 为实验 6-2 中的 lib 数据库的查询建立窗体和报表。

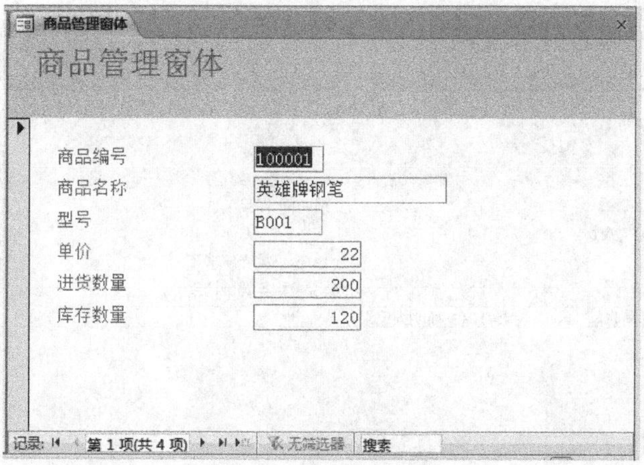

图 6-55　商品管理窗体

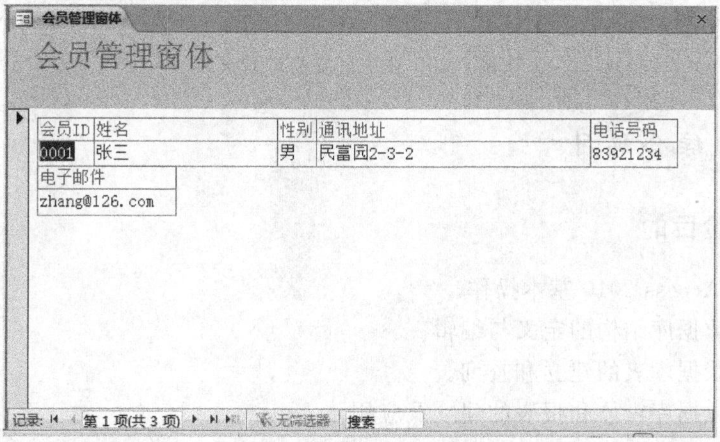

图 6-56　会员管理窗体

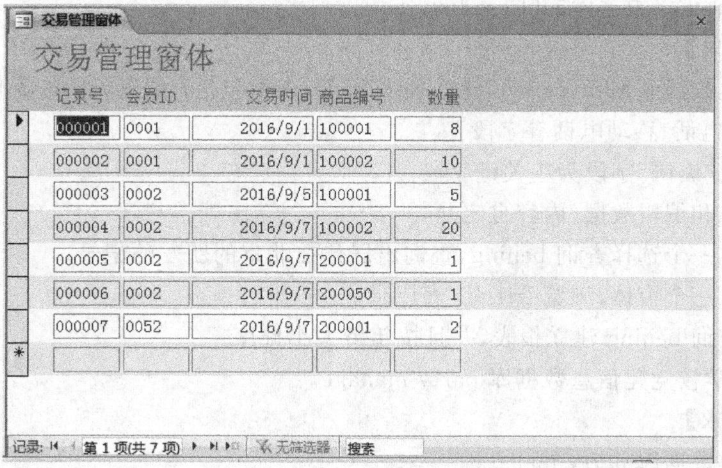

图 6-57　交易管理窗体

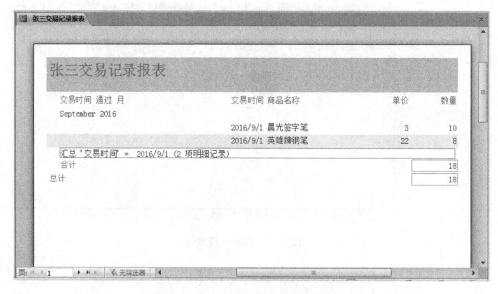

图 6-58　张三的交易记录报表

实验 6-4　综合练习

一、实验目的

1. 掌握 Access 2010 基本操作。
2. 掌握数据库结构的定义与编辑。
3. 掌握数据库表的建立和查询。
4. 掌握数据库窗体和报表的建立及应用。

二、实验作业

1. 建立通讯录数据库 address-list。

【操作要求】

（1）创建数据库 address-list，建立表 friends，表中包括：编码、姓名、居住城市、邮编、住址电话、办公电话、移动电话等字段。

（2）设置"编码"字段为主关键字段。

（3）输入和编辑数据（内容自定）。

（4）建立一个选择查询 beijing，查询出居住在北京的朋友的记录。

（5）建立一个窗体，浏览 friends 表记录。

（6）为查询 beijing 建立报表，并且按年龄大小排序。

2. 建立学校党建信息数据库 party-manage。

【操作要求】

（1）创建数据库 party-manage。

（2）建立学生信息表 students，表中包括：学号、姓名、性别、出生日期、班级号、政治面貌等字段。

（3）建立班级信息表 classes，表中包括：班级号、班级名、学院名等字段。

（4）建立党建信息表 dj，表中字段包括：学号、入团时间、申请入党时间、积极分子时间、发展对象时间、入党时间、转正时间、所属支部等。

（5）输入和编辑数据（内容自定）。

（6）建立一个选择查询 seldj。查询出"计算机 16"党支部中性别为"女"的学生名单。名单包括：学号、姓名、学院名、申请入党时间。

（7）为数据库中的三个表分别建立一个窗体。

（8）为查询 seldj 建立报表。

第7章　多媒体应用

　　多媒体就是文件、声音、图形、图像、动画和视频等多种媒体成分及其组合，而多媒体技术是将这多种媒体信息经过计算机设备的获取、操作、编辑、存储等综合处理后，以单独或合成的形态表现出来的技术和方法，它提供了良好的人机交互功能和可编程环境，极大地拓展了计算机应用领域，改变着人们工作、学习和生活的方式，并对大众传播媒体产生了巨大的影响。

　　多媒体技术的出现，使人们可以一边听心爱的 CD 音乐，一边用手写板来制作一封中文信函，并加上美丽的插图，再经过 Internet 传送给远方的亲友；或是工作疲惫时拿出一套 VCD 来欣赏；或是跟工作伙伴开一个视频会议，同对方探讨重要的生意决定，再将业务报告制成有声有画的多媒体商业简报等。因此，多媒体让人们真正领略了计算机的魅力。

　　本章通过介绍 Photoshop 和 Flash 的使用，学习多媒体的制作，从而对多媒体的概念和使用有初步的了解。

学 习 指 导

一、图像处理软件 Photoshop 的简介

　　Photoshop 是 Adobe 公司开发的一款功能强大的平面图像处理软件，在几乎所有的广告、出版、软件公司中，它都成为首选工具。

　　Photoshop 的主要功能是对图形、图像文件进行编辑处理、加工、修改和设计制作，它支持几乎所有的图像格式和色彩模式，能够同时进行多图层的处理；其绘画功能和选择功能让编辑图像变得十分方便；它的图层样式功能和滤镜功能给图像带来了无穷无尽的奇特效果。

　　本章介绍的是 Photoshop CS3 的使用。

1. Photoshop 的工作窗口

　　Photoshop 的工作窗口与 Windows 的其他应用程序窗口相似，操作风格也几乎一样。它的工作窗口由标题栏、菜单栏、工具箱、工具属性栏、浮动控制面板、图像窗口等组成，如图 7-1 所示。

　　（1）工具箱包含了 Photoshop 中各种常用的工具，可以进行创建选区、绘图、取样、编辑、移动、注释以及查看图像等操作。还可以通过工具箱改变前景色和背景色、改变图像的显示模式等。单击工具箱中的某一工具按钮就可以调出相应的工具来使用。

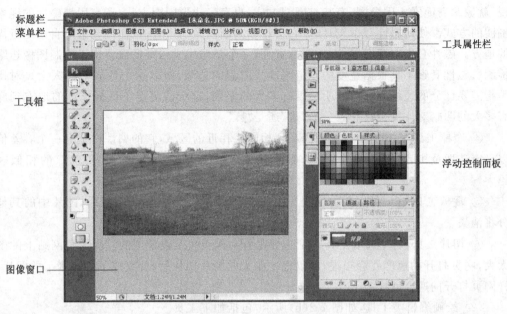

标题栏
菜单栏
工具属性栏
工具箱
浮动控制面板
图像窗口

图 7-1　Photoshop 的工作窗口

（2）工具属性栏显示了工具箱中当前所选择的工具的属性，也就是该工具的操作参数和命令。

（3）图像窗口即图像显示区域，在这里可以编辑和修改图像，也可以对图像窗口进行放大、缩小和移动等操作。

（4）浮动控制面板可用于对图像及其应用工具的属性显示与参数设置等操作。Photoshop 的浮动控制面板增强了工具箱中几乎所有工具的功能。浮动控制面板默认由"导航器"、"直方图"、"信息"、"颜色"、"色板"、"样式"、"图层"、"通道"、"路径"组成，它们各有不同的用途。

2. 工具箱

Photoshop CS3 拥有功能强大的工具箱，当鼠标指针从工具箱中的工具图标上滑过时，图标会自动地以高亮色彩显示。工具箱中的工具被分为 5 类，如图 7-2 所示。

(a) 选择类　　(b) 绘画编辑类　　(c) 路径类　　(d)图像查看类　　(e) 颜色工具

图 7-2　工具箱

（1）选择类工具，如图 7-2(a)所示，包括如下工具。

① 矩形、椭圆、单行、单列选框工具 ：单击右键，可以选用不同的图形框出用户感兴趣的部分。

② 移动工具 ：可以将选中的区域任意移动，改变其位置。

③ 套索工具、多边形套索工具、磁性套索工具 ：套索也是一种选择的方式，形象地

说，就像拿着绳索去围个圈，有基本围圈方式，也有多边形围圈方式，还有用带磁性的绳索去围圈的方式。使用磁性套索工具时，它会自动判断图像的边缘，以使得套索能自动贴近需要的地方。磁性套索有两个属性，一个是宽度，一个是对比度。宽度设置用于控制图像边缘的检测。磁性套索工具根据宽度的设定来寻找图像的边缘，所以这个数值不能太大。对比度是指需要区分的边缘与周边的明暗度有多大的差别，这个值决定了鼠标拖过的地方到底具有多大的明暗对比度会让它区分为"边"还是"区"。

④ 魔棒工具 ：主要用来选择颜色相同或相近的区域，它的属性栏里有一个容差值可以设定选取范围，容差值越小，所选取的颜色区域越小，容差值越大，所选取的相似区域越大。

⑤ 裁剪工具 ：可以裁剪出图片中任意一个矩形区域，确认裁剪后，图片中的其他部分将消失。

⑥ 切片工具、切片选取工具 ：主要是针对网页美工设计用的。因为若网站上的图片太大，网页打开的速度就会很慢，所以把一张大的图片切片后，就变成了很多张小的图片，那样网页打开的速度就快多了。

（2）绘画编辑类工具，如图 7-2(b)所示，包括如下工具。

① 污点修复画笔工具、修复画笔工具、修补工具、红眼工具 ：主要用于图片瑕疵的处理。

② 画笔工具、铅笔工具、颜色替换工具 ：画笔工具有很多笔触的设置。若选择铅笔工具，画出的笔触会非常细。

③ 仿制图章工具、图案图章工具 ：图章，顾名思义，就是可以盖出很多个一样的图案。仿制图章工具可以在图片上复制出多个用户选中的部分。图案图章工具可以在图片上复制出多个用户自定义的图片。

④ 历史记录画笔工具、历史记录艺术画笔工具 ：历史记录画笔、历史记录艺术画笔工具可以帮助用户恢复到若干操作之前的图片状况。

⑤ 橡皮擦工具、背景色橡皮擦工具、魔术橡皮擦工具 ：橡皮擦工具可以擦掉不想要的部分。背景色橡皮擦工具只擦背景色。魔术橡皮擦工具可以擦掉附近颜色相近的部分。

⑥ 渐变工具、油漆桶工具 ：渐变工具可创建直线形、放射形、斜角形、反射形和菱形的颜色混合效果。油漆桶工具可使用前景色填充着色相近的区域。

⑦ 模糊工具、锐化工具、涂抹工具 ：模糊工具可对图像中的硬边缘进行模糊处理。锐化工具可锐化图像中的柔边缘。涂抹工具可涂抹图像中的数据。

⑧ 减淡工具、加深工具、海绵工具 ：减淡工具可使图像中的区域变亮。加深工具可使图像中的区域变暗。海绵工具可更改区域的颜色饱和度。

其他的工具还有：路径类工具，如图 7-2(c)所示；图像查看类工具，如图 7-2(d)所示；颜色工具，如图 7-2(e)所示；蒙版工具，如图 7-3(a)所示；屏幕模式工具，如图 7-3(b)所示等。

(a)蒙版工具　　　(b)屏幕模式工具

图 7-3　蒙版工具、屏幕模式工具

3. 图层、通道、蒙版和路径

图层、通道和路径如图 7-4 所示。

(a) 图层浮动面板　　　　　　　(b) 通道浮动面板　　　　　　　(c) 路径浮动面板

图 7-4　图层、通道和路径浮动面板

（1）图层

图层好像是若干张叠放在一起的透明纸，没有内容的地方是透明的。在 Photoshop 中，将图像的每一部分置于不同的图层中，目的是可以独立地对每一层或某些层中的图像内容进行各种操作，而不会影响其他图层。图层控制面板将显示所编辑的每一图层的信息。利用图层控制面板可以很方便地控制图层的增加、删除、显示和改变顺序关系。

（2）通道和蒙版

通道和蒙版是 Photoshop 进行图像处理时不可缺少的利器，利用它们能够创建一些特殊的效果，使用户的创意跨入一个更高的境界。

通道用来存储色彩信息和选择区域。颜色通道数由图像模式来决定，例如，对于 RGB 模式的图像文件，有红、绿、蓝三个颜色通道；对于 CMYK 模式的图像文件，则有青、洋红、黄、黑 4 个颜色通道。用户也可以自己创建 Alpha 通道用于存储选区的信息和制作特效。对通道的操作和管理主要是通过通道面板进行的，利用通道面板可创建、删除或分离、合并通道。

蒙版是另一种选取处理技术。在进行图像创作或处理时，常需要对图像中的局部进行编辑、处理和加工，利用蒙版可屏蔽和保护一些重要的区域不受影响。在 Photoshop 中，应用蒙版往往是和使用通道结合在一起的，大部分蒙版操作都依赖于通道技术来完成。

（3）路径

利用路径控制面板，可以在图像中设计任意的曲线路径，然后便可利用指定的路径选取图像或者绘图。路径是一些由直线段或曲线段与结点组成的浮动线，可以是闭合的，也可以是断开的。路径常被用来完成复杂精确的选区，还可以使用颜色、图案描画或填充路径，从而创建意想不到的效果。

路径主要由钢笔工具创建的，并使用钢笔工具组中的其他工具进行修改。另外，要创建路径，也可以通过将选区转换成路径的方法来实现。

二、动画制作软件 Flash 的简介

Flash 是 Macromedia 公司推出的二维动画制作工具，是主要用于制作 Web 站点的动画、图形、文本的应用程序，它支持动画、声音，具有强大的多媒体编辑功能。用 Flash 制作的文件很小，这样便于在互联网上传输，而且它采用了流（stream）技术，只要下载一部分，就能欣赏动画，而且一边播放一边传输数据。交互性更是 Flash 动画的迷人之处，可以通过单击

按钮、选择菜单来控制动画的播放。因此,Flash 日益成为网络多媒体的主流。

本章介绍的是 Flash 8 的使用。

1. Flash 的工作窗口

Flash 工作窗口的最上面是菜单栏和工具栏;左边是工具箱,里面有一些图形工具;时间轴也就是动画的脚本区,在这里可以分层摆放各元素并规划其出场顺序,上面的数字表示帧数;窗口中间的白色区域是舞台,即工作区,在这里可以摆放一些图片、文字、按钮、动画等,如图 7-5 所示。

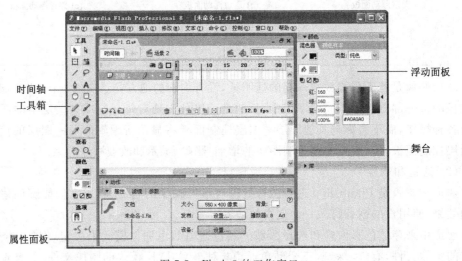

图 7-5 Flash 8 的工作窗口

(1) 舞台

舞台就是工作区,是最主要的可编辑区域。在这里可以直接绘图或者导入外部图形文件进行编辑,再把各个独立的帧合成在一起,生成电影作品。

(2) 时间轴

时间轴是 Flash 中最重要的工具之一,是一个以时间为基础的线性进度安排表,使设计者很容易以时间轴为基础,一步步地安排每一个动作。通过帧可以查看每一帧的情况,调整动画播放的速度,安排帧的内容,改变帧与帧之间的关系,从而实现不同的动画效果。

(3) 工具箱

工具箱包含一系列的 Flash 图形的创作和编辑工具,利用这些工具可以编辑图形和文字,也可以对对象进行选取、喷涂、修改和缩放等操作,还有些工具可以改变查看工作区的方式。当选择某一工具时,其所对应的附加项会在工具栏下面的位置出现,附加项的作用是改变相应的工具对图形处理的效果。工具箱分为 4 部分:工具部分、查看部分、颜色部分和选项部分,如图 7-6 所示。

下面介绍一些主要的工具。

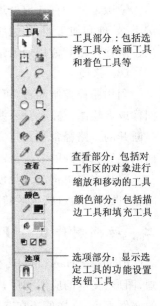

工具部分:包括选择工具、绘画工具和着色工具等

查看部分:包括对工作区的对象进行缩放和移动的工具

颜色部分:包括描边工具和填充工具

选项部分:显示选定工具的功能设置按钮工具

图 7-6 工具箱

① ▶ 选择工具：对图形、元件对象进行操作的工具，可以用来选择、移动和修改对象。

② ▶ 部分选取工具：可对图形的形状以及钢笔路径的形式进行修改。

③ ▣ 任意变形工具：能够对图形或元件进行任意旋转、缩放和扭曲。

④ ▤ 填充变形工具：主要用来修改对象填充样式的方向。

⑤ ╱ 线条工具：用来画直线。按住 Shift 键，可以画水平、垂直的直线，也可画与水平或竖直方向成 45°角的无锯齿效果的直线。

⑥ ⌀ 套索工具：具有魔术棒和多边形两种模式，主要用来选取不规则区域中的对象和对象的一部分。

⑦ ⌖ 钢笔工具：用来绘制各种复杂形状的对象。钢笔工具结合部分选取工具几乎可以画出任意复杂的曲线和图形。

⑧ A 文本工具：用来输入文本的区域，有静态文本、动态文本和输入文本三种形式，可以通过文本属性面板来设置文本的类型和文字的属性。

⑨ ○ 椭圆工具：用来画椭圆或正圆。按住 Shift 键画出来的是正圆。

⑩ ▢ 矩形工具：用来画各种形状的矩形，包括圆角矩形。按住 Shift 键画出来的是正方形。

⑪ ✎ 铅笔工具：用来画线条，可以是直线，也可以是曲线。有直线化、平滑和墨水瓶三种形式。

⑫ ✏ 刷子工具：用来绘制一些形状随意的对象，包括标准绘画、颜料填充、后面绘画、颜料选择和内部绘画 5 种形式。

⑬ ⬙ 墨水瓶工具：用来更改矢量对象线型的颜色和样式。

⑭ ⬗ 颜料桶工具：用来更改矢量对象填充区域的颜色。

⑮ ⌇ 滴管工具：用来从一个对象复制填充颜色和笔触属性，并应用到其他对象。

⑯ ✐ 橡皮擦工具：擦掉画面上的图形，包括标准擦除、擦除填色、擦除线条、擦除所选填充和内部擦除 5 种形式。

⑰ ✋ 手形工具：用来移动工作区域。

⑱ ⌕ 缩放工具：用来放大或缩小工作区域。单击缩放工具可放大视图比例，按住 Alt 键同时再在视图中单击，则可以缩小视图比例。双击缩放工具可使视图比例恢复至 1∶1。

⑲ 填充颜色：设置所选对象中要填充的颜色。

⑳ 笔触颜色：设置所选工具的线条和边框颜色。

（4）属性面板

属性面板主要用来设置当前所选对象的各种属性，不同的对象其属性面板不一样。

（5）浮动面板

浮动面板是用于创建和编辑对象、制作和编辑动画的工具，包括动作面板、颜色面板、场景面板、库面板等。用户可以在菜单栏的"窗口"菜单中调出所需面板，对于不需要的面板可以将其关闭。

2. Flash 的基本知识

（1）帧

动画的原理是利用人眼的视觉暂留效应，把一张张静止的图片以很快的速度连续播放，给人一种连续不断的感觉以形成动画。在 Flash 中帧就是一张张静止的图片，Flash 并不要求将所有帧中的内容一张一张都画出来，只需画出几个关键动作的画面（关键帧），就可以自动生成中间过程帧，以形成连续不断的动画（补间动画）。

（2）图层

层（Layer）就像是一张透明的纸，可以在每张纸上分别画上一些东西，然后把它们拼在一起形成一幅完整的画面。不同的对象出现在不同的层上，各层之间可以相互掩映、相互叠加，但不会相互干扰。这样做的好处是各层之间既相互关联又相互独立，当修改其中某一层时，不会影响到其他层中的内容。Flash 中的层分为 3 种类型：普通层、引导层和遮罩层。普通层就像是一张张透明的纸，上一层会遮住下一层，各层合起来是完整的整体。遮罩层与普通层正好相反，普通层是透明的纸，有内容的地方不透明，而遮罩层是不透明的纸，有内容的地方是透明的，就像在一块木板上挖了一些洞。引导层的作用是指明对象运动的路径，引导层是不显示的。

（3）元件

元件（Symbol）就像是电影里的演员，把某个对象设置为元件后，可以重复调用而不会增加文件的大小，而且还可以调用其他 Flash 动画中的元件。Flash 中共有 3 种元件：图形元件、按钮元件和影片剪辑元件。所有元件都是在元件库中管理的。

（4）场景

场景是借用影视艺术里的术语，相当于在同一部电影里要采用不同的背景、不同的场合拍各种镜头一样。场景是复杂的 Flash 动画中的几个相互联系但性质不同的分镜头。不同场景间的来回跳转切换就构成了一幅漂亮的多镜头动画。

3. Flash 动画的制作

（1）基本补间动画制作

补间动画制作有以下 3 个步骤。

① 设计起始帧。

② 设计与起始帧不同的终止帧，终止帧要求必须是关键帧。

③ 创建补间动画，即 Flash 会计算出起始帧与终止帧的不同，然后自动补齐中间的变化过程。

（2）运动导向层

Flash 有一个特殊的图层——运动导向层。运动导向层允许绘制路径，内插实体、集合或字块将沿着这个路径进行动态变化。用户可以将多个图层与同一个运动导向层相连，让多个对象沿同一路径运动。利用运动导向层，可以制作出沿着特定路线运动的动画。

（3）动画的输出

Flash 动画的主要文件格式是 swf，这是唯一支持 Flash 交互功能的文件格式。除了 swf 格式外，还可以以各种不同格式由 Flash 输出影像和静止图像，包括 gif、jpeg、png、bmp、QuickTime 或 avi。

播放 Flash 动画有以下几种方法。

方法一：在装有 Flash Player 的 Netscape 和 Internet Explorer 浏览器上播放。

方法二：在带有 Flash Xtra 的 Director 和 Authorware 上播放。

方法三：在装有 Flash ActiveX 控制器的 Microsoft Office 和其他带有 ActiveX 的主机上播放。

方法四：作为 QuickTime 影像的一部分播放。

方法五：制作成独立的播放程序播放。

实　　验

实验 7-1　Photoshop 的使用

一、实验目的

1. 熟悉 Photoshop 的操作界面。

2. 掌握 Photoshop 的各种工具及其使用方法。

二、实验内容和步骤

制作各种特殊效果的字体和图像是 Photoshop 的一个重要功能，下面以制作火焰效果的文字为例。

（1）新建一个 RGB 模式的文件，名称设置为"火焰字"，背景内容设置为"背景色"，如图 7-7 所示。

（2）工具箱中的 ■ 可以用来设置背景色和前景色，单击矩形框，出现如图 7-8 所示的拾色器，将背景色设置为黑色，按 Ctrl＋Delete 进行背景色填充。

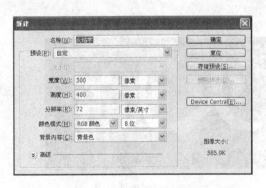

图 7-7　新建文件对话框

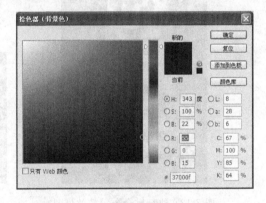

图 7-8　拾色器(背景色)对话框

（3）单击工具箱中的文字工具 ，输入文字"火焰"，如图 7-9 所示。

（4）选择文字图层，单击鼠标右键，在弹出的菜单中选择执行"栅格化文字"命令，然后同时选中文字图层和背景图层，在背景图层上单击鼠标右键，在弹出的菜单中选择执行"合并图层"命令，如图 7-10 所示。

（5）执行"图像"|"图像旋转"|"逆时针旋转 90°"命令，结果如图 7-11 所示。

图 7-9　输入文字效果图

图 7-10　合并图层　　　　　　　　　图 7-11　旋转后的效果图

（6）执行"滤镜"|"风格化"|"风"命令，结果如图 7-12 所示。

（7）执行"图像"|"图像旋转"|"顺时针旋转 90°"命令，结果如图 7-13 所示。

图 7-12　执行风命令后的效果图　　　　　　　图 7-13　旋转回来的效果图

（8）执行"滤镜"|"扭曲"|"波纹"命令，结果如图 7-14 所示，可以看到近似火焰的效果。

图 7-14　执行波纹命令后的效果图

(9) 执行"图像"|"模式"|"灰度"命令。

(10) 执行"图像"|"模式"|"索引颜色"命令。

(11) 执行"图像"|"模式"|"颜色表"命令,在对话框中选择"黑体",如图 7-15 所示。

(12) 执行"图像"|"模式"|"RGB 模式"命令,火焰字最终效果图如图 7-16 所示。

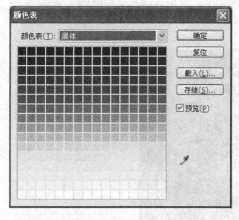

图 7-15 颜色表设置对话框

图 7-16 火焰字最终效果图

三、实验作业

1. 制作木纹效果的文字。最终效果图如图 7-17 所示。

【操作要求】

(1) 创建一个新文件,背景设置为白色;

(2) 新建一个图层,将其填充为棕色;

(3) 执行"滤镜"|"杂色"|"添加杂色"命令;

(4) 执行"滤镜"|"模糊"|"动感模糊"命令;

图 7-17 木纹字最终效果图

(5) 单击"文字蒙版工具",输入文字,然后反
选、删除、取消选择;

(6) 选取文字,将前景色选择黑色,执行"编辑"|"描边"命令,然后取消选择;

2. 制作逐帧动画。

【操作要求】

(1) 首先打开一幅图,复制一个副本。

(2) 对副本层执行"滤镜"|"像素化"|"点状化"命令,设置参数单元格大小为3(这是为制作雪花效果)。

(3) 调整副本层的阈值为 255。

(4) 设置副本层混合模式为滤色。

(5) 对副本层执行"滤镜"|"模糊"|"动感模糊"命令,设置角度为 50°,距离 4 像素。(注意,角度决定雪花下落的方向,距离决定雪花的大小。如果距离很大,就成了下雨效果了)。

(6) 将图像最大化,按 Ctrl+t 调出变换框,按住 Shift 键拖动右上角将副本层放大一些。

(7) 应用变换。单击"复制当前帧"按钮。

（8）确认副本层为当前图层，用移动工具将其拖到右上角与背景层右上角对齐，可以借助方向键精确调整。

（9）单击过渡钮，设置过渡帧数目为6（帧数多，动画过渡平滑）。

（10）设置每帧显示时间为0.1秒。

（11）保存文件为gif格式，使用"存储为Web和设备所用格式"命令保存。在浏览器或其他播放器里观看动画效果，如图7-18所示。

图7-18　下雪动画效果图

实验 7-2　Flash 的使用

一、实验目的

1. 熟悉 Flash 的操作界面。
2. 掌握 Flash 中几个基本工具及其使用方法。
3. 掌握简单动画的制作。

二、实验内容和步骤

Flash 书卷制作的效果如图7-19所示。

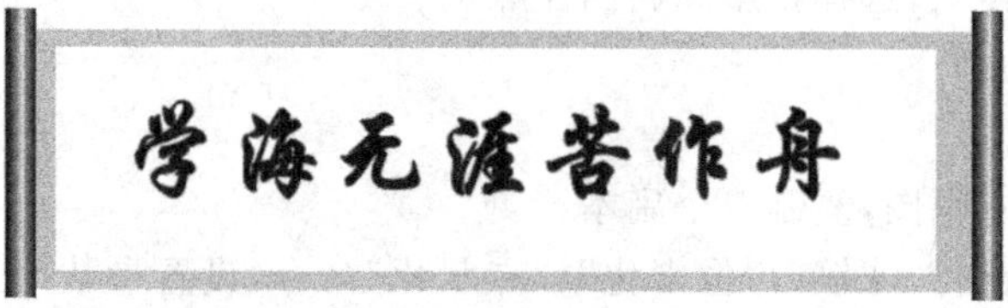

图7-19　设计效果图

1. 书卷动画素材的制作

（1）启动 Flash，新建一个 Flash 文档，保存为"书卷.fla"。

（2）单击属性面板中的"大小"按钮，即可修改文档属性，如图7-20所示。修改文档标题为"书卷"，尺寸为600×400像素。

（3）将图层一重命名为"装裱布"。该图层为字画的灰色装裱，选中该图层的第一帧，单击工具栏中的矩形工具 ，然后在舞台上拖出一个高为 150 像素、宽为 560 像素的矩形区域，单击工具栏中的选择工具 ，选中该矩形，设置颜色值为♯999999，即可在舞台中产生一个灰色矩形框，如图 7-21 所示。

图 7-20　修改文档属性　　　　　　　　　图 7-21　"装裱布"图层

（4）新建"宣纸"图层。选择"装裱布"图层，右击，在快捷菜单中选择"插入图层"命令，如图 7-22 所示。新建一个图层，命名为"宣纸"，在该图层的第一帧单击矩形工具 ，再画出一个大小合适的白色矩形框，在舞台上即可出现如图 7-23 所示的宣纸。

图 7-22　插入图层　　　　　　　　　　　图 7-23　"宣纸"图层

（5）在宣纸上制作条幅，比如写上名人名言。单击工具栏中的文本工具 ，在宣纸上添加文字，比如唐代文学家、哲学家韩愈的著名诗句"学海无涯苦作舟"，设置字体为"行楷"，字体颜色为"♯000000"，制作出如图 7-24 所示的条幅。

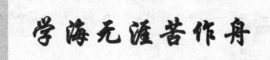

图 7-24　添加文字

（6）新建"书轴一"图层，制作书轴。选择"书轴一"图层的第 1 帧，单击工具栏中的矩形工具画出一个细长矩形，颜色设置为白黑渐变色，如图 7-25 所示。

（7）选择该矩形并进行复制、粘贴操作，即产生两个同样的矩形，然后单击任意变形工具 （或用快捷键 Q）对副本旋转 180°，用移动工具 （或用快捷键 V）将两个矩形组合之

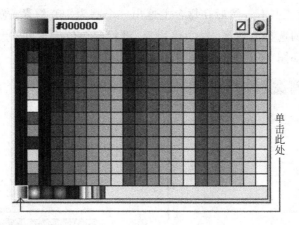

图 7-25　设置矩形填充颜色

后就成为一个书轴。具体的制作过程如图 7-26 所示。

该书轴为左边固定不动、右边慢慢展开,要做出该动画效果,需放到另外一个图层"书轴二"来完成。

(8) 新建"书轴二"图层,并复制"书轴一"图层中的书轴,然后粘贴到"书轴二"图层的第 1 帧中,如图 7-27 所示。

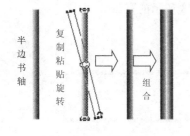

图 7-26　制作书轴

图 7-27　效果图

到此动画的素材制作完成,接下来是动画的制作。

2. 书卷动画的制作

(1) 在"书轴二"图层的第 50 帧处单击鼠标右键,在快捷菜单中选择"插入关键帧"选项,如图 7-28 所示。

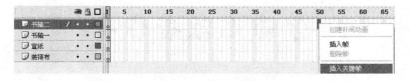

图 7-28　插入关键帧

在该帧中,把刚才制作的"书轴二"拖到整幅字的最右端,即书轴展开的效果,如图 7-29 所示。

(2) 选择"书轴二"图层,单击鼠标右键选择"创建补间动画"选项,如图 7-30 所示。这样在动画播放的时候,计算机可计算出中间的过渡帧。

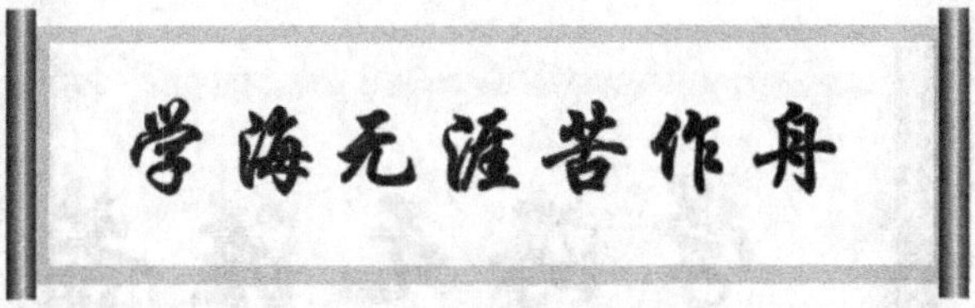

图 7-29　书轴展开的效果

图 7-30　创建补间动画

（3）新建一个遮罩层。因为要做出书轴展开的效果，仅仅有书轴移动是不够的，还需要做出字一点点出现的效果，这就需要新建一个遮罩层。方法为：选择已有图层，单击鼠标右键，在快捷菜单中选择"插入图层"选项，设置新图层属性类型为"遮罩层"。

遮罩层起遮罩作用，不过在 Flash 里，被遮罩的区域反而能够被我们看见。

（4）单击遮罩层的第 1 帧，用矩形工具画出一个矩形区域，这样，凡在该矩形覆盖的范围均为可见范围，所以矩形右边要刚好覆盖右边的书轴，如图 7-31 所示。

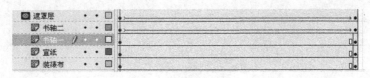

图 7-31　创建遮罩层

（5）单击遮罩层的第 50 帧，再单击鼠标右键，插入关键帧，并把这个矩形遮罩框移到把所有字幅完全覆盖的位置，然后创建补间动画。

（6）单击"书轴一"图层的第 50 帧，插入关键帧，创建补间动画。宣纸、装裱布图层也采用上述方法插入关键帧并创建补间动画。

（7）单击遮罩层，用鼠标右键选中遮罩层，然后再更改"书轴二"图层以下的各图层的图层属性，选中"被遮罩"选项，效果如图 7-32 所示。

图 7-32　补间动画设计效果

书卷动画制作到此已完成，用户可按 Ctrl＋Enter 组合键来测试所做的动画，如图 7-33 所示。

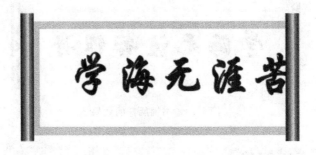

图 7-33　书卷动画测试效果

三、实验作业

1. 制作一个电动窗帘效果的动画。
2. 制作路径补间动画。

【操作要求】

（1）新建文档。

（2）使用"画圆"工具在图层一的第 1 帧绘制出一个小球。

（3）在第 40 帧插入关键帧。

（4）选中两个关键帧和它们之间的所有帧，然后选择"创建补间动画"命令，并设置"补间"属性为"动画"。

（5）添加引导层，设置引导层的帧数与图层一相同。把图层一设置为"被引导"。

（6）使用铅笔工具从引导层的第 1 帧开始绘制运动"路径"。

（7）用选择工具选择小球，并把图层一的第 1 帧设为起始点，最后一帧设为终止点。

（8）保存该文件并预览其动画效果，如图 7-34 所示。

图 7-34　动画效果

第8章　网络应用

学 习 指 导

一、局域网的建立和配置

局域网是指较小地域范围(1km 或几 km)内的计算机网络。作为一种重要的基础网络,局域网是计算机网络中最流行的一种形式,在企业、机关、学校等单位得到了广泛的应用,也是建立互联网络的基础网络。

结合主教材中的相关局域网知识,下面说明组建局域网时要考虑的一些技术问题。

局域网由传输介质及附属设备、网络适配器、网络服务器、用户工作站和网络软件等部分组成,组建一个局域网需要对相关软硬件进行设置。

1. 网络规划

网络建设的目标将决定网络的结构、规模和性能。网络所选的拓扑结构将决定电缆和接头类型,规模和性能将决定服务器、工作站、协议和操作系统的选择。

Windows 操作系统有许多连接计算机或创建网络的方法。对于家庭或宿舍局域网,最常用的是对等网模型。为实现网络中软硬件资源共享和 Internet 连接共享,可采用以太网 10Base-T 规范,用集线器和双绞线连接成星形拓扑。除计算机外,其他硬件还需要一个 8 端口的交换集线器、PCI 总线网卡、RJ-45 接头和非屏蔽 5 类双绞线。

2. 布线

如果工作结点分布在多个房间,则需要用布线槽及信息插座,要求安排合理、美观。同一楼层不同房间的连接叫做水平布线,楼层之间的连接叫做垂直布线,要点是必须根据建筑物的特点在楼道内走线。由于网络布线不易升级,应当选择较新较好的材料。

对于非屏蔽双绞线 UTP 来说,目前使用的信息插座有两种标准:T568A 和 T568B。在同一工程中必须使用同一型号,而不能混用 T568A 和 T568B。

3. 线缆制作

网卡与集线器都通过 RJ-45 接口连接双绞线。RJ-45 接口由凸口和凹口两个部分组成。双绞线的两头都有 RJ-45 接口的凸口,一头与集线器上 RJ-45 接口的凹口相连,另一头插在网卡的 RJ-45 凹口上。双绞线电缆包括了 4 对线,通过塑性外套的颜色来区分不同的线。

T568A 的排列顺序为:绿白、绿、橙白、蓝、蓝白、橙、棕白、棕。T568B 的排线顺序为:橙白、橙、绿白、蓝、蓝白、绿、棕白、棕。

在 10Base-T 以太网中,5 类 UTP 只需要用 2 对线。其中引脚 1、2 为发送端,引脚 3、6

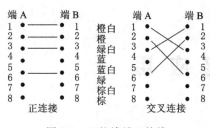

图 8-1 双绞线端口接线

为接收端。根据连接方式的不同,双绞线分为正连接和交叉连接两种,如图 8-1 所示。

当双绞线两端连接的设备类型不同时,使用正连接线,否则使用交叉连接线。例如,如果双绞线两端连接的是集线器和网卡时,则使用正连接线;如果只连接两台计算机,可以不用集线器,直接使用交叉网线连接两台计算机上网卡的 RJ-45 接口来实施通信。

需要注意的是,现在有一种集线器,其上有用于扩展的连接口,其内部已进行了交叉换位,这时,就需要用正连接线来连接两个集线器。

制作双绞线时,先裁剪适当长度的双绞线(线的长度一般大于 1.5m),剥去两个端头 1cm 左右的外套,在导线两端分别插入两个 RJ-45 接头(注意两个接头连接点的次序必须按导线颜色配对),用钳子压紧,确定没有松动即可。

4. 安装网卡

安装网卡的方法如下:

(1)在断电的状态下将网卡插入计算机内部一个可用的 PCI 扩展槽中,固定好即可。

(2)把带有接头的双绞线的一端插到计算机的网卡接口上,另外一端插入 Hub 的接口中,接口的次序不限。

硬件安装完成后重新启动计算机,Windows 系统会自动检测到网卡的存在。当网卡驱动程序安装完成后,Windows XP 会创建一个局域网连接,TCP/IP 便被作为默认的网络协议进行安装,并将网卡绑定到 TCP/IP 上。

如果要重新配置连接,可通过"网络连接"窗口的提示,对本地连接所使用的项目进行配置;也可以通过运行网络安装向导来实现。

5. 标识计算机

为了使网络上的其他用户能够访问计算机,必须给每台计算机都标识一个唯一的名称,并设置工作组,构成对等网络模式。

在 Windows 系统中,通过控制面板的"系统"选项,弹出"系统属性"对话框(如图 8-2 所示),在"计算机名"选项卡中设置计算机在网络中的名称;也可以通过单击该选项卡中的"更改"按钮,对计算机名和工作组名进行更改。

6. 协议设置

局域网内采用何种协议的基本准则是保证相互访问的两台计算机的协议相同。

如果建立对等网,不存在跨网段通信,只需要有 NetBEUI 即可。对于客户机/服务器模式的局域网,可采用 TCP/IP 协议。

7. 设置网络共享资源

(1)共享文件夹

在对等网络模式下,每台计算机既是服务器也是工作站,不需要服务器来管理网络资源,网

图 8-2 "系统属性"对话框

络中的计算机可直接相互通信。每个用户可以使用资源管理器将计算机上的文档和资源指定为可被网络上的其他用户访问的共享资源。

（2）共享打印机

要实现网络内的打印机共享，可以使用专门的网络打印机，网络打印机自身带有网卡，只要用网线连接到它的网卡上就可实现网络打印；也可以将普通打印机共享实现网络打印，基本步骤如下：

① 在网络内某结点机上安装好打印机，选中该打印机，选择共享并设置共享的打印机名，以方便其他计算机使用该打印机。

② 在其他结点机上，通过选择控制面板中的打印机图标，选择添加打印机，然后进入打印机安装向导，选择网络打印机，按系统要求输入共享打印机的网络路径名称，其格式是"\\计算机名\打印机名"，并按系统提示安装打印机驱动程序即可。

（3）Internet 连接共享

使用 Windows 系统的 Internet 连接共享，通过调制解调器、ADSL 或 ISDN 等入网设备将网络上的某台主机连接到 Internet，则该计算机称为 ICS 主机，其他计算机再通过 ICS 主机实现与 Internet 的连接。具体步骤如下：

① 在网络中选择某台计算机作为主机，以管理员身份登录，安装 Internet 连接共享协议，并将入网设备连接到该主机上。

② 对主机的 TCP/IP 协议进行设定。选择指定的 IP 地址，并填写所指定的 IP 地址和子网掩码。

③ 打开其他计算机上的 TCP/IP 属性对话框，将与网卡绑定的 TCP/IP 设置为"自动获取 IP 地址"选项，并在网关栏填上 ICS 主机所指定的 IP 地址。

④ 对其他计算机上的浏览器软件进行设置，在"Internet 选项"的"连接"对话框中选择"从不进行拨号连接"选项，并关闭"局域网设置"中的"自动检测设置"和"使用自动配置脚本"选项。

8. 网络连通性测试

网络配置好后，测试它是否通畅是十分必要的，最为简单的方法就是通过网上邻居查找计算机，如果在当前的计算机上能查找到其他的计算机，则表示网络是通畅的。

二、Internet 的接入和设置

要享受 Internet 上的丰富信息资源，用户必须使自己的计算机与 Internet 相连接。连接 Internet 的方法一般有专线入网、ADSL 宽带入网和通过调制解调器（Modem）拨号入网等方式。用户可以根据不同的条件和需要，选择不同的上网方式。

1. 调制解调器接入

调制解调器接入是一种拨号上网方式，是最普通的上网方式之一。它利用电话线和一台调制解调器，就可以上网。其优点是操作简单，只要有电话线的地方就可以上网，但上网速度很慢（目前常用的传输速率一般为 56kbps），并且占用电话线。

使用拨号上网的用户没有固定的 IP 地址，IP 地址是由 ISP 服务器动态分配给每个用户的，在客户端基本不需要进行什么设置就可以上网。

2. ADSL 接入

ADSL 是一种为用户提供高速数据接入的宽带技术,它不需要专用线路,也不影响电话线的使用(可以在上网的同时进行通话),而是借助电话线来实现高速传输的宽带上网方法,是目前使用较多的上网方式。使用 ADSL 需要一个 ADSL 调制解调器、一个以太网网卡和一个信号分离器(滤波器)。ADSL 的安装原理如图 8-3 所示。

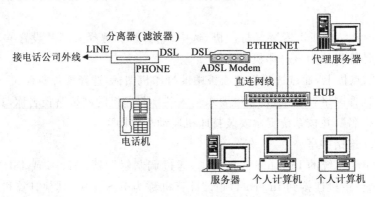

图 8-3　ADSL 连接图

ADSL 调制解调器有内置式和外置式两种,内置式可以插在计算机的 PCI 插槽上,外置式可以通过 USB 插口和 10Base-T 网卡或其他的网络接口与计算机相连。

ADSL 客户端的安装过程如下:

(1) 在计算机中需要有一块网卡用来连接 ADSL Modem,加入网卡的目的是为了在计算机和调制解调器间建立一条高速传输的数据通道。

(2) 安装 ADSL Modem 的信号分离器。信号分离器用来将电话线路中的高频数字信号和低频语音信号分离,低频语音信号由分离器连接电话机用来传输电话语音,高频数字信号则接入 ADSL Modem 用来传输网上的数据。这样可以使上网和使用电话两种操作之间不会相互影响。

(3) 安装 ADSL Modem。用一根电话线将来自于信号分离器的 ADSL 高频信号接入 ADSL Modem 的 ADSL 插孔,再用一根双绞线,一头连接 ADSL Modem 的 10Base-T 插孔,另一头连接计算机网卡中的网线插孔。打开计算机和 ADSL Modem 的电源,如果两边连接网线的插孔所对应的 LED 灯都亮了,则表明硬件连接成功。

安装好 ADSL Modem 之后,需要建立 ADSL 连接。ADSL 采用 PPPoE 协议,因为在 Windows XP 的操作系统中已经内嵌了 PPPoE 协议,只需在网络连接中设置相应的拨号连接即可。

建立 ADSL 连接的方法如下:

(1) 在 Windows 的"控制面板"窗口中双击"网络连接"图标,打开"网络连接"窗口,在窗口左窗格的"网络任务"栏中选择"创建一个新的连接"选项。

(2) 弹出"新建连接向导"对话框,单击"下一步"按钮,在"网络连接类型"栏中选择"连接到 Internet"选项。

(3) 单击"下一步"按钮,选择"手动设置我的连接"选项。

(4) 单击"下一步"按钮,选择"用要求用户名和密码的宽带连接来连接"选项。

（5）单击"下一步"按钮，在"ISP 名称"文本框中输入 ISP 服务商名称。单击"下一步"按钮，弹出如图 8-4 所示的对话框。

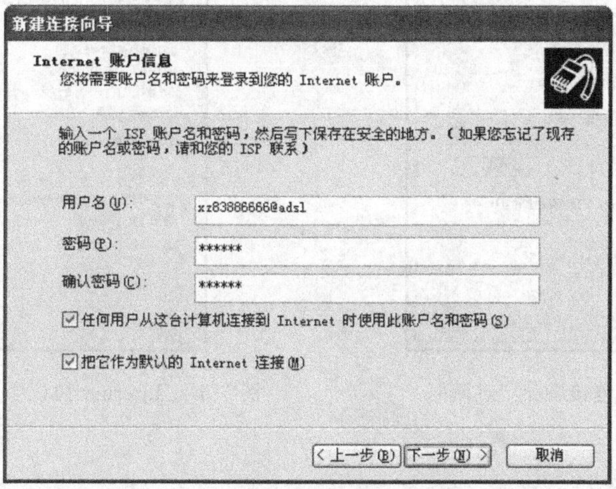

图 8-4 "新建连接向导"对话框

（6）在该对话框中输入指定的用户名和密码，即可完成 ADSL 连接的建立。

ADSL 连接建立之后，会在计算机屏幕右下角的任务栏中出现"宽带连接"的图标。

3. 局域网接入

通过局域网接入是借助与 Internet 相连接的网络连接到 Internet 上的，实际上是将计算机与局域网中的服务器连接，再通过服务器上网。一般机关、学校、企业和规模化的小区常采用这种上网方式。

通过局域网连接的用户需配置一块网卡，并通过一根电缆连至本地局域网，即可接入 Internet。其接入步骤如下：

（1）将网卡安装在计算机上，接好网线，然后安装网络适配器的驱动程序。

（2）添加 TCP/IP 协议。通过 Windows 下的"网络连接"打开"本地连接 属性"对话框，如图 8-5 所示。在 Windows XP 操作系统中 TCP/IP 默认已添加，如果没有 TCP/IP 协议，可以在对话框中进行添加。

（3）配置 TCP/IP 协议。选择"Internet 协议（TCP/IP）"选项，单击"属性"按钮，弹出"Internet 协议（TCP/IP）属性"对话框，在"常规"选项卡中填入指定的 IP 地址、子网掩码、默认网关、DNS 服务器等，如图 8-6 所示。

上述 IP 地址、子网掩码、网关、域名及域名服务器的内容可向网络管理员申请和咨询。以上设置完成后，重新启动计算机使设置生效。至此，网络配置完成，用户即可启动各种网络应用程序通过局域网来访问 Internet。

4. 无线局域网接入

无线接入是指从用户终端到网络的交换结点的连接采用无线手段接入技术，实现与 Internet 的连接。无线接入 Internet 已经成为网络接入方式的热点。

无线接入 Internet 可以分为两类：一类是基于移动通信的接入技术；另一类是基于无线局域网的接入技术。

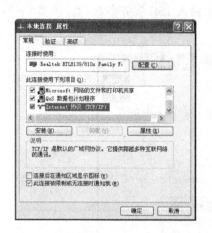

图 8-5 "本地连接 属性"对话框　　　　图 8-6 "Internet 协议 (TCP/IP) 属性"对话框

5. 光纤接入

光纤接入是指用户终端到网络的交换结点之间以光纤作为传输媒体。光纤接入可以分为有源光接入和无源光接入。光纤是宽带网络中多种传输介质中最理想的一种,它的特点是传输容量大,传输质量好,损耗小,中继距离长等。

三、Internet 信息服务

Internet 作为国际性互联网,它的出现给人类生活带来了巨大的变化。Internet 上异彩纷呈的信息覆盖了社会生活的方方面面。Internet 所具有的强大服务功能吸引了众多用户,而且随着 Internet 的迅速发展,不断会有新的服务出现。下面介绍一些常用的典型服务。

1. WWW 服务

World Wide Web 简称 WWW,也称万维网,它是基于超文本方式、融合信息检索技术与超文本技术而形成的,使用简单而又功能强大的全球信息系统,是 Internet 中发展最为迅速、最公众化的服务。

WWW 浏览器是一个超文本信息阅览器,它支持结构文本、图像和声音。用户通过 WWW 浏览器向 WWW 服务器发出请求和查询,WWW 服务器接受请求和查询后向浏览器传送 Web 页面,然后由浏览器发送用户信息并将服务器的 Web 页面信息显示在用户计算机的屏幕上。两者通信时,使用 HTTP 超文本传输协议。

网页是 WWW 信息表示的最主要形式,分布在 Internet 的众多主机上,利用 WWW 浏览器可以方便地对其进行浏览、检索和下载操作。网页是由一个或多个超文本文件组成的,它们之间通过链接相连,它们的首页称为主页,是访问 WWW 主机默认看到的第一个超文本文件。每个网页都有一个全球唯一的 URL(Uniform Resource Locator,统一资源定位器)。

目前,最流行的 WWW 浏览器之一是微软公司的 Internet Explorer(简称 IE)。当用户需要利用 IE 浏览信息时,首先要在地址栏内输入浏览对象的地址,地址的表示形式可以是域名、IP 地址或文件的路径等,地址的输入格式必须按照 URL 的规定来设置。URL 作为网页的世界化名字,其组成从左到右包含以下几个部分。

(1) Internet 协议名称。协议用来指明资源类型。如 http：//表示客户端和服务器间执行 HTTP 传输协议(超文本传输协议);ftp：//指执行文件传输协议。

(2) 主机地址。主机地址指将要访问的页面所在的主机(服务器)的域名或 IP 地址。如 www.cumt.edu.cn 指服务器的域名;"58.218.185.106"指 IP 地址。

(3) 路径。指明服务器上某页面文件的存放位置,其表示格式与 DOS 系统中文件的格式相同,如 www.root/pub/default1.htm。

运行程序 Internet Explorer 后,打开 IE 浏览器窗口,如图 8-7 所示。图中各组成部分如下。

图 8-7 IE 浏览器窗口

(1) 标题栏。显示当前浏览 Web 页面的标题或页面的文档文件名称。

(2) 菜单栏。包含有"文件"、"编辑"、"查看"、"收藏"、"工具"和"帮助"6 个菜单项。

(3) 工具栏。包含一些常用菜单的功能按钮,比菜单操作更快捷方便。

(4) 地址栏。显示或查看当前打开的 Web 页面的地址。

(5) 浏览区域。显示网页内容的窗口。用户从网页上下载的所有内容都将在该窗口内显示。

(6) 状态栏。显示当前操作的状态信息。查看状态栏左侧的信息可以了解 Web 页地址的下载情况,状态栏右侧显示当前网页所在的安全区域。

随着 Internet 的不断扩大,网络信息的瞬息万变,如何快速、准确地获取自己需要的信息就显得越来越重要,搜索引擎就是网络为用户提供的用于查找信息的程序。搜索引擎周期性地在 Internet 上收集新的信息,并将其分类存储,这样就在搜索引擎所在的计算机上建立了一个不断更新的数据库。用户在搜索特定信息时,实际上是借助搜索引擎在这个数据库中查找信息。Internet 上比较常用的提供搜索引擎的站点有 Google、Yahoo、百度和搜狐等。

为满足高校广大师生查阅各种数字化文献的需要,我国建设了中国高等教育文献保障系统,它把国家的投资、现代图书馆理念、先进的技术手段以及高校丰富的文献资源和人力资源整合起来,实现资源的共建、共知和共享。比较常用的文献检索有维普中文科技期刊数据库、万方资源数据库、中国优秀博硕士学位论文全文数据库以及超星数字图书馆等,国外的文献检索有 EBSCO 和 OVID 等。

查看 WWW 上的网页时会发现很多有用的信息,用户可以将它们保存下来,以方便日后查看,页面上的图片也可以单独保存下来;也可以通过相应的菜单选项查看网页的 HTML 源代码;在浏览网页时,还可以随时将喜爱的网页存到收藏夹中。

2. 电子邮件

电子邮件(E-mail)是 Internet 提供的最常用的服务之一。通过 Internet 可以和网上的任何人交换电子邮件。电子邮件具有以下几个特点。

(1) 发送速度快。在网络上发送一封邮件,只需若干秒。

(2) 信息多样化。电子邮件发送的信件内容可以是文字、软件、数据、录音、动画和电影视频等各类多媒体信息。

(3) 收发方便,高效可靠。发信人在任意时间、任意地点都可以通过网络上的邮件服务器发送电子邮件;收信人无论在任何时候,只要打开计算机登录 Internet,查看自己的收件箱,邮件接收服务器就会把邮件送到其收件箱中。

利用 Interent 上提供的邮件服务器,用户可以借助 IE 浏览器来查看邮件。目前,较流行的电子邮件应用程序之一是微软公司基于 Windows 操作系统的 Outlook Express。运行 Outlook Express 程序后,打开其窗口,如图 8-8 所示。图中各组成部分如下。

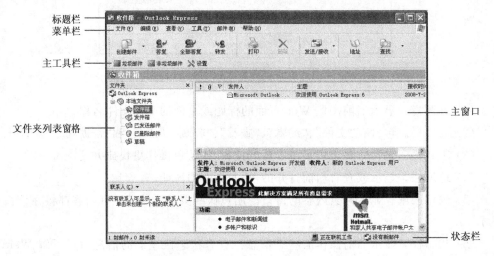

图 8-8　Outlook Express 应用程序窗口

(1) 标题栏。显示标题。

(2) 菜单栏。包含"文件"、"编辑"、"查看"、"工具"、"邮件"和"帮助"六个选项。

(3) 主工具栏。以图形和文本的格式列出常用命令。

(4) 文件夹列表窗格。用于选择所操作的文件夹。

(5) 主窗口。显示当前文件夹内容。

(6) 状态栏。显示 Outlook Express 的工作状态。

只有拥有合法的邮件账号(邮件地址),才能发送和接收电子邮件。邮件地址需要从 ISP 处申请,有收费和免费两种类型的账号,但都是唯一的。邮件服务器就是根据这些地址,将每封电子邮件传送到各个用户的邮箱中,E-mail 地址就是用户的邮箱地址。

一个完整的 E-mail 地址为:用户账号@主机名.域名。

在写邮件时,窗口中的各个部分如下。

(1) 收件人(To):邮件的接收者,相当于收信人。

(2) 发件人(From):邮件的发送人,一般来说,就是用户自己。

(3) 抄送(CC):用户给收件人发出邮件的同时把该邮件抄送给另外的人。在这种方式中,"收件人"也知道发件人把该邮件抄送给了另外哪些人。

(4) 暗送(BCC):用户给收件人发出邮件的同时把该邮件暗中发送给另外的人,但所有"收件人"都不会知道发件人还把该邮件发给了哪些人。

(5) 主题(Subject):邮件的标题。

(6) 附件:同邮件一起发送的附加文件或图片等资料。

3. 文件传输

使用浏览器浏览 Web 页面,可以获得分布于世界各地的服务器上的多种信息资源,但并不是 Internet 上所有的资源都是以 Web 页面的形式组织起来的,还有很多共享软件、免费程序、学术文献、影像资料等存放在公司、大学的 FTP 服务器上,获得这些资源主要通过 FTP 服务。

FTP(File Transfer Protocol,文件传输协议)是 Internet 上用来传送文件的协议,即文件传输协议。它是为能够在 Internet 上互相传送文件而制定的文件传送标准,规定了 Internet 上文件该如何传送。通过 FTP,用户就可以与 Internet 上的 FTP 服务器进行文件的上传(upload)或下载(download)等操作。

Internet 上很大一部分 FTP 服务器被称为匿名(Anonymous)FTP 服务器。要与这类 FTP 服务器建立联系,用户使用特殊的用户名"anonymous"和口令"guest"就可有限制地访问远程服务器上公开的文件。现在许多系统要求用户将 E-mail 地址作为口令,以便更好地对访问进行跟踪。出于安全考虑,大部分匿名 FTP 服务器一般只允许用户下载文件,而不允许上传文件。另外,匿名 FTP 服务器还采取了其他一些保护措施以保护自己的文件不至于被用户修改和删除,并防止计算机病毒的侵入。

在具有图形用户界面的 WWW 环境开始普及以前,匿名 FTP 一直是 Internet 上获取信息资源的最主要方式。在 Internet 上成千上万的匿名 FTP 主机中存储着无数的文件,这些文件包含了各种各样的信息、数据和软件。人们只要获悉特定信息资源的主机地址,就可以用匿名 FTP 登录获取所需的信息资料。

虽然目前使用的 WWW 环境已取代匿名 FTP 成为最主要的信息查询方式,但是匿名 FTP 仍是 Internet 上传送文件的一种基本方法。下面介绍 FTP 文件下载的两种方式。

(1) 使用浏览器进行文件下载

进行 FTP 操作时,要求用户的本地计算机上要有一个 FTP 客户程序,因为 IE 浏览器支持 FTP 功能,所以可以使用浏览器进行文件传输。

用浏览器进行文件传输时,要在浏览器的地址栏中输入 FTP 服务器的 URL,FTP 服务器 URL 的格式为:ftp://ftp.cumt.edu.cn。其中,ftp 代表 FTP 协议,"://"是分隔符,ftp.cumt.edu.cn 是 FTP 服务器的域名地址(也可以输入 IP 地址)。

下面简单说明使用 IE 浏览器下载文件的过程。

① 输入 URL：在 IE 浏览器的地址栏中输入 FTP 服务器的域名地址或 IP 地址，如 ftp：//ftp．cumt．edu．cn。

② 浏览目录：如果用户知道需要的文件在 FTP 服务器中的哪个位置，就可以直接找到文件进行下载。如果不知道需要的文件在 FTP 服务器上是否存在或者不清楚存储于哪个位置，就要在文件夹间进行查找，一般看文件夹名称大致可以了解该文件夹存储的文件类别。

③ 下载文件：如果需要下载文件，则选择该文件，进行下载并保存到本地操作。

（2）使用专用客户程序进行文件下载

除了利用浏览器从 FTP 服务器上下载文件外，还可以使用各种专用的 FTP 客户程序上传或下载文件，如 Filezilla、FlashFXP、SmartFTP 等。

四、Dreamweaver CS6

Adobe Dreamweaver 是集网页制作和网站管理于一身的所见即所得式的网页编辑器，它与 Flash、Fireworks 合在一起被称为网页制作三剑客。Dreamweaver CS6 具有强大的网页制作与发布功能，通过它可以轻松地创建出理想的网页和网站，即使不会编程技术也可以方便地创建交互式页面，还可以利用它检查网页在浏览器中可能发生的错误。

1. Dreamweaver CS6 界面

启动 Dreamweaver CS6 如图 8-9 所示，利用出现的"欢迎屏幕"可以快速进入最近使用过的界面，只需在"打开最近的项目"列表中单击该页面名称即可。如果用户要编辑的页面不在列表中，可单击列表底部的"打开"按钮，在打开的对话框中导航到要编辑的页面后再将其打开。

图 8-9　Dreamweaver CS6 的"欢迎屏幕"

通过"新建"区域,用户可以选择要创建页面的类型或基于的模板,它们提供了制作网页的起点,而每一个都有不同的页面布局。通过屏幕底部的"快速入门"、"新增功能"等链接,用户还可以浏览 Dreamweaver CS6 提供的相关帮助内容或主题。选中"不再显示"复选框,下次启动 Dreamweaver CS6 时将不再出现"欢迎屏幕"。

在"欢迎屏幕"的"新建"区域单击 HTML,进入 Dreamweaver CS6 的工作界面,如图 8-10 所示。

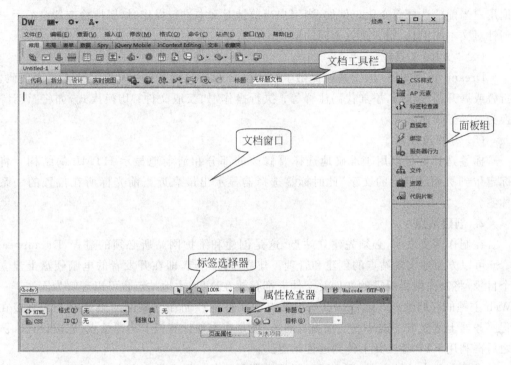

图 8-10　Dreamweaver CS6 的工作界面

（1）文档窗口

"文档窗口"是进行网页制作的主要区域,分为三个部分:最上面是"文档"工具栏,包含了切换视图按钮和各种查看按钮;中间是显示窗口,用于显示当前文档操作效果,有"代码"视图、"设计"视图和"拆分"视图三种方式;最下边是状态栏,用于显示环绕当前选定内容的标签的层次结构,并提供与正文编辑有关的信息,如窗口大小、文档大小、估计下载时间等。

① "代码"视图:在该视图下,文档以 HTML 语言的形式显示。可以手工编写 HTML、JavaScript 代码,以及服务器语言代码 ASP、JSP、PHP 等,对文档进行精确控制。

② "设计"视图:在该视图下,文档以完全可视化的形式显示。这是一个用于可视化页面布局、可视化编辑和快速应用程序开发的设计环境,文档显示效果与在浏览器中观看网页时效果相似。

③ "拆分"视图:兼具"代码"视图和"设计"视图的优点,既可以手工编辑代码,也可以可视化编辑文档,方便同时操作。

（2）面板组

Dreamweaver CS6 将各种工具面板集成到面板组中,包括插入面板、行为面板、框架面板、文件面板等。相关的面板排列在面板组中,用户可以根据需要在页面上重新配置或定位面板。"面板"组默认停靠在 Dreamweaver 工作区域的右侧,如图 8-10 所示。如果面板组没有显示出来,用户可以通过"窗口"菜单下的命令来显示。

（3）属性检查器

利用如图 8-10 所示的属性检查器,用户可以检查并编辑页面上网页元素的属性。尽管从本质上讲,属性检查器也是一个面板,但它在网页制作中具有很大的灵活性,其选项会依据用户当前的选择而变化。例如,当用户当前针对文本进行操作时,属性检查器会显示一系列针对文本的工具,用于设置不同的格式。

（4）"文档"工具栏

Dreamweaver CS6 的工具栏提供了制作网页所需的许多常用功能：编辑页面代码,如折叠或展开某段代码,添加代码注释等；执行操作,如获取文件；切换模式,如将"设计"切换为"代码"视图。

（5）标签选择器

标签选择器可以用于准确地选择要修改的部分和清晰地显示 HTML 的结构。将光标定位到页面已选中的文字,此时标签选择器显示出最靠近当前光标所在位置的一系列标签。

2. 创建站点

在制作网页之前,必须先建立站点,这是创建和维护网站所必须的过程,Dreamweaver CS6 可以方便地实现站点的创建和管理。建立本地站点,即在开发者的电脑硬盘上建立一个目录,将制作网页所需的文件及文件夹都存放在这里,本地站点也可以理解为同属于一个 Web 主题的存储地点。远程站点是指站点的文件都存储在互联网的服务器上。直接在远程服务器上建立或调试站点是很困难的,一般是在本地计算机上构建站点,完成设计和测试之后再利用 FTP 等工具上传到远程站点。

成功创建本地站点后,用户可以根据需要创建各栏目文件夹和文件,对于创建好的站点也可以进行再次编辑,或复制与删除这些站点。

（1）站点管理器

站点管理器的主要功能包括新建站点、编辑站点、复制站点、删除站点以及导入或导出站点。若要管理站点,必须打开"管理站点"对话框。在"管理站点"对话框中,通过单击"新建"、"编辑"、"复制"和"删除"按钮,可以新建一个站点、修改选择的站点、复制选择的站点、删除选择的站点。

（2）创建站点文件与文件夹

建立站点前,要先在站点管理器中规划站点文件夹。一般情况下,若站点不复杂,可以直接将网页存放在站点的根目录下,并在站点根目录中,按照资源的种类建立不同的文件夹存放不同的资源。若站点复杂,需要根据实现不同功能的板块,在站点根目录中按板块创建子文件夹存放不同的网页,这样可以方便网站设计者修改网站。

3. 创建网页

网页是 WWW 上信息流通的基本文档,它可以是站点的一部分,也可以独立存在。然而,制作站点的目的,一般是为了将网页发布到网上,如果不使用站点,则网页上包含的许多功能将失效。创建站点后,用户需要创建网页来组织要展示的内容。合理的网页名称非常重要,一般网页名称应容易理解,能反映网页的内容。

在网页中有一个特殊的网页是首页,每个网站必须有一个首页。访问者在 IE 浏览器的地址栏中输入网站地址时,IE 浏览器会自动打开网站的首页。一般情况下,首页的文件名为 index. htm、index. html、default. htm 和 default. html。

(1) 创建新网页

选择"文件"→"新建"命令,启用"新建文档"对话框,选择"空白页"选项,在"页面类型"选项框中选择 HTML 选项,在"布局"选项框中选择"无"选项,创建空白网页。

(2) 保存网页

用户在编辑网页的过程中要及时保存网页,以免出现不必要的丢失。用户可以将网页直接保存到当前正在编辑的站点中,或者保存到计算机磁盘上的其他位置。

保存网页时,可以将网页保存为"HTML 文件(∗ . htm; ∗ . html)"、"动态 Web 模板(∗ . dwt)"、"ASP 文件(∗ . asp)"和"ASPX 文件(∗ . aspx)"等不同类型的文件。

(3) 添加或删除网页

一个网站建立成功之后,可以通过文件夹视图或导航视图来添加新网页或删除已有网页,也可以在文件夹视图下添加新文件夹或删除已有文件夹。

(4) 网页属性设置

用户在制作新网页时,页面都有一些默认的属性,比如页面的标题、网页边界、文字编码、文字颜色和超连接的设置等。若需要修改网页的页面属性,可选择"修改"→"页面属性"命令,弹出"页面属性"对话框。对话框中各选项的作用如下。

"外观"选项组:设置网页背景色、背景图像、网页文字的字体、字号、颜色和网页边界。

"链接"选项组:设置链接文字的格式。

"标题"选项组:为标题 1~标题 6 指定标签的字体大小和颜色。

"标题/编码"选项组:设置网页的标题和网页的文字编码。一般情况下,将网页的文字编码设定为简体中文 GB2312 编码。

"跟踪图像"选项组:一般在复制网页时,若想使原网页的图像作为复制网页的参考图像,可使用跟踪图像的方式实现。跟踪图像仅作为复制网页的设计参考图像,在浏览器中并不显示出来。

4. 网页编辑

网页包含文字、图片、表格、视频和超链接等各种成分,如何将它们快速地插入到网页中,并合理编排其格式,是网页设计必备的基本技术。

(1) 网页文本的编辑

文本就是通常所说的文字,不仅包括普通的文本,还有特殊字符、空格、水平线和日期等内容,是网页中最常见、运用最广泛的元素之一,是网页制作的核心内容。在 Dreamweaver CS6 中可以很方便地创建出所需的文本,还可以对创建的文本进行段落格式的排版。输入文本后,可以在"属性"面板中对文本的大小、字体和颜色等进行设置。

除了文字之外,Dreamweaver CS6 还可以以任意格式在当前文档中插入当前日期,同时还提供了日期更新选项,即当保存文件时,日期也随之更新。特殊字符包括换行符、空格、版权信息和注册商标等,是网页中经常用到的元素之一。当在网页中插入特殊字符时,在代码视图中显示的是特殊字符的源代码,在设计视图中显示的是一个标志,只有在浏览器窗口中才能显示其真正面目。在网页文档中按空格键时只能输入一个空格,如果需要输入多个连续的空格,可以通过以下两种方法来实现。

① 选择菜单"插入记录"→HTML→特殊字符→不换行空格命令。

② 直接按 Ctrl+Shift+Space 组合键。

在 Dreamweaver CS6 中,网页中的文本可以像 Word 文档一样进行编辑。可以拖动鼠标选中一个或多个文字、一行或多行文本,也可以选中网页中的全部文本。同时可以实现文本的删除、复制、剪切、粘贴、查找、替换、撤销和重做操作。建立项目符号列表和标号列表的方法是:首先选择要添加列表的若干文本段落,然后单击属性检查器中的"项目列表"按钮或"编号列表"按钮,在弹出的"项目列表"或"编号列表"对话框中进行设置。

(2) 图像、视频和动画

图像在网页中不仅起到点缀作用,同时还是一种信息载体,用于传递一些用文字无法表达的信息。在网页中图像一般有两种存在方式:一是作为网页的内容;二是作为网页或其他对象的背景。目前网页中支持的图像格式主要有 JPG、GIF. 和 PNG 等。为了让网页变得更加丰富多彩,网页中越来越多地运用音频、Flash 动画等多媒体元素,这些多媒体元素不但丰富了页面的内容,而且使页面具备了更好的观赏性和交互性。

在网页文档中还可以插入 Shockwave 影片、Java Applet 等各种媒体文件。

(3) 表格

表格是网页中非常重要的元素之一,使用它不仅可以制作一般意义上的表格,而且可以用于布局网页、设计页面分栏以及对文本或图像进行定位等。

表格由行、列和单元格三部分组成,它是随着添加正文或图像而扩展的。行贯穿表格的左右,列则是上下方式的,单元格是行和列交汇的部分,它是输入信息的地方。单元格会自动扩展到与输入信息相适应的尺寸。直接插入的表格有时并不能让人满意,可以通过设置表格或单元格的属性修改表格的外观。表格在网页布局中的作用是无处不在的,无论使用简单的静态网页还是动态功能的网页,都要使用表格进行排版。

(4) 超链接

在浏览网页时,当单击某些特殊的文本或图像时,可以跳转到其他网页中,这些特殊的文本或图像就是超链接。超链接是网页中至关重要的元素,通过超链接可以有机地将网站中的每个页面有机联系起来。选择需要设置超链接的图像或文本,选择"插入"菜单中的"超级链接"命令,在弹出的"超级链接"对话框中可设置超链接。

实　　　验

实验 8-1　小型局域网的建立与配置

一、实验目的

1. 熟悉网卡、线缆、集线器等网络硬件设备的选择和配置方案。

2. 了解如何将计算机连接到局域网;熟悉计算机的标识。

3．熟悉网络组建的基本步骤；掌握局域网中简单的故障查询方法。

4．掌握局域网资源共享的方法。

5．熟悉协议的添加和 IP 地址的设置操作。

6．了解 RJ-45 接头的制作方法。

二、实验内容和步骤

1．准备以下器材和工具

8 芯 UTP 双绞线、RJ-45 接头、塑料保护套和压线钳。

2．制作 RJ-45 双绞线

制作 RJ-45 双绞线的具体方法如下（如图 8-11 所示）。

(a)　　　　(b)　　　　(c)

图 8-11　制作 RJ-45 接头的过程图

（1）压线钳用于将空的 RJ-45 接头上的金属片压入线路中，让金属片穿过塑料皮与内部的 8 条细线完全接触。图 8-11 所示为分开的 8 条细线、水晶头和压制后的 RJ-45 接头。

（2）将要制作接头的一端套入接头的塑料保护套，要保证套入方向的正确。

（3）将 8 条细线分开，保证两端细线的排列顺序完全一样。

（4）把 RJ-45 接头放入压线器的压线槽中。

（5）利用压线钳压下接头的金属片，用力下压直到完全到底后才能松开取出接头。图 8-11(c)所示即为压制后的 RJ-45 接头。

按照上面介绍的方法，制作另一端的接头。两端都完成后，就制作出一条 RJ-45 双绞线了。

3．测试网线

网线制作好之后，需要测试网线是否通畅。有一种专门检测双绞线连通情况的工具——多网络电缆测试仪。

确定网线长度前最好确定所有计算机和连接设备的位置，既要避免不必要的浪费，也不要使网线过于紧绷，以免影响数据的正常传输。

4．安装网卡、标识计算机

局域网中的计算机是通过网卡与集线器连接在一起实现通信的，并且每台计算机都需要有计算机的标识（名称），以便于其他计算机识别。标识过程如下：

（1）如果计算机的主板上没有集成网卡的功能，则需要在计算机的 PCI 插槽中安装网卡。

（2）选择“控制面板”中的“系统”选项，弹出“系统属性”对话框（参见图 8-2），在其中设置工作组名和计算机名。

（3）完成计算机的标识设置后，在其他计算机的“资源管理器”地址栏中输入某一计算机标识，就可以查看该计算机的共享资源了。

5．连接网络

通过集线器与每台计算机的网卡相连接，就可以实现局域网中的通信了。连接网络的具体步骤如下。

（1）用 RJ-45 双绞线将计算机和集线器进行连接。

（2）根据需要将所需的设备都连接到集线器上。

（3）把集线器以及与集线器相连的所有设备的电源都打开，检查每一台设备与计算机的连接状况。如果硬件连接正确，则网卡上的灯以及集线器上对应端口的灯都应该是亮的。

如果检查一切正常，则硬件的连接基本上就完成了。

6. 测试网络

当硬件连接好之后，可以借助各种测试工具较快地检测网络。常用的测试方法是使用 ping 命令和 ipconfig 命令。ping 命令用来检测网络中设备的连通性；ipconfig 命令是解决网络故障时使用的重要命令，一般用于检查 TCP/IP 协议的设置情况。

测试步骤如下：

（1）启动 Windows 的"命令提示符"编辑器，输入 ping 命令，则在出现的窗口中显示该命令各参数的用法。

（2）可以使用 ping 127.0.0.1 命令来测试 TCP/IP 协议组是否正常运行。

（3）通过 ping 本机的名称或 IP 地址，可以检查本机的网络设备是否工作正常。

（4）输入 ipconfig/all 命令，可以详细查看每一块网卡的设置情况，同时也可以对 TCP/IP 协议的设置进行修改。

7. 设置协议和 IP 地址

处于局域网中的计算机一般需要指定一个 IP 地址后才能正常访问网络中的资源。

打开"本地连接 属性"对话框（如图 8-5 所示），在其中添加协议并设置 IP 地址。一般局域网中的计算机如果通过其他计算机连接到 Internet，则在进行 IP 地址设定时，可以指定固定的 IP 地址，也可以选择"自动获取 IP 地址"选项。

8. 设置与访问共享资源

设置共享资源的步骤如下。

（1）打开"资源管理器"窗口，在需要共享的文件夹上右击，选择"共享和安全"选项，弹出如图 8-12 所示的"常用软件 属性"对话框。在该对话框中，可对文件夹的相应属性进行设置。设置完成后，网络上的其他计算机就可以共享本地计算机所选文件夹的资源了。

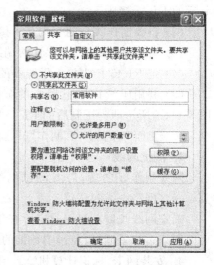

图 8-12　"常用软件 属性"对话框

（2）可以将计算机的硬盘设置为共享。在局域网中其他计算机的"资源管理器"地址栏中输入"\计算机(或 IP 地址)"，就可以查看所选计算机中共享的文件夹或硬盘。

（3）用同样的方法也可以将局域网中的其他设备设置为共享。例如，可以将处于局域网中的打印机设置为共享打印机。

三、实验作业

学习组建一个对等网络。对等网络的特点是具有对等性，即网络中的计算机功能相似、地位相同、无专用服务器。每台计算机相对网络中其他的计算机而言，既是服务器又是客户机，相互共享文件资源以及其他网络资源。

【操作要求】

(1) 准备器材,制作网线。

(2) 测试网线。

(3) 安装设备。

(4) 连接和测试网络。

(5) 设置网络协议和地址。

(6) 实现网络内的资源共享。

实验 8-2　Internet 的连接与配置

一、实验目的

1. 了解连接 Internet 的几种方法。

2. 熟悉通过局域网连接 Internet 的方法。

3. 掌握网络配置的方法和步骤。

二、实验内容和步骤

局域网连接 Internet 要具备的基本设备和软件有:计算机、网卡以及支持 TCP/IP 协议的软件。具体过程如下:

1. 安装网卡

将网卡安装于计算机主机板扩展槽中,安装完毕后重新启动计算机,Windows 系统会自动搜索安装的新硬件及其所需要的驱动程序。

使所用的计算机处于某个局域网内,局域网连接的基本步骤可以参考实验 8-1。

2. 添加 TCP/IP 协议

(1) 在 Windows 的"控制面板"窗口中双击"网络连接"图标,打开"网络连接"窗口,或者通过选择"开始"菜单的"设置"选项打开"网络连接"窗口,如图 8-13 所示。如果需要创建一个新连接,则通过选择"网络连接"窗口左窗格的"网络任务"栏中的"创建一个新连接"选项来创建一个新连接;对于已经建立好的连接,可以直接双击已建立连接的图标,弹出"本地连接 属性"对话框,如图 8-5 所示。

图 8-13　"网络连接"窗口

（2）在"本地连接 属性"对话框的"此连接使用下列项目"列表框中选择"Internet 协议（TCP/IP）"选项；对于没有安装 TCP/IP 协议的连接，单击"安装"按钮，弹出"选择网络组件类型"对话框，如图 8-14 所示。

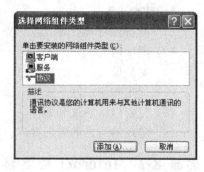

（3）在该对话框中选择网络组件类型"协议"选项，单击"添加"按钮，弹出"选择网络协议"对话框。

（4）在该对话框中选择 Microsoft 的 Microsoft TCP/IP 协议，根据提示完成安装。

图 8-14 "选择网络组件类型"对话框

现在的 Windows 操作系统使用的网络协议多为 TCP/IP 协议，因而在安装操作系统时，就已经自动完成安装，一般不需要重新添加。但对一些使用其他协议的局域网，可以通过上述方法添加 TCP/IP 协议。

3. 配置 TCP/IP 协议

（1）经过上述操作后，再次打开"本地连接 属性"对话框的"此连接使用下列项目"列表框，双击 "Internet 协议（TCP/IP）"选项，弹出如图 8-6 所示的"Internet 协议（TCP/IP）属性"对话框。

（2）单击该对话框中的"使用下面的 IP 地址"选项，在"IP 地址"文本框中输入地址，例如 219.219.149.98，在"子网掩码"文本框中输入 255.255.255.0，在"默认网关"文本框中输入该地址所属网络的网关地址。

（3）选择"使用下面的 DNS 服务器地址"选项，输入 ISP 提供的 DNS 服务器地址。

经过上面的配置后，就可以建立本地计算机与 Internet 的连接了。

以上介绍的是将一台计算机借助于所处局域网连接到 Internet 的方法，这种连接方式比较简单，也是经常使用的一种连接方式。

三、实验作业

练习使用 ADSL 连接 Internet。通过 ADSL 连接 Internet 是目前普通家庭较常使用的接入 Internet 的方法，它包含的基本设备有：ADSL 分离器、ADSL Modem 和计算机等。

【操作要求】

（1）安装 ADSL 分离器。

（2）安装 ADSL Modem。

（3）连接网卡。

（4）建立 ADSL 拨号连接。

实验 8-3　网络信息服务的使用操作

一、实验目的

1. 掌握 IE 浏览器的基本设置。

2. 掌握网上浏览的基本操作。

3. 掌握网上信息检索和信息保存的方法。

4. 掌握软件下载的一般方法和使用 FTP 下载软件的方法。

5. 掌握在网络中申请免费邮箱的方法。

6. 掌握基于 IE 浏览器收发邮件的方法。

7. 熟悉博客和微博建立和登录方法。

二、实验内容和步骤

1. 网上信息浏览

使用 IE 浏览器浏览网站,本例浏览的是新浪网站,利用"前进"和"后退"按钮浏览访问过的网页。具体步骤如下。

(1) 启动 IE 浏览器。

(2) 在浏览器窗口的地址栏中输入网址,即可打开所要访问的网页。例如,输入 http://www.sina.com.cn,然后按回车键,则打开了新浪网站的主页,如图 8-15 所示。

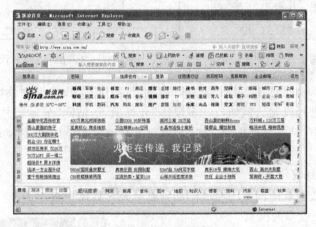

图 8-15　新浪网站的主页

(3) 通过选择主页上的"教育"、"培训"等链接项,可以打开新的网页。

(4) 通过单击工具栏的"后退"按钮,查看刚才访问过的新浪主页;单击"前进"按钮返回上一个"后退"之前的页面。

在页面传送过程中,有时可能会在某个环节发生错误,致使该页面不能正确显示或在下载过程中发生中断,此时可单击工具栏上的"刷新"按钮,重新向存放该页面的服务器发出请求,浏览页面内容。

下载网页时,如果网络的传输速度很慢,或者网页的信息量很大,传输时间较长,可以单击工具栏上的"停止"按钮或按 Esc 键来终止网络的传输。

2. IE 浏览器的设置

设置 IE 浏览器的起始页、安全级别及网页的浏览速度。具体步骤如下。

(1) 选择"工具"菜单中的"Internet 选项",弹出"Internet 选项"对话框,如图 8-16 所示。

(2) 单击"Internet 选项"对话框中的"常规"标签,在"主页"栏的"地址"框中输入的地址可以设置为起始页,也可以使用浏览器默认的网页作为起始页,或者使用空白页,在打开浏览器时再根据需要输入网址。

（3）单击"Internet 选项"对话框中的"安全"标签，选择"Internet"区域的 Web 图标，移动滑块的位置可设置不同的安全级别，使网络具有不同的安全性能。

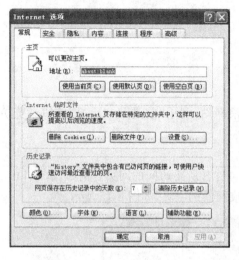 

图 8-16 "Internet 选项"对话框——"常规"选项卡 图 8-17 "Internet 选项"对话框——"高级"选项卡

（4）选择"Internet 选项"对话框中的"高级"选项卡（如图 8-17 所示），可以对"安全"和"多媒体"等选项进行设置。例如，在"多媒体"分类项下，清除"显示图片"、"播放动画"、"播放视频"和"播放声音"等复选框后，会发现网页下载速度明显加快，但动画、声音等多媒体信息将不再显示。

3. 添加网址到收藏夹

将经常访问或喜欢的网站的网址添加到收藏夹。具体步骤如下。

（1）打开需要收藏的网页。

（2）选择"收藏"菜单中的"添加到收藏夹"选项，弹出"添加到收藏夹"对话框，如图 8-18 所示。

（3）在"名称"文本框中输入收藏站点的名称，本例中收藏的是百度搜索引擎 http：//www.

图 8-18 "添加到收藏夹"对话框

baidu. com。"名称"中可以采用默认的标题名，也可以自行修改。然后单击"确定"按钮。在下次连接 Internet 时，在"收藏"菜单中打开收藏夹，即可在收藏夹中查找到要访问的网站名。

4. 快速浏览信息

利用"历史记录"栏和脱机浏览方法快速查看信息。具体步骤如下。

（1）利用"历史记录"栏快速浏览网页

① 打开 IE 浏览器窗口，单击工具栏上的"历史"按钮，在窗口左边的"历史记录"栏中列出了用户近期访问过的网页和站点。

② 单击"查看"按钮旁的下拉箭头，弹出一个下拉式菜单，选择"按日期列出网页"选项，如图 8-19 所示。

③ 可以借助历史记录里的网址，快速查找近期访问的网页。

（2）利用脱机浏览方法快速浏览网页

图 8-19 用"历史记录"栏快速浏览网页

① 打开 IE 浏览器窗口,选择"文件"菜单中的"脱机工作"选项,进入脱机工作方式。利用脱机浏览的方式,使得以后不必连接 Internet 或无法连接 Internet 时也可以浏览该页内容。

② 单击工具栏上的"历史"按钮,IE 浏览器窗口将分成左、右两部分,左边的"历史记录"栏列出了用户近期访问过的网页的地址记录。

③ 单击这些网页的地址记录后,右边将显示以前浏览过的该网页内容。

5. 信息检索

使用搜索引擎,通过输入关键词来查找信息,或者通过网站的分类导航查找信息。

(1) 通过关键词搜索网络信息

① 借助搜索引擎来搜索信息,例如进入百度搜索主页,在搜索文本框中输入 Windows Vista。

② 单击"百度一下"按钮,开始检索当前网络中所有含有 Windows Vista 的站点,搜索结束后,显示出所有符合条件的站点名称,如图 8-20 所示。

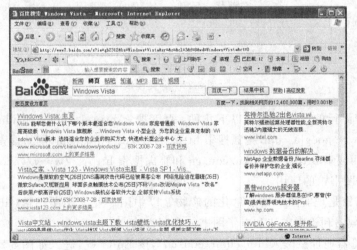

图 8-20 通过关键词检索

（2）利用网站提供的分类导航，按内容检索信息

① 登录搜狐主页（如图 8-21 所示），可以看到有"网址导航·网站登录·搜索引擎·搜狐商机"分类项，在要查找的内容所属分类比较确定的情况下，可以采用此种检索方法。

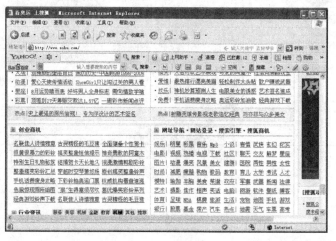

图 8-21　搜狐网站的主页

② 例如，选择"电脑"分类项中的"软件"选项，打开如图 8-22 所示的页面，其中显示的是常用的软件下载地址以及按照软件分类的不同的下载地址等。

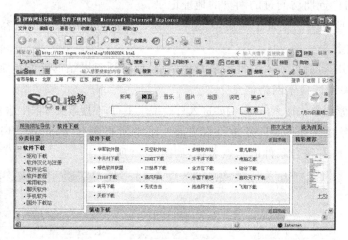

图 8-22　分类检索

目前比较流行的搜索引擎有以下几种：百度搜索 http：//www.baidu.com，google 搜索 http：//www.google.com，搜狐搜索 http：//www.sohu.com，网易搜索 http：//www.yeah.net，天网搜索 http：//e.pku.edu.cn 和雅虎搜索 http：//www.yahoo.com 等。

（3）电子图书馆的使用

电子图书馆是现实图书馆信息化的产物。以中国矿业大学图书馆（lib.cumt.edu.cn）为例，学习馆藏书刊检索方法和电子图书的查阅方法。

① 在浏览器地址栏键入"lib.cumt.edu.cn"，按 Enter 键，进入如图 8-23 所示的中国矿业大学图书馆页面。

图 8-23　中国矿业大学图书馆页面

② 馆藏书刊检索方法。如图 8-23 所示，单击"书刊检索"下的"馆藏书刊检索"，进入如图 8-24 所示的馆藏书目简单检索界面。

在馆藏书目简单检索界面中，单击题名旁的下拉列表框，用户可以选择按照题名、责任者、主题词、分类号、订阅号等方式进行检索。系统允许用户按照中文图书、西文图书、中文期刊、西文期刊或者所有书刊进行检索。

③ 电子期刊与论文检索。如图 8-24 所示，单击"电子资源"下的"中/外文数据库"，进入如图 8-25 所示的"图书馆电子资源"页面。系统提供了两种电子资源：中文数据库和外文数据库。

图 8-24　馆藏书目检索界面

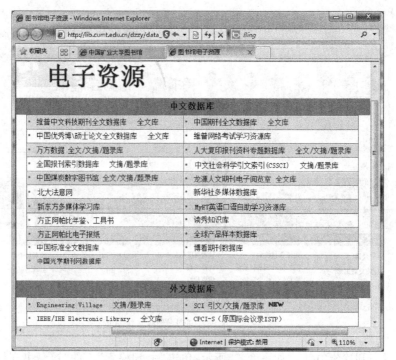

图 8-25　图书馆电子资源页面

单击"维普中文科技期刊全文数据库",进入中文科技期刊数据库镜像站点,选择"矿大镜像站点",打开如图 8-26 所示的检索页面,单击"题名或关键词"旁的下拉列表框,用户可以选择按照题名、主题词、作者、刊名等方式进行检索。

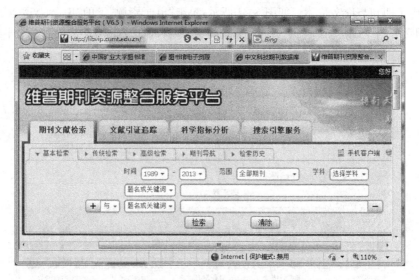

图 8-26　维普中文科技期刊全文数据库检索页面

6. 网上信息保存

网上信息保存主要是保存当前网页和网页上的图片,或者保存超链接指向的网页和图片。

（1）保存网页上的全部内容

① 打开待保存的网页，选择 IE 浏览器"文件"菜单中的"另存为"选项。

② 在弹出的"保存网页"对话框中，选择网页存放路径以及所存放的文件夹，在"文件名"框中给要保存的网页输入文件名。

③ 单击"保存类型"列表框的下拉按钮，则列表框中列出了待保存文件的文件类型，可根据具体情况进行选择。若要保存全部内容，则可在此处选择"网页，全部"选项，如图 8-27 所示。

图 8-27 "保存网页"对话框

（2）保存网页上的图片

① 网页上的图片是可以单独被保存下来的。在待保存的图片上右击，在弹出的快捷菜单中选择"图片另存为"选项，弹出"保存图片"对话框。

② 选择图片存放的文件夹和图片文件的格式，一般不改变图片格式，而使用它默认的格式，输入图片文件名，然后单击"保存"按钮。

7. 基于 FTP 的文件下载

利用 IE 浏览器访问 FTP 服务器可下载文件。

（1）使用搜索引擎查找到几个支持匿名登录的 FTP 服务器。

（2）在地址栏中输入使用的协议以及 FTP 服务器的地址，如 ftp：//ftp. cumt. edu. cn。

（3）登录到服务器上后，选择待下载文件所在的文件夹，找到所需下载的文件，右击，在快捷菜单中选择"复制到文件夹"命令。

（4）在该对话框中指定文件保存的路径，单击"确定"按钮，弹出如图 8-28 所示的"正在复制…"对话框。

（5）复制完成后，单击对话框上的"完成"按钮，结束下载。

图 8-28 "正在复制…"对话框

8. 基于搜索引擎的文件下载

借助于搜索引擎的功能可进行文件下载，例如利用百度搜索引擎下载超星阅读器软件 ssreader。

（1）打开某个搜索引擎的主页，如百度搜索引擎，在搜索文本框中输入待下载的软件名ssreader。

（2）在搜索到的网站或服务器中挑选一个作为文件下载的服务器。

（3）查找到目标文件后，可用前面介绍的方法将文件下载到本地磁盘。

9. 申请免费邮箱

在网站上可以申请一个免费邮箱。

（1）运行 IE 浏览器，连接 Internet，在地址栏中输入网站的网址，如 http：//www.163.com，打开如图 8-29 所示的 163 网站主页窗口。

图 8-29   163 网站的主页

（2）在主页中的左上角单击"注册"按钮，打开如图 8-30 所示的窗口，进入申请免费邮箱的页面。

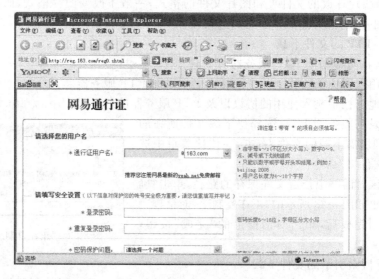

图 8-30   填写个人资料页面

（3）根据"网易通行证"的提示填写个人资料，其中带"＊"的项目为用户必须填写的项目。用户名和密码是每次登录都必须输入的，并且用户名是唯一的，一旦创建就不能修改。

（4）提交信息，申请成功后就在 163 上拥有了一个有效电子邮件地址。

当然，在其他网站上也可以申请免费邮箱。

10．基于 IE 的邮件收发

在 IE 浏览器上利用免费邮箱可收发邮件。

（1）发送邮件

① 以上面申请的 163 邮箱为例。首先登录 163 网站的主页，然后输入已申请的用户名和密码，单击"登录"按钮进入"网易通行证"页面。

② 单击"网易通行证"页面上"进入邮箱"按钮，打开网易电子邮箱网页，如图 8-31 所示。

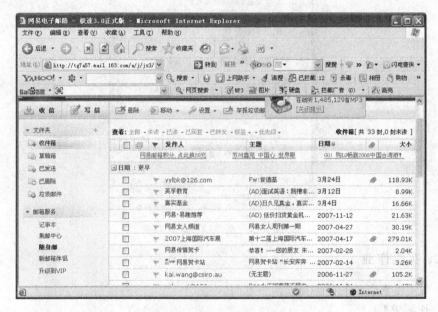

图 8-31　163 发送邮件页面

③ 单击网易电子邮箱网页中的"写信"按钮，在图 8-31 所示的右窗口中会显示"写信"界面。在打开的发送邮件界面的"收件人"文本框中输入收件人的地址；在"主题"文本框中输入邮件的主题；在邮件正文编辑框中书写邮件的内容；如果需要在邮件中附带文件，可单击"附件"按钮将保存在磁盘上的文件粘贴到信件中，这样，附件就随着邮件一起发送给收件人了。

④ 单击"发送"按钮完成邮件的发送。

（2）接收邮件

① 仍以上面申请的 163 信箱为例。登录 163 网站的主页，输入用户名和密码进入 163 邮箱页面。

② 单击如图 8-31 所示的左窗口中"收信"按钮，在右窗口中的右上角可显示目前收件箱中的邮件总数和新邮件数。

11. 博客和微博

一般大型网站都设有博客和微博,用户可以申请建立自己的博客或微博。在浏览器地址栏键入 weibo.com,按 Enter 键后进入新浪微博页面,如图 8-32 所示,单击页面右上角的"登录微博/立即注册微博"即可选择登录或注册微博账号。用户可以选择使用邮箱、新浪用户账号或手机号三种方式注册新浪微博,也可以使用天翼账号、联通账号或 360 账号进行微博登录。

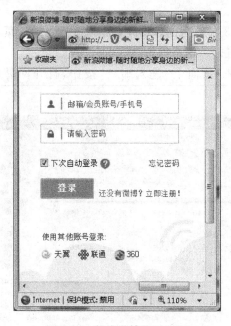

图 8-32　新浪微博登录页面

三、实验作业

1. 利用搜索引擎的分类检索搜索歌曲。

【操作要求】

(1) 例如搜索历届奥运会的主题曲,并将搜索的网址添加到收藏夹。

(2) 利用浏览器搜索 "迅雷" 或 "QQ 旋风"软件,并下载软件,如果本地机没有安装这两个软件,可选择其一安装在本地机上。

2. 利用 IE 浏览器学习"中国期刊网(CNKI)"和"万方数据库"的使用。

【操作要求】

(1) 检索有关与"龙芯 1 号"和"龙芯 2 号"有关的文章,并将其进行分类整理成一篇文章,介绍"龙芯"的开发过程、特点和意义等。

(2) 使用"万方——学位论文全文库"搜索一篇感兴趣的学位论文,并将其保存下来,然后用简明扼要的语句概括出论文的主要内容。

3. 使用 Web 方式收发邮件。

【操作要求】

(1) 利用已经申请的免费邮箱进行登录,给同学或好友发送 1 封邮件,选择自己以前的习作作为附件,并抄送给自己和另外 1 名同学。

（2）回复自己所收到的某封邮件。

（3）把自己收到的某封邮件转发给第三个人。

实验8-4　运用Dreamweaver CS6创建站点并制作主页

一、实验目的

1. 掌握站点的创建方法。

2. 掌握主页的制作方法。

3. 掌握网页属性的设置操作。

4. 掌握在网页中插入表格、图片的方法。

5. 掌握超链接的设置操作。

6. 掌握站点发布和文件上传的方法。

二、实验内容和步骤

1. 创建本地站点

在Dreamweaver中进行本地站点的创建，实际上就是建立Dreamweaver站点的工作目录，指定本地文件夹的存储位置。

下面以建立"个人网站"站点为例，详细介绍本地站点的创建方法，操作步骤如下。

（1）启动Dreamweaver CS6后，选择"站点"→"管理站点"命令，打开"管理站点"对话框，在该对话框中单击"新建站点"按钮，如图8-33所示。

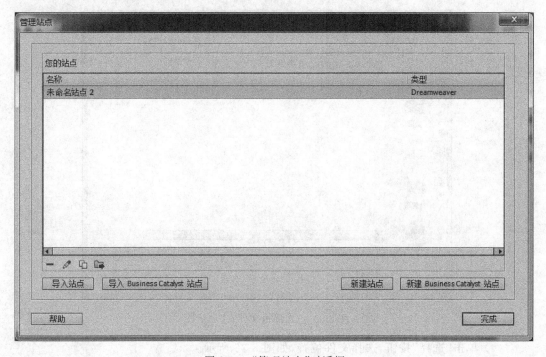

图8-33　"管理站点"对话框

（2）弹出"站点设置对象 未命名站点 2"对话框，在该对话框的"站点名称"文本框中输入名称，如图 8-34 所示。

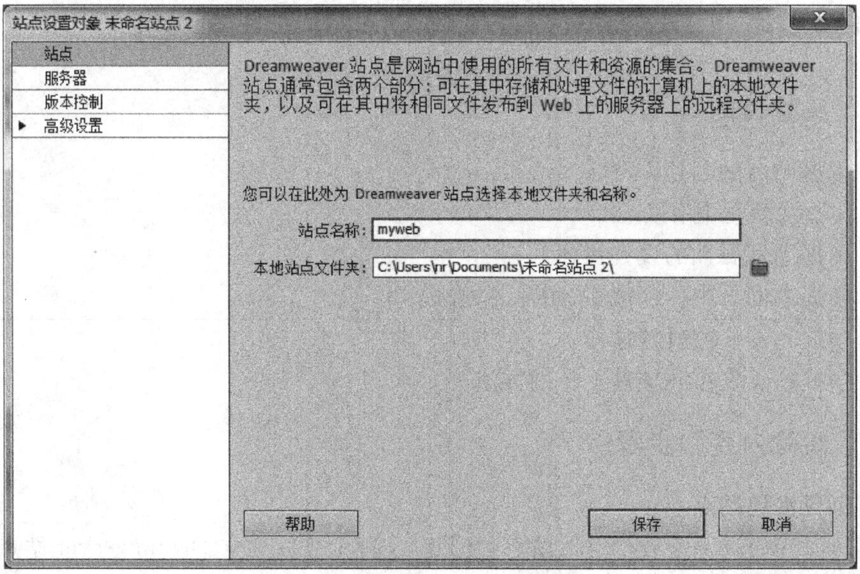

图 8-34　输入站点名称

（3）单击"本地站点文件夹"文本框右边的文件夹按钮，弹出"选择根文件夹"对话框，在该对话框中选择相应的位置，如图 8-35 所示。

图 8-35　"选择根文件夹"对话框

（4）单击"选择"按钮，选择文件位置，如图 8-36 所示。

（5）单击"保存"按钮返回到"管理站点"对话框，在对话框中显示了新建的站点，如图 8-37 所示。

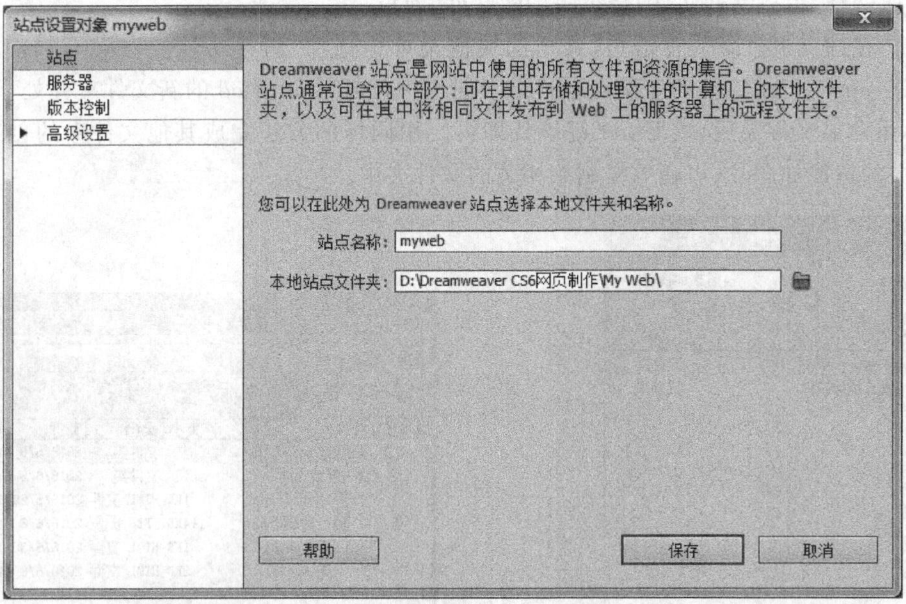

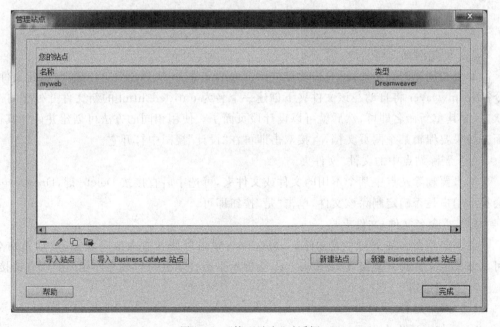

图 8-36 选择文件的位置

图 8-37 "管理站点"对话框

（6）单击"完成"按钮，在"文件"面板中可以看到创建的站点中的文件，如图 8-38 所示。

2. 创建和管理本地文件及文件夹

本地站点创建好后，用户就可以为网站中的文件和资源创建文件夹了。

（1）创建文件夹

为 myweb 站点创建文件夹的操作步骤如下。

① 选择"窗口"→"文件"命令,打开"文件"面板。

② 在站点根目录上右击,从弹出的快捷菜单中选择"新建文件夹"命令,如图 8-39 所示。Dreamweaver 将自动在站点根目录下创建一个名为 untitled 的新文件夹并处于可编辑状态,重命名文件夹后,按 Enter 键确认即可。用同样的方法完成其他文件夹的创建,然后将相关的资源如图片、声音等复制到相关的文件夹中。

图 8-38　创建的站点

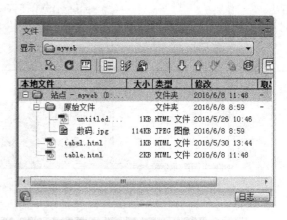

图 8-39　"文件"面板

(2) 创建网页文档

如果要创建网页文档,可右击要存放该页面的文件夹,从弹出菜单中选择"新建文件"命令,Dreamweaver 将自动在该文件夹下创建一个名为 untitled. html 的新文件并处于可改写状态,对其重新命名即可,然后就可以设计该页面了。使用相同的方法可创建并设计其他页面。如果要编辑某个网页文档,直接双击即可在"设计"视图中打开它。

(3) 删除站点中的文件/文件夹

如果要删除站点中某个不用的文件或文件夹,可选中后直接按 Delete 键,Dreamweaver 会提示用户是否确定删除该文件,单击"是"按钮即可。

(4) 重命名文件/文件夹

如果要重命名某个文件或文件夹,可选中后单击以使其进入改写状态,然后重命名即可。如果该文件具有链接,Dreamweaver 会提示是否自动更新与该文件相关的所有链接。

3. 网页编辑

(1) 添加文本

① 添加普通文本

在网页文档中,将光标定位在需要添加文本的位置,直接输入文本即可。进行文本输入时,Dreamweaver 不会自动换行,可以使用 Shift＋Enter 组合键来手动换行。如果要分段,则需要按 Enter 键。

除了直接输入文本外,用户还可以向页面中复制文本,或导入 Word、Excel 等其他应用程序中的文本。方法是选择"文件"菜单的"导入"选项下的文档类型,在弹出的对话框中选择要导入的文件,单击"打开"按钮即可。

② 添加特殊符号

编辑文本时,可能需要输入一些特殊字符,而这些特殊字符无法通过键盘直接输入,如版权符号、商标符号等,这时就需要使用特殊字符的添加功能。将插入点放置在要插入特殊符号的位置,单击"插入"→"HTML"→"特殊字符"命令,选择需要的字符即可。

③ 添加空格

在 Word 等文字处理软件中,若需添加空格,只需按空格键即可。而在 Dreamweaver 中,由于文档格式都是以 HTML 形式存在,要在字符之间或段首添加空格,可按组合键 Shift+Ctrl+Space。如果需要添加多个空格,重复该组合键即可。

④ 添加水平线

编辑网页时经常需要使用水平线将各种对象分隔开来,从而使网页更有条理和层次感。将光标定位在需要插入水平线的位置,选择菜单中的"插入"→"HTML"→"水平线"命令。

⑤ 添加日期

使用 Dreamweaver 可以方便地在网页中添加日期,操作方法如下:将光标定位在需要插入日期和时间的位置,选择菜单中的"插入"→"日期"命令,弹出如图 8-40 所示的对话框;在"插入日期"对话框中选择星期格式、日期格式和时间格式;选中"储存时自动更新"复选框,这样在每次保存文档时都将更新插入的日期;单击"确定"按钮在网页中插入日期和时间。

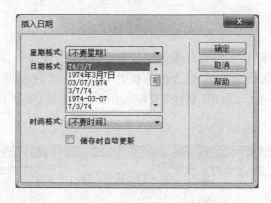

图 8-40 "插入日期"对话框

(2) 文本格式的设置

通过文本"属性"面板可以对文本的格式进行设置,使网页更加美观。如图 8-41 所示,在"属性"面板中,可以设置文本的字体格式和段落格式。字体格式包括文本的字体、字号大小、字体颜色等;段落格式包括段落的缩进、对齐方式和列表项等。实际上属性面板总会随着页面中当前所选页面元素的不同而变化。

图 8-41 文本"属性"面板

(3) 图像的添加

图像在网页中不仅起到点缀作用,同时还是一种信息载体,用于传递一些用文字无法表达的信息。在网页中图像一般有两种存在方式：一是作为网页的内容；二是作为网页或其他对象的背景。目前网页中支持的图像格式主要有 jpg、gif 和 png 等。

① 插入图像

将光标定位于要插入图像的位置，选择菜单中的"插入"→"图像"命令或单击插入栏"常用"类别中的图像按钮 ，弹出"选择图像源文件"对话框，然后在打开的对话框中选择要插入的图像即可。但是，在插入图像时要注意，如果图像不在站点文件夹中，系统会询问是否将其复制到站点文件夹中，此时一般要选择"是"，否则会导致将来发布站点后，因网页无法找到图像而出现错误。

如果需要在网页的某个位置插入一个图像，但还没确定插入哪一幅图像时可以先插入一个图像占位符占据图像的位置，当图像确定后再在占位符中插入图像。将光标定位在需要插入图像的位置，选择菜单中的"插入"→"图像对象"→"图像占位符"命令，在弹出的对话框中设置图像占位符的名称、宽度、高度和颜色即可。

鼠标经过图像是指在浏览器中查看网页时，当鼠标指针经过该图像时显示另外一幅图像的动态图像效果。插入鼠标经过图像时需要准备两幅图像：原始图像和鼠标经过图像。默认情况下显示原始图像，当鼠标指针移动到原始图像的范围时，显示鼠标经过图像；鼠标移出原始图像范围时则恢复原始图像。将光标定位在需要插入鼠标经过图像的位置，选择菜单中的"插入"→"图像对象"→"鼠标经过图像"命令，然后按照提示进行操作即可。

② 设置图像属性

在页面中插入图像后，还需要对图像进行命名、设置图像大小、修改源文件、设置图像说明、设置对齐方式、设置边距和添加边框等操作，这时可以通过设置图像的属性来实现。选择要设置属性的图像后，利用"属性"面板如图 8-42 所示，就可以进行图像的各种属性设置。

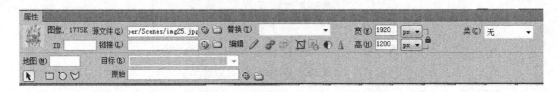

图 8-42　图像的"属性"面板

4. 多媒体元素的添加

（1）添加音频对象

在网页中音乐一般有两种存在方式：一是作为网页的内容；二是作为网页或其他对象的背景音乐。目前网页中支持的音频文件格式主要有 midi、wav、mp3 等。

在页面中添加音乐文件的操作步骤如下。

① 将光标定位在页面中需要插入音乐的位置；

② 选择"插入"→"媒体"→"插件"命令，打开"选择文件对话框"；

③ 用鼠标双击需要插入到页面中的音乐文件，完成音乐的嵌入，调整插入的音乐图标的大小即可。

（2）添加 Flash 对象

Flash 是一种高质量、高压缩率的矢量动画，具有较强的交互能力，是网页中应用最为广泛的动态元素之一。网页中最常见、最具动画效果的 Banner 或导航条，一般都是插入的 Flash 动画，即 swf 格式的 Flash 文件。

在页面中添加 Flash 动画的操作步骤如下。

① 将光标定位在页面中需要插入动画的位置。

② 选择"插入"→"媒体"→SWF 命令，在打开的对话框中选择要插入的 Flash 文件名如：banner_jl. swf。

③ 选中插入的 Flash 动画，可在属性检查器中对 Flash 动画的大小、名称、播放参数进行设置，单击"播放"按钮即可。

5. 表格的添加

（1）创建表格

使用 Dreamweaver 在网页中添加表格的操作方法如下。

① 将光标定位在需要插入表格的位置。

② 选择菜单中的"插入"→"表格"命令，或单击"常用"插入栏中的 按钮弹出"表格"对话框。

③ 在该对话框中输入相应的信息，如图 8-43 所示，单击"确定"按钮即可完成。

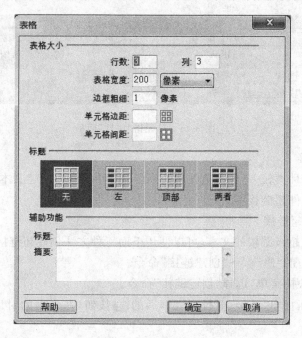

图 8-43 "表格"对话框

（2）创建嵌套表格

嵌套表格是在表格的某个单元格中再插入一个表格，其宽度受所在单元格的宽度限制。嵌套表格经常用于控制表格内部的文字或图像的位置。创建嵌套表格的操作方法如下。

① 将光标定位在需要插入表格的单元格中。

② 选择菜单中的"插入"→"表格"命令,弹出"表格"对话框。

③ 根据需要设置表格的行数、列数等属性,单击"确定"按钮完成表格的添加,如图 8-44 所示。

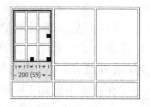

图 8-44　创建嵌套表格

(3) 表格和单元格的属性设置

① 设置表格属性

选择整个表格后,出现如图 8-45 所示的表格"属性"面板,利用表格的属性面板可以指定行/列数、行宽、对齐方式及边框等。

图 8-45　表格"属性"面板

② 设置单元格属性

选择要设置属性的单元格、行或列,出现如图 8-46 所示的单元格属性面板,用于设置单元格的属性。

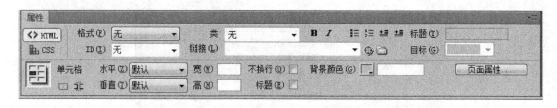

图 8-46　单元格"属性"面板

6. 创建超链接

由于超链接的种类较多,创建方法也有所不同,可以分为创建文本超链接、创建图像超链接和创建电子邮件超链接等。

(1) 创建文本超链接

选中需要添加超级链接的文本,可以使用下面三种方法创建超链接。

① 选择菜单中的"修改"→"创建链接"命令。

② 右击弹出快捷菜单,选择"创建链接"命令。

③ 单击属性面板中"链接"下拉列表框后的 📁 按钮,在弹出的对话框中选择要链接的目标文件即可。

(2) 创建图像超链接

利用图像创建超链接有两种方式,一种是直接使用整幅图像作为超链接,另一种是创建热点超链接,即使用图像中的一个或多个区域作为超链接。使用整幅图像作为超链接的方法与创建文本超链接的方法相同,创建热点超链接的方法如下。

① 选择需创建热点超链接的图像,此时属性面板如图 8-47 所示,其左下角有四个热点工具。

图 8-47　图像的"属性"面板

② 选择一个形状热点工具,在图像上拖动鼠标绘制一个热点。

③ 选中热点,右击弹出快捷菜单,选择"链接"命令,或者单击属性面板上"链接"下拉框后的 📁 按钮,在弹出的对话框中选择要链接的目标文件即可。

（3）创建电子邮件超链接

在网页中创建电子邮件超链接,可以方便用户为该邮箱发送邮件,单击该超链接时,将启动系统默认的电子邮件收发软件,并在打开的"新邮件"窗口中自动显示收件人地址。其操作方法如下。

① 将光标定位在要创建电子邮件超链接的位置。

② 选择菜单中的"插入"→"电子邮件链接"命令或单击"常用"插入栏中的 按钮,弹出"电子邮件链接"对话框。

③ 在该对话框的"文本"文本框中会自动显示选择的文本内容,在电子邮件文本框中输入收件人的邮箱地址,如图 8-48 所示,单击"确定"按钮即可。

图 8-48　"电子邮件链接"对话框

7. 网页布局

在设计网页时,需要对大量文字和图像以及其他元素进行合理的安排,即需要对页面进行布局规划,使页面更加美观合理。网页布局的工具主要有表格和框架,目前最常用的是表格。

使用表格实现网页布局。网页的预览效果如图 8-49 所示。

操作步骤如下。

（1）在 Dreamweaver 的当前站点中新建一个网页文档,命名为 table. html。

（2）在"插入"栏的"常用"类别中单击"表格"按钮 田,打开"表格"对话框,设置行数为5,列数为2,宽度为 300 像素,页眉为"无",单击"确定"按钮,文档中会出现一个表格,如图 8-50 所示。

（3）鼠标拖动选择表格的第一行的两个单元格,在属性检查器中,单击"合并单元格"按

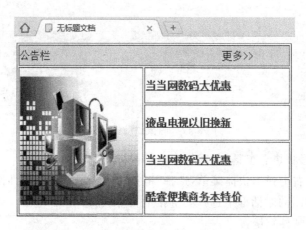

图 8-49　网页预览效果

钮 将其合并。在单元格中输入文本,如图 8-51 所示,并在属性检查器中将背景颜色设置为♯FFFF00。

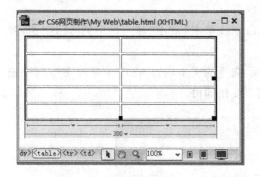

图 8-50　添加表格

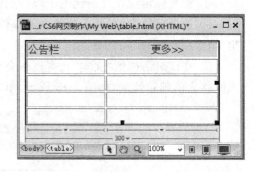

图 8-51　插入文本并设置单元格属性

　　(4)鼠标拖动选择第 1 列的第 2 行至第 5 行单元格,单击"合并单元格"按钮 将其合并;将光标定位在合并后的单元格内,插入"数码"图片,如图 8-52 所示。

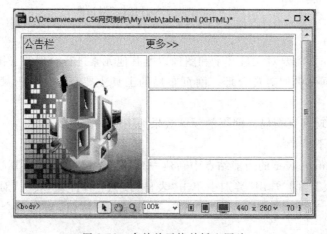

图 8-52　合并单元格并插入图片

（5）在表格的第 2 列中，从第 2 行单元格开始，输入文本内容，选中每一行文本内容；选择"格式"→"样式"命令，选中"粗体"、"下划线"和"加强"；在属性检查器的"链接"文本框中输入"♯"符号，意思是超链接为空链接，效果如图 8-53 所示。

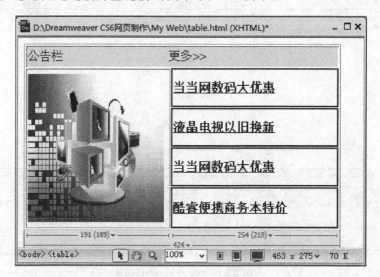

图 8-53　插入文本并设置格式

（6）按 F12 键用浏览器预览效果，如图 8-49 所示。

8. 网站发布

网站制作好之后只能在本机上预览，如果希望其他浏览者通过互联网能够访问自己创建的网站，则必须将网站发布到 Web 服务器上，这就要求必须要有可访问的域名和主机空间。主机空间即存放设计好的网站文件的地方，也叫虚拟主机。服务商将一台运行于因特网的服务器分成多个虚拟主机，每个虚拟主机都有其独立的域名与 IP 地址，确保每个虚拟主机都有完整的服务功能如 WWW、FTP 和 E-mail 等。

提供域名和虚拟主机服务的公司被称为域名和网站托管服务商，目前有很多提供这样服务的公司如中国万网（http：//www. net. cn）、中国互联（http：//www. 163ns. com）和创思科技（http：//szchance. com）等。用户首先需登录到任何一家提供虚拟主机服务的网站如"中国免费空间网"进行申请，即可申请到虚拟主机。然后网站将提供给用户登录虚拟空间使用的 IP 地址、登录账户名称和密码。用户必须将这些信息设置到 Dreamweaver 对应的站点中，才能通过 Dreamweaver 内置的站点管理功能对主机空间进行各种操作。其操作方法如下。

（1）选择菜单中的"站点"→"管理站点"命令，弹出"管理站点"对话框，如图 8-54 所示。

（2）单击"编辑当前选定的站点"按钮，弹出"站点设置对象"对话框，在对话框中选择"服务器"选项，如图 8-55 所示。

（3）在对话框中单击"添加新服务器"按钮，弹出远程服务器设置对话框，在"连接方法"下拉列表中选择 FTP 选项；在"FTP 地址"文本框中输入站点要传到的 FTP 地址；在"用户名"文本框中输入拥有的 FTP 服务主机的用户名；在"密码"文本框中输入相应用户的密码，如图 8-56 所示。设置完远程信息的相关参数后，单击"保存"按钮。

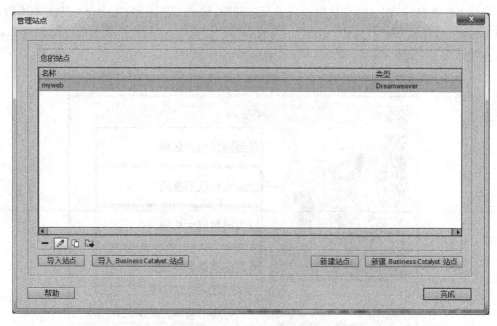

图 8-54 "管理站点"对话框

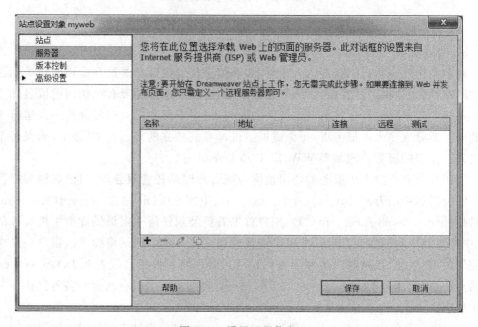

图 8-55 设置远程信息

（4）选择菜单中的"窗口"→"文件"命令，打开"文件"面板，在面板中单击 ⊡ 按钮，弹出如图 8-57 所示的接口，在接口中单击"连接到远程服务器"按钮 ，建立与远程服务器的连接。

（5）在本地目录中选择要上传的文档，单击上传文件按钮 ⬆，上传文件。上传完毕后，左边"远程服务器"列表框中将显示已经上传的本地文档。

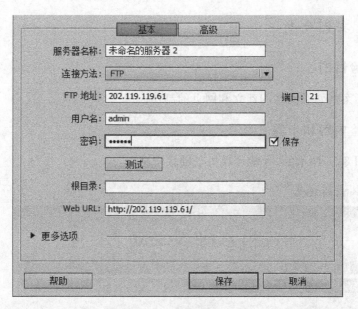

图 8-56　"远程信息"选项

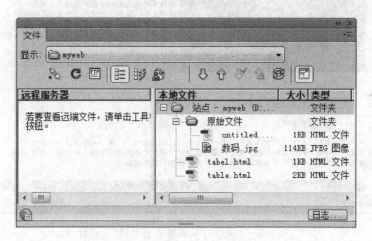

图 8-57　建立与远程服务器的连接

三、实验作业

制作班级主页。

【操作要求】

（1）采用一幅图片作为网页的背景。

（2）网页内容要相对丰富，有文字、图片和动画等，并对图片设置热点超链接。

（3）对班级进行详细的介绍，既有班级的基本信息、班级活动等内容，又能较好地反映班级特色和同学先进事迹。

（4）包含所学专业和相关专业的介绍。

（5）包括友情链接，介绍相关学校和相关专业等。

实验 8-5 实例分析

一、实验目的

通过实际案例熟悉网站的建立和网页的制作。

二、实验内容和步骤

制作如图 8-58 所示的"大学计算机基础教学网"。

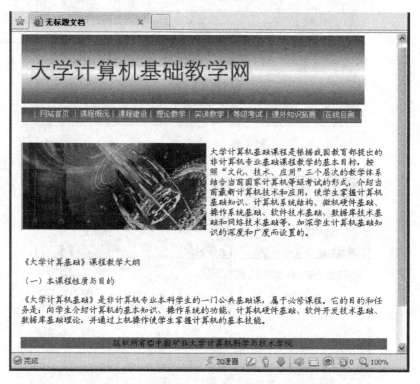

图 8-58 "大学计算机基础教学网"页面效果

操作步骤如下。

1. 创建站点和本地文件夹

（1）启动 Dreamweaver CS6，在"欢迎屏幕"的"新建"区域单击 HTML，打开一个新的空白页面，进入 Dreamweaver CS6 的工作界面。

（2）选择"站点"→"新建站点"命令，打开"站点设置对象"对话框，在"站点名称"文本框中输入站点名：大学计算机基础教学网，单击"保存"按钮，弹出如图 8-59 所示的"文件"面板。

（3）在"文件"面板的站点根目录上右击，从弹出的快捷菜单中选择"新建文件夹"命令。

（4）Dreamweaver 将自动在站点根目录下创建一个名为 untitled 的新文件夹并处于可编辑状态，重命名文件夹为 images 后，按 Enter 键确认；将相关的图片文件复制到该文件夹中。同时，将要用到的其他文件均复制到站点根目录下，如图 8-60 所示。

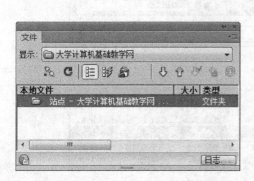

图 8-59 "文件"面板

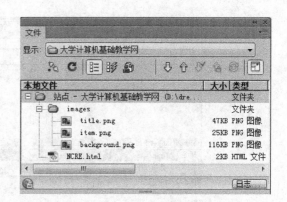

图 8-60 向站点中复制资源

至此,本地站点和文件夹创建完成。

2. 设置网页内容

(1)在文档编辑窗口中定位插入点,然后单击"常用"插入栏中的表格按钮田弹出"表格"对话框如图 8-61 所示。

图 8-61 插入"表格一"

(2)设置行数和列数均为 1,"表格宽度"为 600 像素,单击"确定"按钮后插入表格(称为"表格一");在属性卡对齐中设置表格"居中对齐",如图 8-62 所示。

(3)在"表格一"中插入站点文件夹 images 下的图像 title.png,如图 8-63 所示。

(4)将插入点置于"表格一"下方,插入一个 1 行 1 列,宽度为 600 像素的表格(称为"表格二"),在属性中设置其"居中对齐",并在其中插入站点文件夹 images 下的图像 item.png,如图 8-64 所示。

(5)将插入点置于"表格二"下方,插入一个 2 行 1 列,宽度为 600 像素的表格(称为"表格三"),在属性检查器中设置其"居中对齐";在属性检查器中按拆分单元格按钮 ，将"表格三"的第 1 行第 1 列拆分成两列,如图 8-65 所示。

图 8-62　设置"表格一"属性

图 8-63　在"表格一"中插入图像

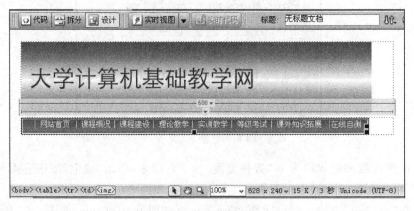

图 8-64　插入"表格二"并设置其属性和内容

（6）在"表格三"的第 1 行第 1 列插入站点文件夹 images 下的图像 background.png，并根据图像大小调整其宽度，如图 8-66 所示。

（7）将光标定位在"表格三"第 1 行第 2 列中，输入如图 8-67 所示的文本并单击属性编辑器中的"页面属性"按钮，在弹出的对话框中设置"页面字体"为"楷体_GB2312"，大小为 14px，如图 8-68 所示。

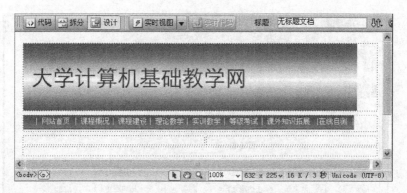

图 8-65 插入"表格三"并拆分其单元格

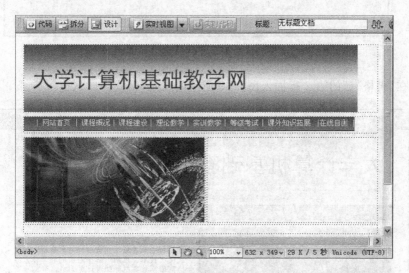

图 8-66 在"表格三"中插入图像

图 8-67 在"表格三"中输入文本并设置格式

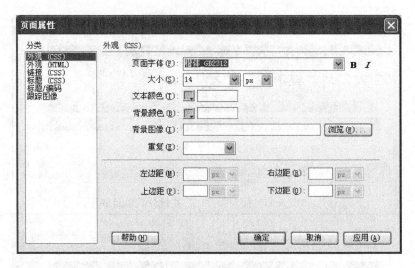

图 8-68　"页面属性"对话框

(8) 在"表格三"的第 2 行插入图 8-69 所示的文本,格式为默认值。

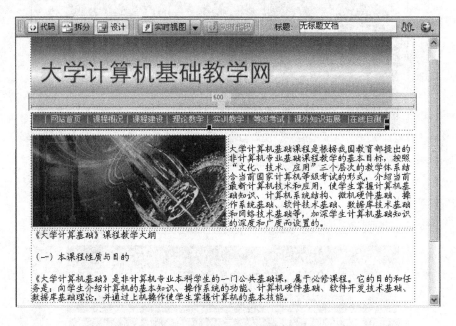

图 8-69　在"表格三"中插入文本

(9) 将光标定位在"表格三"的下方,插入 1 行 1 列,宽度为 600 像素的表格(称为"表格四"),在属性检查器中设置其"居中对齐",将其"背景颜色"设置为♯6666FF;将光标定位在表格四的第 1 行第 1 列的单元格中,输入文字"版权所有中国矿业大学计算机科学与技术学院",在属性检查器中将其"水平"设置为"居中对齐";将光标定位在文字"版权所有"右侧,选择菜单"插入"→HTML →"特殊字符"→"版权",效果如图 8-70 所示。

3. 创建超链接

(1) 选中"表格二",在属性检查器中单击"矩形热点工具"按钮 ▢ ,然后移动鼠标到图

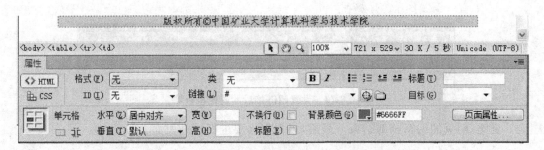

图 8-70　插入"表格四"并输入文本

片 item.png 上"等级考试"所在区域,单击并拖动,绘制一个矩形区域;然后单击属性检查器上"链接"编辑框右侧的"浏览文件"按钮 ,如图 8-71 所示。

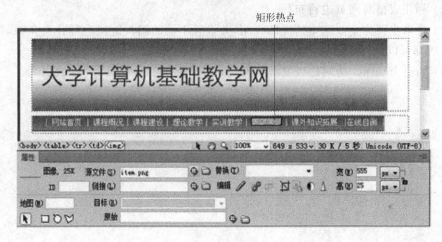

矩形热点

图 8-71　绘制矩形热点

(2) 打开"选择文件"对话框,选择"大学计算机基础教学网"站点中的文档 NCRE.html,如图 8-72 所示;单击"确定"按钮之后设置链接,属性检查器如图 8-73 所示。

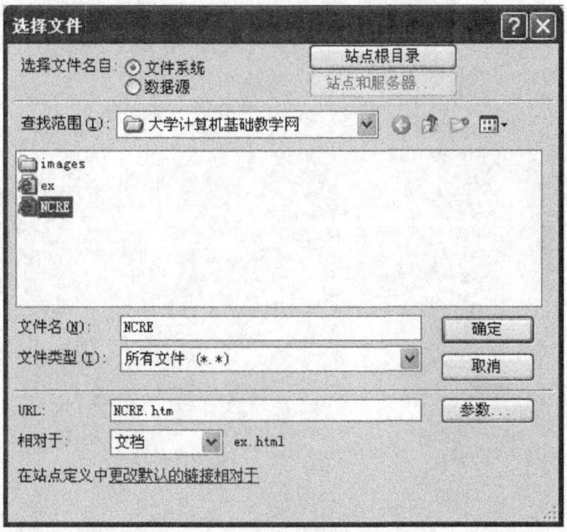

图 8-72　"选择文件"对话框

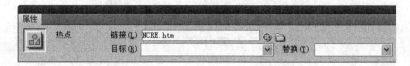

图 8-73　设置超链接后的属性检查器

至此,网页的编辑全部结束。最后,可根据需要进行网站发布。

三、实验作业

制作一个简单的企业网站并发布到 Internet 上。

【操作要求】

(1) 利用表格对网页进行布局。

(2) 要求主页为企业基本情况的介绍,并设置不同的网页链接进行分类介绍,每一页访问完之后都可以方便地回到主页。

(3) 通过 Internet 访问已经发布的网站。

第9章　常用工具软件

随着计算机技术的飞速发展,计算机在各行各业的应用越来越广泛,各种工具软件也不断涌现。工具软件功能强大、针对性强、实用性好,能帮助人们更方便、更快捷地操作计算机,使计算机发挥出更大的效能。本章将介绍常用工具软件的功能、分类、特点和使用方法。

学 习 指 导

一、工具软件概述

对于工具软件,并没有一个确切的概念。一般来说,工具软件是指除系统软件(如操作系统等)、大型商业应用软件之外的一些软件。大多数工具软件是共享软件、免费软件、自由软件或者软件厂商开发的小型商业软件,它们一般体积较小、功能相对单一,但却是计算机用户解决一些特定问题的有利工具。

对于一些操作系统和知名的商业软件,用户可能比较熟悉,比如:在全球95％的个人计算机中使用的是微软公司的 Windows 系列操作系统;微软公司的 Office 系列软件在办公自动化方面处于主流;Adobe 公司的 Photoshop 图像处理软件在广告、平面设计、出版印刷领域有着广泛的应用。工具软件和这些软件相比,似乎显得默默无闻、无足轻重。但是,没有工具软件的帮助,用户就不能更好地使用计算机,甚至对有些问题根本无法解决。在操作系统和大型商业软件之外,工具软件有其广阔的发展空间,是计算机技术中不可或缺的组成部分。因此,对工具软件使用的熟练程度,也是衡量计算机用户技术水平的一个重要标志。

二、工具软件的分类

对于常用的工具软件,目前并没有统一的分类标准,人们常根据工具软件的用途进行划分。根据工具软件使用领域的不同,可以把它们划分为音/视频播放工具、压缩工具、即时聊天工具、下载工具、网络安全工具和系统优化工具等。表 9-1 列出了一些常用的工具软件。

表 9-1　常用的工具软件

工具软件类别	常用工具软件
压缩	WinRAR、WinZip 等
视频播放	RealPlayer、Media Player、暴风影音等
音频播放	千千静听、Winamp、酷狗等
阅读/看图	Adobe Reader、超星图书、eReadBook、ACDSee 等

续表

工具软件类别	常用工具软件
下载	迅雷 Thunder、FlashGet 等
邮件收发	Foxmail、DreamMail 等
即时聊天	腾讯 QQ、MSN Messenger 等
网络电视	PPLive、PPStream 等
视频处理	会声会影、Adobe Premiere、豪杰视频通等
音频处理	Adobe Audition、Goldwave 等
中文输入	紫光拼音、极品五笔、搜狗输入法等
汉化工具	金山词霸、金山快译、东方快车等
系统优化	优化大师、超级兔子等
网络安全	瑞星杀毒软件、卡巴斯基、木马克星、360 安全卫士等

三、获取工具软件的方法

使用某个工具软件前,必须先得到它的安装程序,然后安装到计算机中才能使用。获取常用工具软件的方法主要有两种:一是购买安装光盘,二是从网上下载。

1. 购买安装光盘

在计算机市场的软件销售处一般都有针对用户各种不同需要的工具软件出售,如杀毒软件等,同时还会出售一些带有多个常用工具软件的合集。用户可以根据自己的需要选择并购买相应的工具软件安装光盘。

2. 到官方网站下载

官方网站是一些公司为介绍和宣传公司产品而开通的权威性站点。

3. 通过软件下载站点下载

由于大部分工具软件都是免费或共享软件,因此可以通过提供下载的网站进行下载。几个较著名的提供软件下载的网站地址如下。

华军软件园 http://www.onlinedown.net/

硅谷下载 http://download.enet.com.cn/

太平洋软件下载 http://www.pconline.com.cn/download/

天空软件站 http://www.skycn.com/

21cn 软件下载 http://download.21cn.com/

用户也可以使用百度、Google 等搜索引擎进行搜索并下载工具软件。在下载软件前应仔细阅读软件的简介和下载注意事项。另外,有些网站中还会提供软件的安装方法或汉化包的使用等帮助信息。

4. 解压安装文件

下载后的工具软件安装文件有时可能是压缩文件,扩展名为 rar 或 zip。对于这类文件,需要在计算机中安装解压软件并对其进行解压后才能安装。

四、工具软件的安装和卸载

1. 工具软件的安装

获取工具软件的安装程序后,便可以对其进行安装。由于工具软件的体积一般都较小,因此下载后通常只有一个可执行文件(exe文件),双击该可执行文件便可打开安装向导进行安装。

工具软件的安装一般都是图形化的操作,只需要按照提示一步一步地操作下去即可。

2. 工具软件的卸载

对于不再使用的工具软件或无法正常使用的工具软件,可以将其从电脑中删除。删除工具软件可通过下面两种方法实现。

(1)通过软件自带的工具卸载

对于那些本身提供了卸载功能的工具软件,可以通过选择"开始"菜单中相应程序中的"卸载"命令进行卸载。这种方法操作比较简单。

(2)通过"控制面板"中的"添加或删除程序"卸载

对于有些没有自带卸载功能的工具软件,或在"开始"菜单中找不到"卸载"命令,可打开"控制面板"窗口,通过其中的"添加或删除程序"卸载。

五、常用工具软件的使用

工具软件安装完成后,便可以开始使用。虽然工具软件众多,每个软件的用途也各不相同,但是一些基本的使用方法是相似的,掌握这些工具软件的共性操作将有助于使用各种工具软件。下面简要介绍工具软件的基本使用方法。

1. 启动工具软件

启动工具软件最常用的方法是选择"开始"菜单中的相应命令或双击桌面快捷图标。

2. 操作界面的使用

不同的工具软件,其操作界面在外观上会有很大差异,但是大部分工具软件的操作界面除了专门针对软件本身的部分外,都包括标题栏、菜单栏、工具栏、工作区和状态栏等部分,操作简便直观,易学易用。

实　　验

实验 9-1　常用工具软件的使用

一、实验目的

1. 掌握常用下载工具迅雷 7 的使用。
2. 掌握常用播放软件 RealPlayer 的使用。
3. 掌握常用压缩软件 WinZip 和 WinRAR 的使用。
4. 掌握 360 安全卫士的使用。

二、实验内容和步骤

1. 下载工具迅雷 7 的使用

迅雷软件是目前网络上应用最为广泛的下载软件。它不仅下载速度快,而且操作简便。因为使用了多资源超线程技术,能够将网络上存在的服务器和计算机资源进行有效的整合,所以各种数据文件能够通过迅雷网络以最快的速度进行传递。

(1) 迅雷 7 的主界面

当迅雷 7 安装完毕后,双击"迅雷 7"图标,打开"迅雷"窗口,其主界面如图 9-1 所示,它由标题栏、菜单栏、工具栏、悬浮窗、任务栏、任务列表及下载任务信息窗口等部分组成。

图 9-1　迅雷 7 主界面

(2) 迅雷的基本功能设置

① 在打开的迅雷程序窗口中,从"工具"菜单中选择"配置"命令,如图 9-2 所示。在弹出的"配置面板"对话框中选择"常用设置"选项,右侧可以进行"开机自动启动迅雷"、"磁盘缓冲区"等基本设置。

图 9-2　迅雷"工具"菜单

② 切换至"任务默认属性"选项,在右侧的"常用目录"区域中,选择"使用指定的存储目录"单选按钮,单击"选择目录"按钮,可以选择准备保存文件的路径,如图9-3所示。

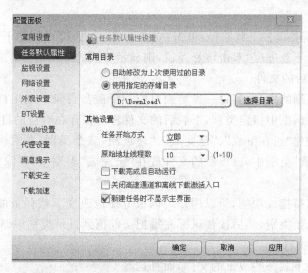

图9-3　迅雷配置面板

③ 切换至"下载安全"选项,选中"启用下载完成后杀毒"复选框,可防止病毒的入侵。

（3）用迅雷下载文件的方法

下载文件时常用以下两种方法:

方法一:使用快捷菜单下载文件。

① 连接Internet,找到所要下载文件的链接。

② 鼠标右击此链接,从弹出的快捷菜单中选择"使用迅雷下载"命令。

③ 在弹出的"新建任务"对话框中设置下载文件的类别、保存路径及保存后的文件名等选项,然后单击"立即下载"按钮,如图9-4所示。

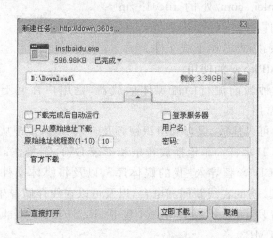

图9-4　"新建任务"对话框

④ 弹出迅雷程序界面,其中显示相关下载信息,包括下载的速度、进度、剩余时间等。

⑤ 下载完成后,下载文件会自动转移到"已完成"文件夹中。

常用工具软件

方法二：使用悬浮窗下载文件。

① 用户可以将希望下载的链接从网页上直接拖放到悬浮窗 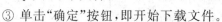，即可弹出"新建任务"对话框。

② 用户根据需要设置下载路径，单击"立即下载"按钮，即可开始下载。下载过程中，悬浮窗中可以显示出下载进度，双击该悬浮窗，则显示下载的详细信息。

(4) 管理下载后的文件

迅雷引入了类别的概念，其每一种类别对应一个磁盘目录。当用户在下载文件时就可以在"新建任务"对话框中指定类别，下载后的文件将会保存在对应的目录中。

迅雷 7 默认创建"正在下载"、"已完成"、"垃圾箱"三个类别，在默认情况下正在下载的文件放在"正在下载"类别中，已下载的文件放在"已完成"类别中，删除后的文件放在"垃圾箱"类别中。

因为迅雷 7 支持拖放功能，所以用户可以很方便地改变下载任务的类别。只需先选中下载文件所在的原始类别，然后按住鼠标左键把文件拖到目录类别中即可。

(5) 批量下载文件

当需要从网上下载一些成批的文件，而且这些文件的文件名都是按序号排列时，例如 file01，file02，…，file21，那么利用迅雷提供的批量下载的功能可以容易地对这些文件进行批量下载。主要步骤如下。

① 从迅雷"文件"菜单中选择"新建批量任务"命令，弹出如图 9-5 所示的对话框。

② 在 URL 文本框中输入带有通配符的信息。例如 http://www.xunlei.com/file(*).zip 下面填入"从 1 到 21 通配符长 2"，则表示要下载的文件 http://www.xunlei.com/处的 file01.zip ～ file21.zip 共 21 个文件。

图 9-5 "批量任务"对话框

③ 单击"确定"按钮，即开始下载文件。

2. 播放软件 RealPlayer 的使用

RealPlayer 是一种当前流行的流媒体播放器，是用户在网上收听收看实时 Audio、Video 和 Flash 等的常用工具。

利用 RealPlayer 可以播放、保存和组织视频及音乐专辑，实现从 Internet 播放数字媒体信号流，以及像处理 CD 那样简单地播放音乐和刻录 DVD 等操作；还可以直接从 Internet 下载和保存视频，将 CD 音频导入"我的媒体库"，以及将媒体文件传送到便携式设备中。RealPlayer 还允许直接访问在线新闻和电台，以及可以在线存储音乐、游戏等。

RealPlayer 支持所有主要媒体格式，包括 RealVideo、RealAudio、Flash、Windows Media、QuickTime 和 MP3 等。

(1) RealPlayer 的界面

RealPlayer 的界面如图 9-6 所示。它由菜单栏、媒体浏览器、播放器控制栏、状态显示等部分组成。

图 9-6 RealPlayer 的界面

① 菜单栏。RealPlayer 的菜单栏为特定任务功能提供了命令菜单(及子菜单)。

② 媒体浏览器。RealPlayer 的显示区域。它根据选择的浏览器显示不同的视图。用户可以通过媒体库、视频和 Internet 等轻松访问数字媒体文件和服务。

③ 播放器控制栏。包含用于在 RealPlayer 中播放、记录和监控媒体演示的控制按钮。它们在所有显示模式下均可使用("正常"和"影院")。

④ 状态显示。位于播放器控制栏正上方,用于显示播放器播放媒体的状态和格式以及计算机连接到 Internet 的状态。

(2) 播放媒体文件

在 RealPlayer 窗口中执行"文件"菜单中的"打开"命令,弹出"打开"对话框,如图 9-7 所示。

图 9-7 RealPlayer 的"打开"对话框

在"打开"对话框的"打开"文本框中输入媒体文件或网页的位置,单击"确定"按钮;或单击"浏览"按钮浏览选择要播放的文件,然后单击"打开"按钮即可播放。

(3) 播放"我的媒体库"中的剪辑

使用 RealPlayer 在计算机上保存视频或音频媒体文件时,会在"我的媒体库"中创建媒体剪辑。使用以下过程,可以在"我的媒体库"中播放单独剪辑或成组剪辑。

① 播放类别中的剪辑。

步骤1:打开"我的媒体库",所有的剪辑类别将列在显示区域中。如果未列在显示区域中,则单击工具条上方的"我的媒体库"按钮进行链接。

步骤2:双击剪辑类别或子类别以显示内容,选择所需的剪辑或多个剪辑。

步骤3:单击工具条"任务"区域中的选定曲目,以播放选定剪辑或多个剪辑。

② 从"播放列表"播放剪辑。

步骤1:打开"我的媒体库"。

步骤2:单击"播放列表"按钮列出可用的播放列表和自动播放列表。

步骤3:单击播放列表或自动播放列表,在显示区域显示列表内容。

步骤4:从播放列表或自动播放列表中选择一个剪辑或多个剪辑。

步骤5:单击工具条"任务"区域中的选定曲目,以播放选定的一个剪辑或多个剪辑。

③ 从管理器播放剪辑。

步骤1:打开"我的媒体库"。

步骤2:选择工具条"任务"区域中的"显示管理器"命令来打开管理器。单击"+"按钮可打开文件夹。

步骤3:选择并双击子类别、播放列表或自动播放列表,开始播放选定内容中的所有剪辑。

(4) 媒体下载和录制

① 从 RealPlayer 录制媒体。用户可以将 RealPlayer 中播放的任何音频和视频媒体录制到"我的媒体库"。它可以是具有明确开始和结束位置的点播媒体,例如歌曲、电影预告或 Internet 视频;或者可以从直播流媒体(如直播电视网络广播)中录制剪辑。

录制的步骤如下。

步骤1:当在 RealPlayer 中播放可录制媒体时,单击播放器控制栏上的"录制"按钮。

步骤2:剪辑开始保存,播放器控制栏的定位滑块会跟踪剪辑当前的播放进度。

步骤3:当需要的整个剪辑下载到缓冲后,剪辑被保存到"我的媒体库",状态对话框会给出提示。

② 从 Web 下载视频。使用 RealPlayer 只需单击"下载"按钮即可录制和保存 Internet 视频。

RealPlayer 的 Web 下载和录制功能识别诸如 YouTube、MySpace 或电视台站点之类的网站上的嵌入式视频。"下载"按钮出现在每个可用视频的旁边,如图 9-8 所示。使用此按钮可快速下载视频,并将视频直接保存到"我的媒体库"中的"下载和录制"类别中,以便在联机或脱机情况下随时观看。

无论何时开始下载,RealPlayer 均会录制整个视频。下载将在独立窗口中进行,并且不需要管理或监视此过程。

图 9-8　视频播放窗口

由于下载的视频保存在"我的媒体库"中,因此可以将这些视频作为专辑中的普通媒体处理。用户可以随时进行播放和重命名这些视频,添加自己的分级或其他信息,创建视频播放列表,以及将它们刻录至 CD 或 DVD 等操作。

如果 RealPlayer 检测到视频不可录制,下载此视频的按钮将不可使用。

(5) 使用 RealPlayer 收藏夹

用户可以把经常播放的媒体文件添加到 RealPlayer 的收藏夹中,它与 IE 的收藏夹的风格和功能完全相同,可以像使用 IE 的收藏夹一样添加喜爱的网站并进行管理。

3. 压缩软件 WinZip 和 WinRAR 的使用

(1) WinZip

WinZip 是一个强大并且易用的压缩程序,能够将文件或文件夹压缩成一个格式为 zip 的文件,方便文件转移和存储数据,它支持 zip、cab、tar、gzip、mime 以及更多格式的压缩文件。

① 创建压缩文件。

步骤 1:在资源管理器中找到需要压缩的文件或文件夹并选中,右击,弹出快捷菜单,执行 WinZip 选项下的"添加到 Zip 文件"命令,如图 9-9 所示。

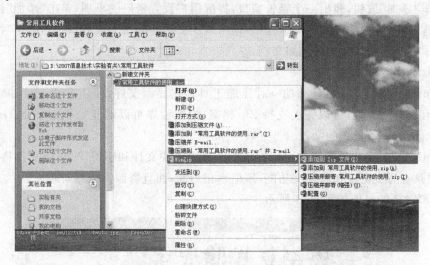

图 9-9 执行"添加到 Zip 文件"命令

步骤 2:在弹出的"添加"对话框中分别输入或者浏览选择压缩文件所在的路径,并输入文件名,单击"添加"按钮便可开始压缩。压缩完成,在设定的路径上会生成一个新的压缩文件,文件的扩展名为 zip。

② 文件解压缩。在资源管理器中用鼠标右键单击要解压的 zip 格式的压缩文件,在弹出的快捷菜单上执行 WinZip 选项下的"解压缩到"命令(如图 9-10 所示),然后弹出"WinZip 解压缩"对话框。

在文件夹列表中选择要解压到的文件夹,然后单击"解压缩"按钮,就可以将压缩文件解压至其中。

③ 给压缩文件加密。如果要通过 E-mail 把压缩文件发送出去,就应该考虑给压缩文件加密,这样可以防止压缩文件被人非法查看。

图 9-10　执行 WinZip 文件解压缩命令

步骤 1：在资源管理器中找到需要压缩的文件或文件夹并选中，右击，弹出快捷菜单，执行 WinZip 选项下的"添加到 Zip 文件"命令。

步骤 2：在弹出的对话框中完成其他选项的设置以后，选择"加密添加的文件"复选框，然后单击"添加"按钮，弹出一个警告窗口，提醒用户设置密码的事项，单击"添加"按钮。

步骤 3：在弹出的"加密"对话框中，输入两次密码并确认无误后，单击"确定"按钮，这样就创建了一个有密码保护的压缩文档。

(2) WinRAR

WinRAR 是目前非常优秀的一种压缩工具。它界面友好，使用方便，在压缩率和速度方面都有很好的表现，可以完美支持 Zip 档案，内置程序可以解开 cab、arj、lzh、tra、gz、ace、uue、bz2、jar、iso 等格式的文件。

WinRAR 具有无须解压就可以在压缩文件内查找文件和字符串、压缩文件格式转换的功能，并具有历史记录和收藏夹功能，压缩率相当高，而且资源占用相对较少。

WinRAR 的界面如图 9-11 所示。

图 9-11　WinRAR 界面

① 创建压缩文件。使用 WinRAR 进行压缩和解压缩操作时，一般习惯用右键快捷菜单来完成。

步骤 1：选中要进行压缩的文件或文件夹，右击，在弹出的菜单中选择"添加到压缩文件"命令，如图 9-12 所示。

图 9-12　执行添加到 RAR 文件命令

步骤 2：在弹出的"压缩文件名和参数"对话框（如图 9-13 所示）中，对"压缩文件名"、"压缩方式"、"压缩选项"等进行相应设置，然后单击"确定"按钮即可进行压缩。

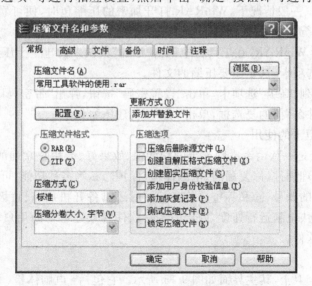

图 9-13　"压缩文件名和参数"对话框

② 文件解压缩。选中压缩文件，右击，在弹出的菜单中有三个选项："解压文件"、"解压到当前文件"、解压到 x（x 为文件夹名称）。它们的功能如下。

常用工具软件

- 解压文件：选择"解压文件"，会弹出"解压路径和选项"对话框(如图 9-14 所示)，可以设置解压的路径、更新方式、覆盖方式等内容。

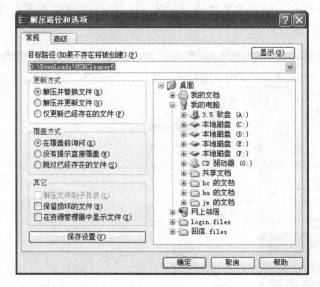

图 9-14 "解压路径和选项"对话框

- 解压到当前文件夹：表示直接将压缩包中的文件解压到当前文件夹。
- 解压到 x(x 为文件夹名称)：表示直接解压到指定的 x 文件夹下，并会自动创建该文件夹。

用户可在上述三个选项中，根据需要进行选择。

③ 加密文件。一般情况下，WinRAR 打开加密的压缩包时，便可看到压缩包内的各个文件名，只有在执行文件时才要求输入密码。

步骤 1：运行 WinRAR，在工具栏中单击"添加"按钮来新建一个压缩包，在弹出的对话框中选择"文件"选项卡，选定想要压缩的文件。

步骤 2：切换到"高级"选项卡，单击"设置密码"按钮，弹出"带密码压缩"对话框，输入密码，选择"加密文件名"前的复选框，单击"确定"创建压缩包。

4. 360 安全卫士的使用

360 安全卫士是一款由奇虎网推出的功能强、效果好、受用户欢迎的上网安全软件。它拥有查杀木马、清理插件、修复漏洞、电脑体检、保护隐私等多种功能，可全面、智能地拦截各类木马，保护用户的账号、隐私等重要信息。同时还具备开机加速、垃圾清理等多种系统优化功能，可大大加快电脑运行速度，内含的 360 软件管家还可帮助用户轻松下载、升级和强力卸载各种应用软件。

(1) 主界面

启动 360 安全卫士，其主界面如图 9-15 所示。它包括：电脑体检、木马查杀、漏洞修复、系统修复、电脑清理、优化加速、电脑门诊、软件管家等功能。

(2) 电脑体检

使用 360 安全卫士进行电脑体检可以全面查出电脑中的不安全因素和速度慢问题，并且能一键进行修复。

图 9-15　360 安全卫士主界面

①　选择"电脑体检"菜单，系统提示用户没有体检的天数 ，已经存在安全风险，建议立即体检。

②　单击"立即体检"按钮，系统开始"故障检测"、"垃圾检测"、"速度检测"、"安全检测"、"系统强化"五个方面进行检测，给出体检分数，如果分数过低或用户不满意，可以单击"一键修复"按钮进行修复。

（3）木马查杀

使用 360 安全卫士查杀木马，可以用三种方式："快速扫描"、"全盘扫描"和"自定义扫描"。

单击"木马查杀"菜单，再单击"快速扫描"按钮，只检查电脑重要区域，扫描时间短。

单击"全盘扫描"按钮，对电脑全部磁盘扫描，时间长。单击"自定义扫描"按钮，根据需要自行设定扫描区域。

扫描结束后，显示扫描的具体信息，若出现疑似木马或者安全威胁单击"立即处理"即可，如图 9-16 所示。

（4）漏洞修复

计算机系统中存在的漏洞往往容易受到病毒入侵和黑客攻击，经常修复漏洞有助于防范威胁，使用计算机更加安全。

选择"漏洞修复"菜单，可以为系统修复高危漏洞和功能性更新。单击"立即修复"按钮可进行漏洞修复。

（5）系统修复

选择"系统修复"菜单，可以修复异常的上网设置及系统设置，让系统恢复正常。包括"常规修复"和"电脑门诊"两个按钮。当系统有异常时通常先尝试"常规修复"。"电脑门诊"按钮，汇集了各种系统故障的解决方法，可以精确修复电脑问题，如桌面顽固恶意图标、IE

图 9-16　扫描结果

主页篡改、IE 浏览器功能异常等。单击进入后,只需输入遇到的问题,就可以查找电脑门诊提供的解决方案。

(6) 电脑清理

垃圾文件通常指系统工作时所过滤加载出的剩余文件,不清理会使垃圾文件越来越多,占用过多的系统资源。"电脑清理"菜单包括"一键清理"、"清理垃圾"、"清理插件"、"清理痕迹"、"清理注册表"、"查找大文件"几个选项,如图 9-17 所示。

图 9-17　电脑清理界面

①"一键清理"选项：只需一键，可以全面清理电脑的垃圾、痕迹和插件。节省磁盘空间，清理电脑中的垃圾，让系统运行更加有效率。

②"清理插件"选项：清理插件可以给系统和浏览器"减负"，减少打扰，提高系统和浏览器速度。单击"清理插件"，开始扫描电脑插件，清理完毕有个"清理建议"，若无需求单击"立即清理"。

③"清理痕迹"选项：用户在浏览网页、打开文档、观看视频和运行程序时都会留下使用痕迹，经常清理使用痕迹可以有效地保障用户的隐私安全。选择准备进行清理痕迹的项目，单击"开始扫描"按钮，开始扫描。

④"清理注册表"选项：清理注册表功能可以识别注册表错误，清除无效注册表选项，使系统运行更加稳定流畅。单击"开始扫描"，若无特殊需求单击"立即清理"按钮。若有特别需求，将需要清理的选项前面的小方框勾选后单击"立即清理"按钮即可。

⑤"查找大文件"选项：可以快速找出最占磁盘空间的大文件，删除无用的大文件，释放更多的磁盘空间。

（7）优化加速

"优化加速"菜单包括"一键优化"、"深度优化"、"我的开机时间"、"启动项"、"优化记录与恢复"、"实时加速"、"人工免费优化"七个选项。其中常用的"一键优化"和"启动项"的主要功能如下所述。

"一键优化"选项可以智能分析用户系统，帮助用户优化开机启动项目，通过优化系统设置、清理系统定期产生的缓存残留，加快开机速度，提高系统运行速度。

"启动项"的功能对于开机速度有很大影响，若想开机速度加快，可以将无关的启动项关闭，根据 360 安全卫士的建议单击"禁止启动"和"恢复启动"按钮。

（8）电脑门诊

可以在"电脑门诊"菜单中输入想提的问题，查找电脑门诊提供的解决方案。

（9）软件管家

"软件管家"是 360 安全卫士提供的一个集软件下载、升级、卸载、游戏、优化于一体的工具软件。单击"软件管家"菜单弹出如图 9-18 所示界面。包括"软件大全"、"软件升级"、"软件卸载"、"游戏中心"、"应用宝库"、"手机必备"、"实用工具"等几个选项。

①"软件大全"选项中，提供了"装机必备"、"影音必备"、"游戏必备"、"上网必备"、"系统必备"、"办公必备"等安装软件。例如单击"装机必备"选项，从右侧的区域中选择所需安装的软件下载即可。这些软件是经过 360 安全中心检测，无毒、无插件的安全软件。

②选择"软件卸载"选项，从列出的软件名称列表中选择需要卸载的软件，单击"卸载"按钮。使用 360 软件管家可以强力卸载，清除软件残留的垃圾，节省磁盘空间，提高系统运行速度。

③选择"软件升级"选项，自动检测系统可升级的软件，选择要升级的选项，在右侧单击"一键升级"按钮即可。

图 9-18 软件管家界面

（10）其他功能

360 安全卫士还具有"木马防火墙"、"360 保镖"、"网赔先赔"等重要功能。"木马防火墙"能够实时开启全面防护，保护电脑不被木马、病毒及恶意程序入侵。"360 保镖"可随时对网上购物、网银操作、搜索、下载文件、使用 U 盘等提供保护功能。"网赔先赔"开启后，在网购时因木马或钓鱼网站遭受经济损失时，可获得现金赔付。

三、实验作业

1. 了解工具软件的特点，在电脑的"开始"菜单的"程序"选项中，查看电脑中已安装了哪些工具软件，分别说明它们的用途。

2. 根据自己的需要列出要学习和下载的工具软件清单，然后通过搜索引擎搜索并下载所需的工具软件，将下载的软件安装到计算机中使用。

第 10 章　　Visio 2010

Visio 2010 是 Microsoft Office 2010 中的一个组件,它是一种专业的矢量绘图软件,它面向的对象是需要绘制专业水平的图形而又缺乏绘图基础的用户。它利用强大的模板(Template)、模具(Stencil)和形状等图形素材,来辅助用户将难以理解的复杂文本和表格等转换为清晰易懂的 Visio 数字化图形。因此借助于 Visio,可以帮助用户绘制出具有专业水准的流程图、结构图、模型图和平面布局图等图像。

本章简要介绍图形绘制和编辑的基本操作,复杂图形及高级操作请参阅相关资料。

学 习 指 导

一、Visio 2010 概述

1. Visio 2010 的启动界面

启动 Visio 2010 应用程序,打开如图 10-1 所示的界面。通过该界面可以新建一个空白的绘图页面,也可以根据特定的模板新建一个绘图页面。其方法分别是:在该界面的中下区,双击"空白绘图",或单击"空白绘图",然后再单击右侧的"创建";在该界面的中上区,先选择需要绘图的模板类别,如"流程图"类模板,单击该类模板,将显示具体模板的样式,双击某个模板或先单击某个模板,然后再单击右边的"创建"按钮。通过上面的操作即可创建一个新的 Visio 文件,并进入绘制图形和编辑的界面。

2. 模板和模具

Visio 为各个专门学科设计了一系列丰富实用的模板和模具,能够满足不同领域用户的不同绘图需求,因而广泛应用于软件设计、项目管理、企业管理、建筑设计、电子设计、机械设计等领域。通过 Visio 提供的模板和模具,能大大提高用户的绘图效率和绘图质量。

模板是 Visio 针对各类特定的绘图任务而组织起来的一系列主控图形的集合,是一种专用类型的绘图文件。Visio 为用户提供的模板类主要有:地图和平面布置图、工程、流程图、日程安排、软件和数据库、网络等,每一类模板内又包含多个具有特定类型的模板,如流程图类模板中包含:工作流程图、基本流程图、SDL 图等模板。每个模板都适合于特定类型的绘图,它由模具、绘图页的设置信息、主题样式等组成。如"基本流程图"模板包含了"基本流程图形状"和"跨职能流程图形状"等模具。通过 Visio 提供的这些模板,可以完成流程图、网络拓扑结构图、建筑地图等绘图任务。

模具是创建特定类别图表所需要的图形元素的集合,也就是绘图形状的集合。在使用

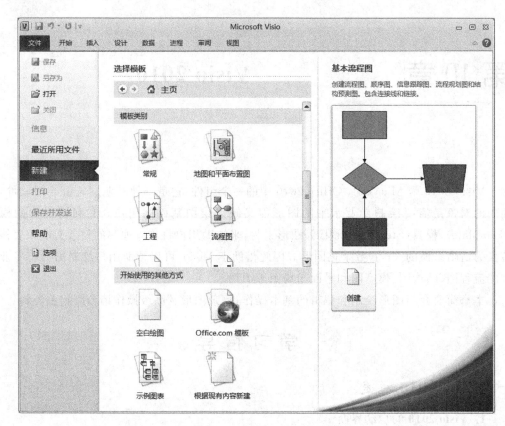

图 10-1 Visio 2010 的启动界面

Visio 创建基于某个模板的绘图文件后,Visio 将自动打开该模板相应的模具,并将这些模具显示在"形状窗格"中。如图 10-2 所示为选择"基本流程图"模板创建绘图文档后,在"形状窗格"中打开的"基本流程图形状"模具。

3. Visio 2010 的绘图界面

Visio 2010 的绘图界面与 Office 2010 中其他软件的界面类似,它由标题栏、工具选项卡、功能区、形状窗格、绘图窗格和状态栏等部分组成,如图 10-2 所示。其中标题栏、工具选项卡、功能区和状态栏的意义和用法与 Office 2010 系列中其他软件相同,在此不再重复。下面详细描述 Visio 特有的形状窗格和绘图窗格。

(1) 形状窗格

形状窗格中包含多个模具,用户可以拖动模具列表中的形状到绘图页中,实现绘制各类图表与模型;还可以根据绘图需要移动形状窗格的位置,或在形状窗格中添加其他需要的模具。

(2) 绘图窗格

绘图窗格是绘制和编辑各种形状的窗口,位于工作界面的中间。该窗格包括标尺、绘图页以及网格等工具,允许用户在绘图页上绘制图形并测量大小,同时在该窗格中采用页标签的方式允许用户为一个 Visio 绘图文档创建多个绘图页,并可设置每个绘图页的名称。

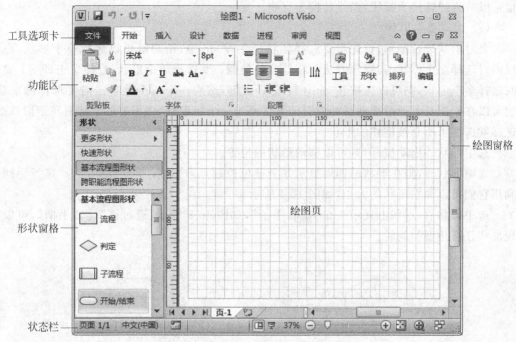

图 10-2　Visio 2010 的绘图界面

二、Visio 2010 基本操作

1. 基本形状

在 Visio 中,各种图标都是由各种形状组成的。使用 Visio,用户可以很方便地绘制各种几何形状,并将形状组合成各种复杂的图形。

（1）绘制基本形状

在"开始"选项卡上单击"工具"组中的"矩形"按钮右侧的三角钮,即可展开 Visio 2010 提供的六种供用户绘制基本图形的工具,如图 10-3 所示。通过这些工具可绘制:矩形或正方形（按住 Shift 键）、椭圆形或圆形（按住 Shift 键）、直线、任意曲线、弧线和鼠标轨迹线。绘制方法是:先单击需要的工具,然后将鼠标移动到绘图页,单击并拖动到适当大小,松开后即可绘制出所单击的基本形状。

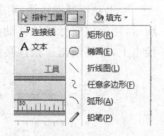

图 10-3　基本图形工具

利用"折线图"工具绘制直线时,若从绘制线段的一个端点处继续绘制直线,则可绘制一系列相互连接的线段。若绘制的最后一条线段的一个端点与第一条线段的起点重合,则可绘制一个闭合的多边形。

利用"任意多边形"工具,用户可以绘制自由形状,并可通过拖动自由形状上的"弯曲形状"控制点来改变其弯曲程度。

利用"铅笔"工具,不仅可以绘制直线或弧线,也可以绘制任意的多边形,只需要在绘制的过程中,将前一条线段的终点作为后一条线段的起点,最后绘制出闭合的形状即可。对于已绘制的直线或弧线,可以通过拖动线条中间的"弯曲形状"控制点来改变线条的弯曲程度,也可以将直线转换为弧线,弧线转换为直线。

(2) 编辑基本形状

要对形状进行编辑,首先需要选择形状。在 Visio 中,用户既可以选择单个形状,也可以同时选择多个形状,其操作方法与其他软件类似。要选择单个形状,直接单击即可;要同时选择多个形状,则可以先按住 Shift 键或 Ctrl 键,然后一个一个地单击需要选择的形状,也可以在绘图页上通过拖动鼠标左键的方法画出一个矩形框,将需要的形状框在矩形框中,这样就选中了所有被框住的形状。

选中形状并拖动鼠标,则可以移动形状的位置。

选中形状后,则在形状的四周显示 8 个蓝色控制点,这些控制点被称之为"选择手柄",利用它们可以调整形状的大小,如图 10-4 所示。

选中形状后,形状上显示 1 个"旋转手柄",如图 10-5 所示,通过该"旋转手柄",可以实现形状任意角度的旋转。

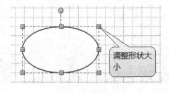
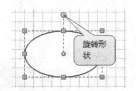

图 10-4 "选择手柄"图   图 10-5 "旋转手柄"图

(3) 形状的连接与组合

在绘制形状的过程中,用户可以通过连接与组合的方式,将多个相互关联的形状组合在一起,构成一个完整的结构,从而便于统一移动位置或调整大小等操作。

Visio 2010 提供了两种方式连接形状:手动绘制连接线和自动连接。其中手动绘制连接线使用方便、灵活,并可绘制复杂的连接线,而自动连接则可以将形状与其周围的形状进行快速连接。

要手动绘制连接线,则需要先单击"开始"选项卡的"工具"组中"连接线"按钮,如图 10-6 所示,然后将鼠标指针移动到需要进行连接的形状的连接点上,拖动鼠标到另一个形状的连接点上,即可绘制一条连接线,如图 10-7 所示。

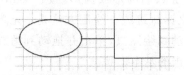

图 10-6 "连接线"按钮   图 10-7 手动绘制连接线

要使用自动连接,则需要先选中"视图"选项卡的"视觉帮助"组中的"自动连接"复选框,如图 10-8 所示。此后选中形状,则形状的周围显示四个方向的蓝色箭头,如图 10-9 所示,单击箭头,即可自动绘制连接线,将形状与箭头方向上的形状作连接。

要组合形状,先选择需要进行组合的多个形状,然后在"开始"选项卡的"排列"组中单击"组合",再在展开的列表中选择"组合",如图 10-10 所示,则将多个相互关联的形状组合在一起,构成一个完整的结构。若选中组合后的形状,再单击"组合"列表中的"取消组合",则取消对形状的组合。

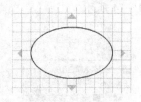

图 10-8 "视觉帮助"组　　　　　　图 10-9 自动绘制连接线的方向箭头图

（4）形状的填充、线条和阴影

形状绘制后,有时还需要设置形状的填充、线条和阴影等属性。

选中需要设置填充颜色的形状,单击"开始"选项卡的"形状"组中的"填充"按钮右侧的三角钮,则展开颜色列表,如图 10-11 所示。用户不仅可以在其中选择合适的颜色实现填充,还可以单击"填充选项",打开"填充"对话框,如图 10-12 所示,设置填充属性和预览填充效果。

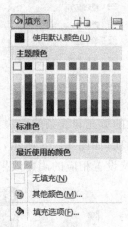

图 10-10 "组合"列表　　　　　　图 10-11 "填充"颜色列表

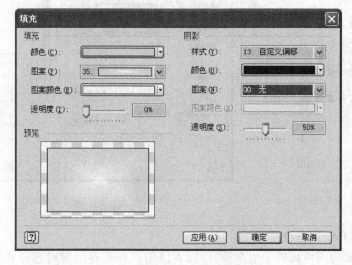

图 10-12 "填充"对话框

单击"形状"组中的"线条"按钮右侧的三角钮,则展开颜色列表和线条列表,如图 10-13 所示。通过该列表,用户可以更改线条(形状的线条、连接线)的颜色、粗线、线型等外观属性,其效果如图 10-14 所示。

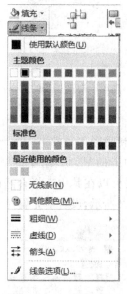

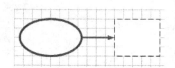

图 10-13 "线条"列表　　　　　图 10-14 线条设置效果图

与设置形状的填充和线条的方法类似,单击"形状"组中的"阴影"按钮右侧的三角钮,则展开阴影列表选项,如图 10-15 所示,单击"阴影选项",打开"阴影"对话框,如图 10-16 所示,对选中的形状设置相应的阴影效果。

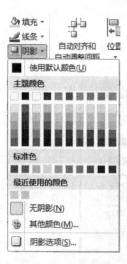

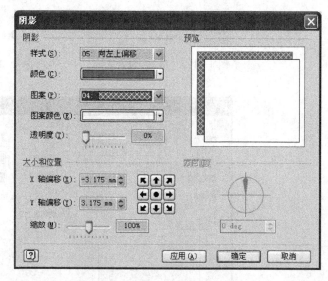

图 10-15 "阴影"列表　　　　　图 10-16 "阴影"对话框

2. 使用模具绘制形状

Visio 2010 为用户提供了很多模具,以方便用户在绘制图形时选择和调用。通常情况下,Visio 会根据用户创建的不同文件类型设置不同的模具。此外,用户还可以根据实际需求,在绘图文档中添加其他分类的模具,从而实现灵活绘制图形。

在使用 Visio 2010 创建基于模板的绘图文档后,将自动打开与该模板匹配的模具,显示在"形状窗格"中,如图 10-2 所示。在"形状窗格"中单击需要的模具选项,选择相应的形状,将其直接拖曳到绘图页面中即可创建该形状。

若要将其他模板的模具分类添加到"形状窗格",只需在"形状窗格"中单击"更多形状"按钮,在展开的列表中选择需要的模具分类,即可将其添加到"形状窗格"中已有模具列表的下方。

通过模具绘制好形状后,对形状的编辑、形状的连接与组合、形状的填充等操作的方法与上述基本形状的操作方法一样,在此不再重复。

三、Visio 2010 中文本的添加和编辑

在 Visio 2010 中,用户不仅可以为形状添加说明文本,也可以在绘图页面中任意位置添加说明文本。文本添加后,有时还需要设置它们的格式。

1. 为形状添加文本

一般情况下,形状中都带有一个隐含的文本框。要在形状中添加文本,其操作方法是:用鼠标双击需要添加文本的形状,系统则自动进入文字编辑状态(此时,一般绘图页面的显示比例会变大),输入所需的文字,然后按 Esc 键或单击页面的其他区域,即可完成形状中文本的添加。也可以先单击"开始"选项卡"工具"组中的"文本"按钮,然后单击需添加文本的形状,进入文字编辑状态,输入文字后,单击"工具"组中的"指针工具"按钮,退出文本编辑状态。

用此方法添加后的文本会与形状融为一体,即文本随形状一起调整位置、进行旋转等。

2. 为绘图页面添加文本

使用"工具"组中的"文本"按钮,不仅可以将文本添加到形状中,也可以将文本添加到绘图页面的任意位置。其操作方法是:单击"文本"按钮,然后在绘图页面需添加文本的位置单击鼠标,系统则自动创建一个文本框,让用户输入文本;也可以在需添加文本的位置,按住鼠标左键,拖曳出适当大小的文本框,来输入文本。同样,用这种方法添加文本后,单击"指针工具"按钮,即可退出文本编辑状态。另外,通过"插入"选项卡的"文本"组中的"文本框"按钮,不仅可以添加"横排文本框"(其功能同"文本"按钮),还可以添加"垂直文本框",实现"竖排"文字的添加。

用此方法为页面添加文本,实际上是需要在页面中画文本框,然后在文本框中添加文本。对于画出的文本框,也可以利用"形状"组中的"填充"、"线条"和"阴影"来设置文本框的填充颜色、线条属性和阴影格式。

3. 编辑文本格式

在形状和页面中添加文本后,还可以根据实际需求对文本的字体或段落等进行格式设置。其操作方法是:先选中需设置格式的文本,在"开始"选项卡的"字体"组中,设置文本的字体、字号、颜色等属性;在"段落"组中,设置文本段落的对齐、缩进、添加项目符号等属性。

若要进一步对字体或段落的格式进行设置,可单击"字体"组或"段落"组右下角的对话框按钮,打开"文本"对话框,并显示"字体"或"段落"选项卡,如图 10-17 所示为显示"字体"

选项卡的"文本"对话框。在该对话框中进行相应的设置,单击"确定"即可。

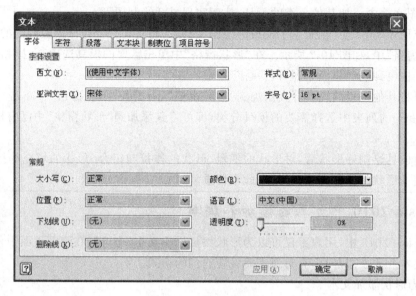

图 10-17　"文本"对话框

四、Visio 2010 图形的导出

在实际操作应用中,经常需要将绘制好的 Visio 图形作为 Word、PowerPoint 等文件内容的一部分,这就需要将 Visio 图形导出并放到相应文件中。下面以导出到 Word 文件为例,导出到其他文件的操作类似。

其最简单的操作方法是:打开绘制好图形的 Visio 文件,在绘图页面上,选中所有形状,单击"复制"按钮(或按 Ctrl+C 组合键),然后在 Word 文件的目的位置单击"粘贴"按钮(或按 Ctrl+V 组合键),即可将 Visio 中选中的所有形状作为一个整体图形粘贴到文件中,完成图形的导出,实现 Visio 与 Word 软件的协同办公。

也可以将绘制好的 Visio 图形文件作为对象插入到 Word 文档中,其操作方法是:在 Word 文档中,单击"插入"选项卡"文本"组中的"插入对象"按钮,打开"对象"对话框,在该对话框中选择"由文件创建"选项卡,单击"浏览"按钮,在弹出的"浏览"对话框中选择需插入的 Visio 绘图文档,再依次单击"插入"和"确定"按钮,就完成图形的导出。

实　　验

实验 10-1　使用绘图工具绘制笑脸

一、实验目的

1. 熟悉 Visio 2010 绘图环境。
2. 掌握基本形状的绘制方法。
3. 掌握基本形状的编辑、连接与组合、填充等基本操作方法。

二、实验内容和步骤

利用绘图工具创建如图 10-18 所示的"笑脸"图，练习形状的绘
制、编辑和美化等操作。

图 10-18　"笑脸"图

1. 创建空白绘图文档

启动 Visio 2010，在如图 10-1 所示的界面上单击"空白绘图"，然
后单击右边的"创建"即可创建如图 10-19 所示的空白绘图文档。

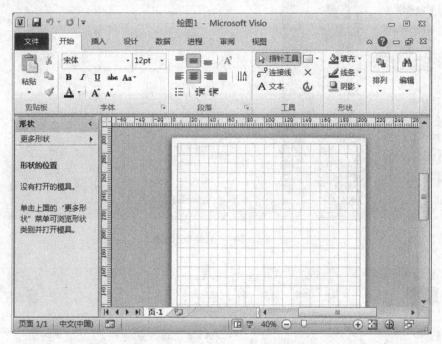

图 10-19　"空白绘图文档"界面

2. 绘制笑脸的基本形状

单击"开始"选项卡"工具"组中的"矩形"按钮右侧的三角钮，展开 Visio 2010 提供的绘
制基本图形的工具，如图 10-3 所示。

单击"椭圆"工具，移动鼠标到绘图区，绘制一个较大的椭圆作为脸、两个较小的椭圆作
为眼睛、两个更小的圆（绘制椭圆时按住 Shift 键即绘制圆）作为眼珠，并调整它们的位置关
系；单击"铅笔"工具，绘制嘴巴和鼻子；单击"折线图"工具，在嘴巴的两端绘制直线嘴角，
完成笑脸中基本图形的绘制，并合理布局已绘制的形状，如图 10-20 所示。

3. 填充形状和设置线条

选中"脸"，单击"形状"组中的"填充"按钮右侧的三角钮，在颜色列表（如图 10-11 所示）
中为"脸"设置"黄色"，同样设置"眼睛"的填充颜色为"黑色"，"眼珠"的填充颜色为"白色"。
选中"嘴巴"和"嘴角"的线条，单击"线条"按钮右侧的三角钮，在线条列表（如图 10-13 所示）
中设置线条粗细为 6pt，选中"鼻子"的线条，设置线条粗细为 4.5pt，效果如图 10-21 所示。

4. 保存

将绘制的笑脸图保存为"笑脸.vsd"。由此完成利用绘图工具绘制笑脸的整个过程。

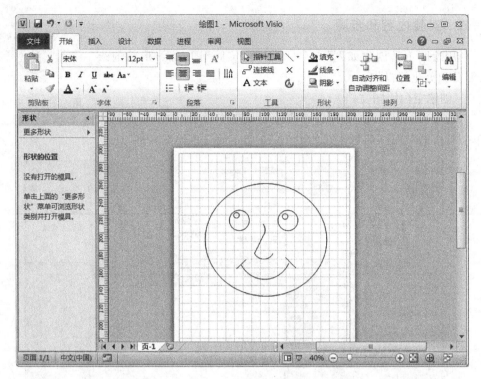

图 10-20　"笑脸"绘制图

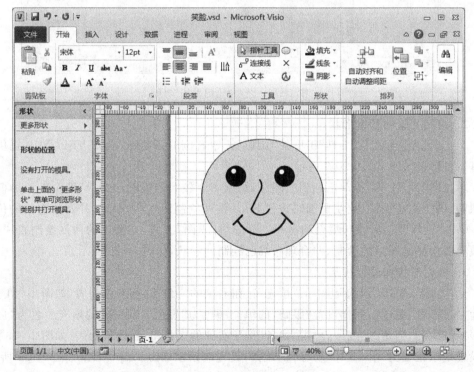

图 10-21　"笑脸"设置填充和线条后效果图

三、实验作业

绘制一辆小车，如图 10-22 所示，保存文件名为"小车.vsd"。

【操作要求】

（1）利用绘图工具："矩形"、"椭圆"、"折线图"、"铅笔"等，完成小车中基本形状的绘制。

（2）合理布局各形状的位置关系，使之拼装成小车。

（3）对小车中的各形状搭配合理的填充色。

图 10-22 "小车"效果图

实验 10-2 使用模具绘制流程图

一、实验目的

1. 熟悉 Visio 2010 绘图环境。

2. 掌握利用模板创建绘图文件的方法。

3. 掌握利用模具绘制形状、调整形状大小、连接形状等操作方法。

4. 掌握为形状和页面添加文本的方法，绘制形状间连接线的方法。

二、实验内容和步骤

利用模具绘制如图 10-23 所示的流程图。

1. 新建 Visio 2010 文档

启动 Visio 2010，在"模板类别"下单击"流程图"，然后在"流程图"模板类别中单击"基本流程图"模板，打开如图 10-24 所示的界面。在该界面中双击"基本流程图"或单击右边的"创建"按钮，即进入绘图界面，如图 10-2 所示。

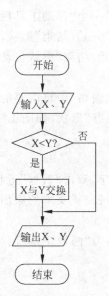

图 10-23 流程图

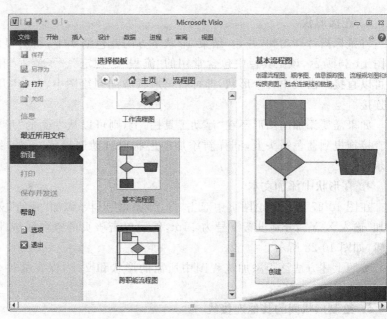

图 10-24 "基本流程图"模板

2. 拖曳绘制形状

将"开始/结束"形状从左侧的"基本流程图形状"模具中拖曳到右侧绘图页的适当位置,松开鼠标左键,该形状则被绘制到绘图页中。选中已绘制的形状,并将鼠标指针放在形状上,则显示上下左右4个方向的具有自动连接功能的"蓝色箭头"、8个可调整形状大小的"选择手柄"和1个可旋转形状方向的"旋转手柄",如图 10-25 所示。

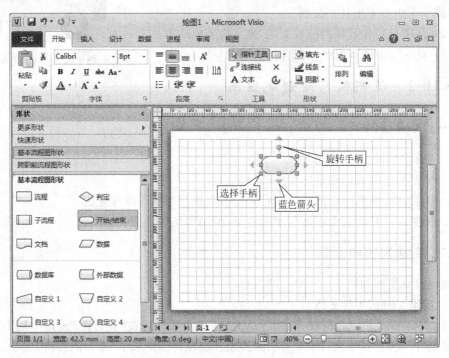

图 10-25　绘制形状并选中后的界面

3. 连接形状

将鼠标指针移动到"开始/结束"形状下方的蓝色箭头上,将会显示一个"浮动工具栏",如图 10-26 所示,该工具栏中包含常用的"流程"、"判定"、"子流程"和"开始/结束"形状,此时可以直接单击其中一个形状,即可将该形状添加到绘图中,并与"开始/结束"形状自动建立连接。

如果需要添加的图形不在"浮动工具栏"上,则可以从左侧的"形状窗格"中将需要的形状直接拖曳到蓝色箭头上,同样新添加的形状也自动连接到"开始/结束"形状,如图 10-27 所示。

4. 在形状中添加文本

在图 10-27 所示的绘图页中双击"开始/结束"形状,添加"开始"文字,双击"数据"形状,添加"输入 X、Y",分别设置字号为 14pt,然后单击该页的空白区域即可完成文本的添加和编辑,如图 10-28 所示。

按照上述方法逐步添加流程图中所需的形状和文字,保存文件名为"两数交换流程图.vsd",如图 10-29 所示。

5. 绘制形状间的其他连接线

在 Visio 2010 绘图页面中,任意形状间都可以绘制连接线。其方法是在"开始"的"工

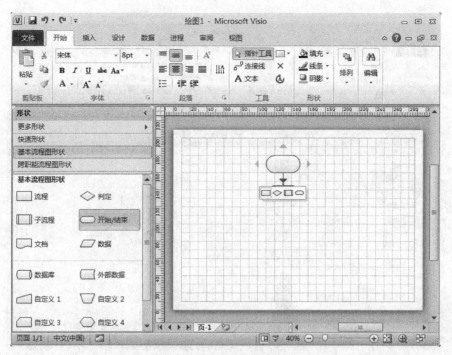

图 10-26　利用自动连接功能添加形状的界面图

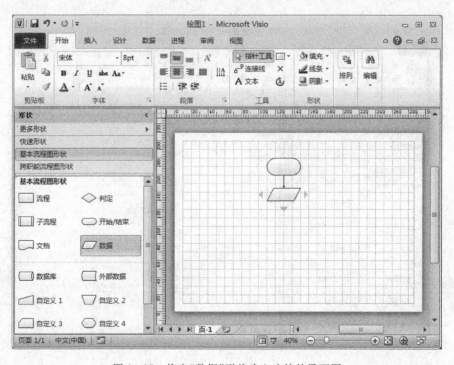

图 10-27　拖曳"数据"形状建立连接的界面图

具"组中单击"连接线"按钮,如图 10-30 所示,然后将鼠标指针放在需要连接的形状上,按住左键拖动到目的位置,即可完成连接线的绘制,如图 10-31 所示。单击"工具"组中的"指针工具"退出连接线的编辑状态。

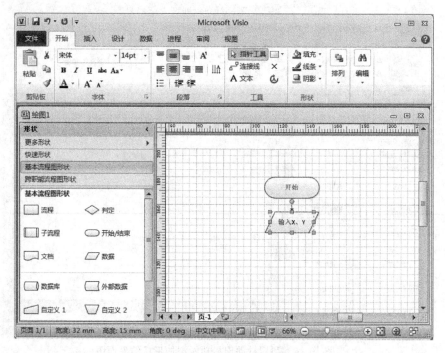

图 10-28　向形状中添加文本后的界面图

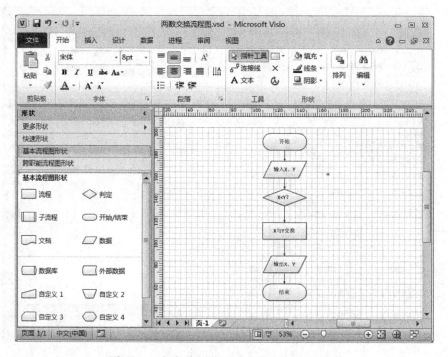

图 10-29　添加完形状和形状内文字的界面图

图 10-30 "连接线"按钮图

图 10-31 在形状间绘制连接线的局部图

6. 在页面中添加文本

在 Visio 2010 绘图页面的任意位置都可以添加文本。其方法是在"开始"的"工具"组中单击"文本"按钮,如图 10-32 所示,然后在绘图页中需要添加文字的位置单击左键,即可进入文本的编辑状态,如图 10-33 所示。文字添加结束后,单击"工具"组中的"指针工具"退出文本的编辑状态。

图 10-32 "文本"按钮图

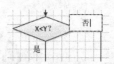

图 10-33 添加页面文本的局部图

在图 10-29 中,添加完连接线和页面文字,最终绘制出如图 10-34 所示的流程图。

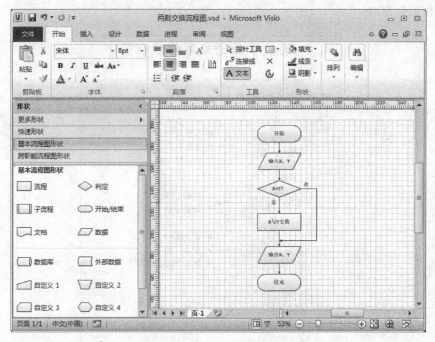

图 10-34 Visio 绘制的流程图

三、实验作业

1. 创建一个绘图文件,绘制如图 10-35 所示的网络拓扑结构图,保存文件名为"网络拓扑结构图.vsd"。

【操作要求】

（1）使用"网络"模板类别中的"基本网络图"模板，新建绘图文件。

（2）合理布局，正确绘制连接线，添加文本。

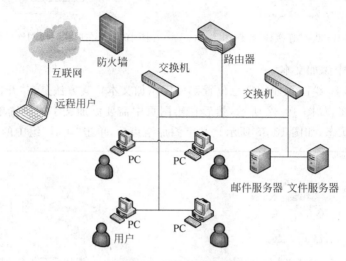

图 10-35　网络拓扑结构图

2. 创建一个绘图文件，绘制如图 10-36 所示毕业论文写作流程图，保存文件名为"毕业论文写作流程图.vsd"。

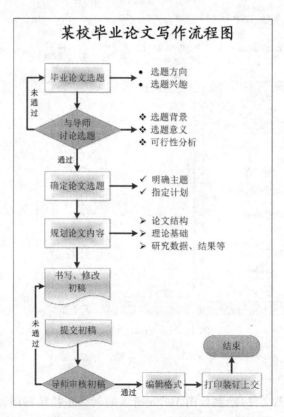

图 10-36　毕业论文写作流程图

【操作要求】

（1）使用"流程图"模板类别中的"基本流程图"模板，新建绘图文件。

（2）对图中的"流程"、"判定"、"文档"和"开始/结束"形状设置不同的填充效果。

（3）对图中右上部分的4个形状，设置它们的"填充"和"线条"均为无，且对段落设置不同的项目符号（打开"文本"对话框，单击"项目符号"选项卡，在其中进行设置）。

（4）设置连接线的粗细和颜色。

参 考 文 献

[1] 姜薇,张艳.大学计算机基础实验教程(第 2 版).北京:清华大学出版社,2013.

[2] 姜薇,张艳.大学计算机基础实验教程.北京:清华大学出版社,2010.

[3] 王移芝,鲁凌云,魏慧琴.大学计算机学习与实验指导(第 5 版).北京:高等教育出版社,2015.

[4] 龚沛曾,杨志强,肖扬.大学计算机上机实验指导与测试(第 6 版).北京:高等教育出版社,2013.

[5] 乔淑云,赵武.大学计算机实践操作.徐州:中国矿业大学出版社,2013.

[6] 柴欣,史巧硕.大学计算机基础实践教程(Windows 7+Office 2010).北京:人民邮电出版社,2014.

[7] 柴欣,史巧硕.大学计算机基础(Windows 7+Office 2010).北京:人民邮电出版社,2014.

[8] 庄伟明,严颖敏.办公自动化基础与高级应用.北京:电子工业出版社,2013.

[9] 张丽玮,周晓磊.Office 2010 高级应用教程.北京:清华大学出版社,2014.

[10] 梁洁.Access 程序设计基础(第 3 版).北京:高等教育出版社,2015.

[11] 何春林,宋运康.Access 应用技术基础教程(2010 版).北京:中国水利水电出版社,2015.

[12] 何春林,宋运康.Access 应用技术实验指导(2010 版).北京:中国水利水电出版社,2015.

[13] 饶拱维,杨贵茂.Access 2010 数据库技术基础及应用.北京:中国水利水电出版社,2015.

[14] 陈朝华,肖东.Access 2010 数据库技术与应用教程习题及实验指导.北京:中国水利水电出版社,2015.

[15] 李向群.大学计算机应用与案例.北京:清华大学出版社,2012.

[16] 潘巧明.Office 软件高级应用实践教程.杭州:浙江大学出版社,2012.

[17] 杨继萍,吴军希,孙岩.Visio 2010 图形设计从新手到高手.北京:清华大学出版社,2011.

[18] 潘毅,赵健斌,乔雨.Visio 2010 图形绘制案例教程.上海:上海交通大学出版社,2014.

图书资源支持

感谢您一直以来对清华版图书的支持和爱护。为了配合本书的使用，本书提供配套的素材，有需求的用户请到清华大学出版社主页（http://www.tup.com.cn）上查询和下载，也可以拨打电话或发送电子邮件咨询。

如果您在使用本书的过程中遇到了什么问题，或者有相关图书出版计划，也请您发邮件告诉我们，以便我们更好地为您服务。

我们的联系方式：

地　　址：北京海淀区双清路学研大厦 A 座 707

邮　　编：100084

电　　话：010－62770175－4604

资源下载：http://www.tup.com.cn

电子邮件：weijj@tup.tsinghua.edu.cn

QQ：883604（请写明您的单位和姓名）

扫一扫
资源下载、样书申请
新书推荐、技术交流

用微信扫一扫右边的二维码，即可关注清华大学出版社公众号"书圈"。